대통령을 위한 수학

민주주의를 애태운 수학의 '정치적' 패러독스!

대통령을 위한 수학

조지 슈피로 지음 | 차백만 옮김

살림

수백 년간 세계 정치의 근간이 되어온 민주주의 제도와 절차에 결함이 있다고 말하면 아마도 많은 사람들이 놀랄 것이다. 그러나 민주주의의 절차는 종종 납득이 되지 않는 결론을 도출하곤 한다. 일례로 '콩도르세의 역설Condorcet's Paradox'이 있다. 18세기 프랑스 귀족인 장-마리 마르키 드 콩도르세Jean-marie Marquis de Condorcet 후작의 이름을 딴 이 역설은, 우리가 오래전부터 소중하게 여겨온 가치인 '다수결'이 아주 역설적인 상황을 야기한다는 점을 잘 보여준다. 여기에서 그것을 설명해서 벌써부터 흥을 깨뜨릴 생각은 없다. 다만 이 난제가 약 200년에 걸쳐 수학자, 통계학자, 정치과학자, 경제학자 들을 괴롭혀왔지만 여전히 해결책은 나오지 않았다는 것만 말하고자 한다. 20세기 중반에, 노벨상 수상자인 케네스 애로Kenneth Arrow는 선거의 역설이 피할 수 없는 문제이고, 단 하나의 투표방식을 제외하곤 모든 투표방식에 문제가 있다는 사실을 증명해냈다. 설상가상으로 몇 년 뒤에는 앨런 기버드Allan Gibbard와 마크 새터스웨이트Mark Satterthwaite 역시 단 하나의 경우를 제외하곤 모든 투표방식이 선거조작으로부터 자유롭지 못하다는 사실을 입증했다. 무엇보다 불행한 점은 선거의 역설과 불일관성, 선거조작의 문제로부터 자유로운 유일한 정치방식이 바로 독재라는 것이었다.

나쁜 소식이 이게 전부는 아니다. 국회에 의석을 배정하는 방식, 예를 들어 미국 하원의원의 의석을 주별로 배정하는 방식은 이보다 더 심각하다. 1개 의석은 무조건 의원 1명으로 채워지므로 의석수는 반드시 정수여야 한다. 그런데 만약 특정 주에 33.6개의 의석이 배정되는 경우, 몇 명의 의원을 국회에 보내야 할까? 33명인가, 34명인가?

단순하게 반올림하거나 버림하는 방식으로는 결코 문제를 해결할 수 없다. 왜냐하면 반올림하거나 버림한 소수점 아래 의석수를 모두 더할 경우, 전체 의석수의 합계가 미국 하원의 총 의석수인 435석을 넘거나 모자랄 수 있기 때문이다. 미국을 비롯해 여러 나라에서 의석배정에 대한 수많은 대안이 제안됐지만 여전히 문제는 존재한다. 어떤 방식은 인구수가 작은 주에게 유리했고 어떤 방식은 인구수가 많은 주에 유리했다.

더 큰 문제도 있었다. 특정 상황에서는 전체 하원의 의석수가 증가했는데도 불구하고 오히려 일부 주에서 의석수가 줄어드는 현상이 발생한 것이다. [이런 말도 안 되는 상황은 이후 '앨라배마 역설(Alabama Paradox)'로 알려져 악명을 떨치게 된다]. 그 밖에도 '인구 역설', '새로운 주의 역설'과 같은 이해할 수 없는 문제들도 존재한다. 정치인, 과학자, 법원 등은 수세기에 걸쳐 이 문제를 해결하려 노력했다. 하지만 케네스 애로의 정리와 마찬가지로, 수많은 노력에도 불구하고 해결책은 없다는 게 드러났다. 수학자 페이튼 영^{Peyton Young}과 미첼 밸린스키^{Michel Balingki}는 적합하고 올바른 의석배정방식은 없다는 걸 증명했다.

이 책은 민주주의의 가장 소중한 절차에 내재된 문제와 위협에 대한 역사적 고찰이자 해석이다. 이야기는 2,500년 전으로 거슬러 올라간다. 고대 그리스와 로마의 사상가였던 플라톤^{Plato}과 플리니우스^{Pliny}로부터 출발해서 중세시대의 라몬 유이^{Ramon Llull}와 니콜라우스 쿠에스^{Nicolaus Kues}를 거쳐, 프랑스혁명의 영웅이자 희생자인 장-샤를 보르다^{Joan-Charles de Borda}와 콩도르세 후작을 둘러본 다음, 미국 건국의 아버지들을 살펴본 후 마지막으로 애로, 기버드, 새터스웨이트, 영, 밸린스키와 같은 현대 학자들의 사상을 들어볼 것이다.

나는 일반 독자를 염두에 두고 내용을 최대한 흥미롭게 전달하기 위해 노력했다. 따라서 이 책은 학술서적이 아니라 정치과학, 경제학, 행정학, 철학, 의사결정론 등의 참고서적으로 보는 것이 적합하다. 또한 2,500년에 걸쳐 등장하는 인물들의 생각과 사상을 자세하게 설명하고, 민주절차와 관련된 문제와 해결책을 찾기 위한 시도를 쉽게 풀어내고자 했다. 다만 글의 흐름이 끊기지 않도록 하기 위해 등장인물과 그들이 살았던 시대에 대한 소개는 각 장의 뒷부분에 별첨으로 실었다.

주제를 최대한 재미있게 소개하기 위해 노력했지만, 그렇다고 해서 주제의 심각성과 복잡성을 가볍게 다루진 않았다. 익숙한 주제는 아니지만 이를 둘러싼 논쟁을 이해하는 데에는 기초적인 수학지식만으로 충분하다. 이 책에서 다루는 문제 자체가 기하학 수준을 넘어서지 않기 때문에 중학교 수준의 수학지식만 있으면 내용을 이해할 수 있을 것이다. 하지만 수학적으로 단순하다고 해서 그냥 넘겨도 되는 문제라는 뜻은 아니다. 이 책에서 던지는 의문들은 놀랄 정도로 심오하고 이를 둘러싼 논쟁은 고도로 정교하기 때문이다.

이 책을 쓰면서 많은 분의 도움과 지도를 받았다. 안타깝게도 아주 단순하고도 불편한 이유 때문에 모든 분의 이름을 나열할 수 없게 됐다. 내 이메일 시스템이 망가지는 바람에 주소록이 뒤죽박죽됐고, 그로 인해 조언을 해준 분들의 이름을 다시 정리하기가 힘들어졌기 때문이다. 이 점에 대해 깊이 사과드린다. 그나마 내가 찾을 수 있었던 명단은 다음과 같다. 케네스 애로, 미첼 밸린스키, 대니얼 바비에로Daniel Barbiero, 앤서니 보너Anthony Bonner, 로버트 인맨Robert Inman, 엘리 파소Eli Passow, 프리드리히 푸켈셰임Friedrich Pukelsheim, 크리스토프 리트베히[Christoph Riedweg], 페이튼 영. 또한 프린스턴대학 출판사의 비키 컨[Vickie Kearn], 안나 피에르움베르[Anna Pierrehumbert] 히스 렌프로[Renfroe] 그리고 편집을 도와준 던 홀[Dawn Hall]에게도 감사를 드린다. 초안을 힘들게 검토해 준 3명의 심사위원들에게도 감사드리고, 늘 그렇듯 귀에 쏙 들어오는 부제를 뽑아준, 내 출판 에이전트, 에드 냅맨[Ed Knappman]에게도 고마움을 전한다.

원고를 탈고하는 동안에 나는 록펠러재단의 벨라지오센터에서 머물렀다. 벨라지오는 이탈리아의 코모 호숫가에 위치한 아름다운 마을이며, 이 책 제2장의 주인공인 플리니우스가 소유했던 마을이기도 하다. 플리니우스는 이 마을을 이렇게 묘사했다.

"높다란 산 위에 우뚝 자리 잡은 이 마을에서는 산등성이로 양분된 호수의 전경이 내려다보인다. 널따란 테라스에서 내려다보면 호수에 다다르는 내리막길이 완만하게 펼쳐진다."

이 글만 보더라도 플리니우스가 벨라지오를 사랑했다는 건 분명하다. 나와 내 아내도 그랬다. 플리니우스가 걸었던 곳을 거닐면서 원고의 마지막을 손볼 수 있게 해준 록펠러재단에 깊이 감사드린다.

2009년 5월
예루살렘에서

| 차례 |

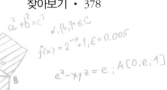

Chapter 1

민주주의를 경멸한
플라톤

– 어리석은 대중이 국가를 망친다

아리스톤^{Ariston}과 페릭티오네^{Peritione} 사이에서 태어난 플라톤은 가장 위대한 그리스 철학자로 칭송되지만 그를 최악의 민주주의자라고 비난하는 사람들도 있다. 소크라테스의 가장 뛰어난 제자였던 플라톤은 평생 동안 배움과 가르침에 매진했고, 삶의 의미를 탐구했으며, 정의의 본질을 묻고, 더 나은 인간이 되기 위한 방법을 고민했다.

플라톤의 본명은 아리스토클레스였으며 플라톤이라는 이름은 단지 별명이었다고 한다.* 사실 '넓다'라는 의미인 플라톤은 그의 널찍한 이마와 폭넓은 지적 탐구욕 때문에 붙여진 것이다. 플라톤은 기원전 427년에 아테네 또는 아테네 근교에서 태어난 것으로 알려졌으며, 글라우콘^{Glaucon}과 아데이만투스^{Adeimantus}라는 두 형제와 포토네^{Potone}라

---

* 그리스 사상가 디오게네스 라에르티오스에 의하면, 플라톤의 본명은 원래 할아버지의 이름을 따른 아리스토클레스였다. 그런데 레슬링 코치가 건장한 체구를 보더니 '넓다'라는 의미의 플라톤이라는 별명을 지어줬다고 한다.

는 누이가 있었다. 아버지는 플라톤이 어렸을 때 사망했고, 이후 어머니는 삼촌뻘이던 피릴람페스^{Pyrilampes}와 재혼해서 플라톤의 배다른 동생 안티폰^{Antiphon}을 낳았다. 플라톤은 체조, 음악, 시학, 수사학, 수학 분야에서 일류 교육을 받았다. 희곡과 각본을 쓰기도 했지만 장성해서는 시학에 대해 더 깊게 알게 되면서 이전에 쓴 각본을 모두 불태워버렸다.

지적 호기심이 충만했던 플라톤은 동년배들과 마찬가지로, 철학자 소크라테스를 따르는 무리와 어울렸다. 소크라테스의 강의는, 끊임없이 이어지는 지루한 민회, 평의회, 재판에 비하면 훨씬 재미있는, 아테네에서 가장 흥미진진한 쇼였다. 아테네 귀족 집안 자제들은 소크라테스 곁으로 모여들었고, 소크라테스는 그들에게 합리적인 추론방법을 가르쳤다. 소크라테스는 의견을 설파하는 스승이 아니라 자신의 어머니가 그랬듯 산파 역할을 해야 한다고 생각했다. 즉 소크라테스는 제자들의 마음속에 이미 자리하고 있지만 의식하지 못하는 지식을 끄집어내주는 지식의 산파 노릇을 했다. 오늘날에도 소크라테스 문답법이라고 불리는 이 교육방식은 서로 이성적인 질문과 답을 주고받으면서 스스로 올바른 결론을 도출하게 하는 것을 말한다. 교육적인 문답법 덕분에 제자들은 효율적으로 많은 지식을 얻을 수 있었다.

반면 단점도 있었다. 모든 교육이 대화로 이뤄지다 보니 소크라테스는 후세에 아무런 글도 남기지 않았던 것이다. 실제로 소크라테스와 제자들은 자신들의 사상을 글로 옮기길 꺼렸다. 정형화된 언어가 정보전달에는 유용할지 몰라도, 가장 깊숙한 내면의 생각을 표현하는 데에는 적절치 않다고 생각했던 것이다. 또한 사상을 글로 적어두면 다른 이들의 시기나 비난을 사기도 쉬웠다. 따라서 만약 플라톤이 소크라테스의 사후에 스승의 말을 문자로 기록하지 않았다면, 후세 사람들은 결코 이 위대한 인물에 대해 알지 못했을 것이다. 플라톤은 소크라테스의 말을 최대한 진실하게 후세에 전하기 위해 스승의 가르침을 대화형식으로 기록했다. 실제로 현인 소크라테스는 문답에 직접 참여하면서 대화자들을 진리로 이끌었다.

기원전 399년, 플라톤이 스물여덟 살이었을 때, 그가 사랑하던 스승 소크라테스는 재판에 회부된다. 죄목은 무신론을 퍼트리고 아테네 젊은이들에게 불손한 사상을 심어줬다는 것이었다. 당시 권력자들은 소크라테스의 활동을 눈엣가시처럼 여겼는데, 젊은이들에게 스스로 생각하는 법을 가르쳐주면 기존권력에 위협이 된다고 믿었기 때문이다. 재판에 회부된 소크라테스는 기백이 넘치는 변론을 펼쳤고, 신랄한 풍자와 교묘한 역설로 자신을 고발한 이들을 비난했다. 하지만 그의 운명은 이미 결정된 후였고, 최종판결의 순간이 다가오자 501명의 배심원 중 280명이 불경죄를 물어 소크라테스에게 사형을 선고했다. 재판과정에 참석했던 플라톤은 후에 소크라테스의 변론 내용을 기록으로 남긴다. 하지만 사형선고를 받은 소크라테스가 독미나리에서 추출한 독을 마시고 사망할 당시, 막상 플라톤은 가벼운 병을 핑계로 그 자리에 나타나지 않았다(그런데도 플라톤은 후에 독약이 소크라테스의 목숨을 앗아가는 장면을 아주 자세히 묘사했다).

플라톤은 민주주의를 경멸했다. 물론 플라톤이 혐오했던 민주주의는 오늘날의 민주주의와는 다르다. 그렇다고 하더라도, 아테네의 정치형태가 민주주의였다는 건 사실이다. 나아가 소크라테스를 죽음으로 내몬 것도 결국 민주주의 정치환경이었다는 점 또한 부정할 수 없다. 즉 소크라테스는 적법한 사법제도에 의한 정당한 투표를 거쳐 배심원들의 다수결에 의해 사형을 당했다. 어떻게 이런 명백한 정의의 왜곡이 일어날 수 있단 말인가? 그렇다면 정치체제 자체가 잘못된 것 아닌가? 적어도 플라톤이 보기에 평범한 시민은 통치를 하기에도, 정의를 실현하기에도 적합하지 못했고, 따라서 시민^{demos}의 권력을 의미하는 민주주의는 열등한 정치제도였다.

당시의 정치구조에 환멸을 느낀 플라톤은 직접 더 나은 사법제도와 정치형태를 찾아 나서게 된다. 그 탐구의 결과물이 바로 플라톤의 기념비적인 저작 『국제^{Politeia}』다. 라틴어로는 『국가에 대해$^{De\ Re\ Publica}$』, 영어로는 『국가론$^{The\ Republic}$』으로 잘 알려져 있다. 이 책은 정치철학에 대한 인류 최초의 논문이며, 이후 2,500년 동안 정치를 공부하는 이들에게 큰 영향을 끼쳤다. 하지만 그때까지만 하더라도 이상적 정치형태에 대한 플라톤의 사상은 완전하지 못했다. 예를 들어, 『국가론』에서는 투표와 선거에 대한 언급을 찾을 수 없다.

독재자와 폭군의 자문역할을 하면서 자신의 이론을 현실에 적용하려 했던 플라톤의 노력 또한 수포로 돌아갔다. 결국 실망감과 좌절에 부딪힌 플라톤은 정치이론을 수정하는 일에 착수했다. 『국가론』에서 제시한 이론적 정치형태를 현실에 적용하기는 힘들다는 게 분명했으므로 영향력을 발휘하려면 기존 이론에 대대적인 수정을 가해야만 했다. 플라톤이 여든으로 사망할 때까지도 완성하지 못한 마지막 저서의 제목은 『법률론$^{The\ Laws}$』이었다. 12권으로 구성된 이 책은 방대하면서도 실용적인 이론을 담고 있다. 그리고 『법률론』에서 플라톤은 여전히 이상적이긴 하지만 보다 현실적인 정치형태를 제시했다. 새로 제시한 이론에서 플라톤은 선거과정이 반드시 필요하다는 걸 인정했고, 투표와 선거에 대해서도 상세하게 논의했다.

『법률론』에서는 크레타 섬을 거니는 세 남자의 대화가 소개된다. 세 남자는 제우스 신전을 참배하기 위해 동행하면서 꼬박 하루에 걸쳐 대화를 나눈다. 먼 길을 가느라 나무 그늘 아래에서 잠시 쉬기도 하지만 여전히 대화는 이어진다. 그중 메길로스^{Megillus}는 스파르타 출신이다. 클레이니아스^{Cleinias}는 멀리 떨어진 섬에 '마그네시아'라는 새로운 도시국가를 세우기 위해 크노소스에서 파견된 인물로 어떻게 도시국가를 조직해야 할지에 대한 조언을 구하고 있다. '아테네의 이방인'이라고 불리는 나머지 한 명 ─ 소크라테스나 플라톤의 대변인 ─ 은 새로운 도시국가에 도입해야 할 사회구조와 도시설계, 법률 등에 대해 기꺼이 조언해준다. 사실 셋의 이야기를 대화 ─ 셋이니까 삼자논의가 더 적절한 표현일지도 모르겠다 ─ 라고 하기에는 약간 무리가 있다. 그도 그럴 것이, 플라톤은 메길로스와 클레이니아스에게는 아주 가끔씩 '당연하죠', '지당한 말씀입니다', '아하!', '그렇군요'라는 대사만 허락하기 때문이다.

아테네 이방인이 가장 먼저 들려준 조언은 도시국가가 정확히 5,040개 가구로 이뤄져야 한다는 것이었다. 평균적인 가구 ─ 남편과 아내, 자녀 둘이나 셋, 보살펴야 할 늙은 부모, 몇 명의 노예들 ─ 는 약 10명으로 구성됐다. 따라서 이상적인 도시국가의 거주자 수는 약 5만 명이다. 그런데 왜 꼭 가구수가 5,040개였어야 했을까? 아테네 이방인은 그 숫자를 '편리한 숫자$^{convenient \ number}$'라고 주장했다. 그리고 실제로 그랬다. 5,040은 1부터 10까지 모든 자연수로 나눠질 수 있고, 12, 14, 15, 16을 비롯한 여러 숫자로 나눠질 수 있기 때문이다. 5,040은 총 59개의 숫자로 나눠질 수 있다. 아테네 이방인은 이 점이 아주 편리하다고 주장했다. 특히 전리품을 나눠주거나, 세금을 부과하는 경우처럼 인구를 분할해서 부나 의무를 배분해줄 필요가 있을 때 매우 유용하다고 주장했다. 가구수를 일정하게 유지하기 위해서 당연히 타국에서 유입되는 이민이나 타국으로의 이주는 엄격하게 통제되어야만 했다(플라톤은 아이들이 장성해서 가정을 이루고자 할 경우, 어떻게 해야 하는지에 대해선 침묵한다).

도시국가의 한복판에는 제우스, 헤스티아, 아테네를 위한 신전이 있는 아크로폴리스가 자리해야 했다. 아크로폴리스 주변으로는 장벽이 건설됐고 외곽으로 12개의 동네가 뻗어나갔다. 피자를 12조각으로 잘라놓은 모습이라고 상상하면 된다. 그리고 각각의 마을에는 12개의 부족, 420개의 가구가 거주했다(어쩌면 이 부분에서 플라톤은 고대 유태인의 옛이야기로부터 힌트를 얻었을지도 모르겠다). 420개 가구에게는 거주 지역의 땅이 각각 2필지씩 배분됐다. 그중 아크로폴리스와 가까운 땅은 주거지로 사용됐고 외곽 경계선 쪽에 가까운 땅은 경작에 쓰였다. 만약 거주지가 도시국가 중심지에 더 가까워서 상대적으로 좋은 곳에 있다면, 경작지는 경계선에 더 가까운, 그래서 거주지와는 멀리 떨어져 있는 땅이 주어졌다. 경작지의 수확량이 적은 경우에는 넓은 경작지가 주어졌고, 수확량이 많은 경우에는 더 좁은 경작지가 주어졌다. 이런 식으로 모든 것은 수학적으로 정확하게 계산되어 공정하게 배분됐다. 하지만 토지는 소유권이 주어지는 것이 아니라 임대되는 것이었으므로 영원히 도시국가의 재산으로 귀속됐다. 즉 '땅 임자'라고 할지라도 결코 토지를 다른 토지와 병합하거나 분할하거나 매각할 수 없었다. 플라톤이 주장한 이상적인 도시국가의 모습을 상상하다 보면, 사용자가 원하는 대로 도시를 설계할 수 있는 인기 있는 시뮬레이션 게임, '심시티Simcity'가 떠오른다.

부의 소유는 허용되긴 하나 엄격하게 통제됐다. 모든 가구에는 적어도 2필지의 대지가 재산으로 주어졌다. 생활을 유지하기 위한 수단이었던 셈이다. 그보다 적은 대지는 재산이 부족한 것으로 간주됐고, 통치자는 절대로 특정 가구가 빈민층으로 전락하도록 내버려두어서는 안 됐다. 한편 장사를 잘한다거나 능력이 뛰어나다거나 운이 좋아서 부를 축적하는 경우도 있는데 이런 경우 가장 가난한 가구보다 최대 4배까지만 부의 축적을 허용했다.

정부는 모든 시민의 소유물을 아주 자세하게 기록했으며, 그에 맞게 세금을 부과했다. 가구는 부의 정도에 따라 4개 층으로 분류됐다. 허용된 범위보다 더 많은 부를 소유한 사실이 발각되거나, 소유물을 제대로 신고하지 않았을 때에는 초과분을 모두 국가에 바쳐야 했다. 벌금도 내야 했는데, 벌금 중 일부는 법은 어긴 자를 신고한 사람에게 포상금으로 주어졌다. 플라톤은 재산세와 소득세 모두를 만들어야 한다고 주장했는데, 정부는 세금을 부과할 때마다 둘 중 어느 것이 더 유리한지 결정해야 했다. 징수된 세금은 관리비용, 전쟁자금, 신전건립, 공공급식에 쓰였다.

가족의 삶 또한 철저하게 규제됐다. 통치자라 할지라도 "국가를 통치하기 위해 평범한 시민의 삶을 버릴 수 있다고 생각하는 사람은 중대한 잘못을 저지르는 것"으로 간주됐기 때문이었다. 아테네 이방인은 이렇게 단언한다.

"인간의 삶에서 모든 것은 3가지 욕구에서 비롯된다. 첫째는 음식, 둘째는 술, 셋째는 사랑의 쾌락이다."

세 번째 욕구가 절제되지 않으면 혼란을 피할 수 없다. 남자와 여자는 결혼해서 "가능한 가장 뛰어나고 좋은 아이"를 생산해야 했는데, 이는 선택이 아니라 국가에 대한 의무였다. 나아가 법은 결혼마저도 강제하면서 "모든 남자는 가장 마음에 드는 결혼상대를 찾기보다는 국가에 가장 도움이 되는 결혼상대를 찾아야 한다."라고 규정하기도 했다. 여자의 결혼적령기는 16세에서 20세 사이였고, 남자는 30세에서 35세 사이였다. 35세가 지나도록 결혼을 하지 않은 남자는 매년 독신자 세금을 납부해야 했는데 "독신생활이 편하고 자신에게 이득이 된다고 착각하지 않게 하기 위해서"였다(사실 이 주장은 지나치게 터무니없다고는 할 수 없다. 오늘날에도 결혼한 부부나 자식이 많은 가정은 감세혜택을 누리는 반면 독신자들은 더 많은 세금을 낸다). 결혼 후 10년이 지났는데도 자식이 없는 부부는 이혼해야 했다. 이혼하지 않을 경우에는 국법을 따르도록 하기 위해, 때로는 점잖은, 때로는 점잖지 않은 수단이 동원되었다.

사회규범과 적절한 행동양식이 결정된 후 할 일은 사람을 뽑는 것이다. 누가 도시국가를 통치할 것인지, 어떤 방식으로 공직자를 선출할 것인지를 결정한다. 『국가론』과는 대조적으로 『법률론』은 이 사안을 자세히 다뤘다. 플라톤은 『법률론』 6권에서 아테네 이방인의 입을 빌어 처음으로 공직자 선출방법에 대해 언급한다.

"자, 일단 기본적인 것들에 대해선 결론을 내렸으니 이제부터는 공직자 선출로 옮겨가보세."

당시 아테네의 입법권, 행정권, 사법권은 세 기관으로 나뉘어 구성돼 있었다. 바로 민회, 평의회, 재판소다. 법령 발표, 주요공직자의 선출, 법안 채택 같은 중요한 사안은 민회에서 다뤄졌다. 민회는 연간 10회 열렸는데, 후에는 연간 40회로 늘어났다. 일정 자격을 지닌 모든 시민 — 국가에 빚이 없는 21세 이상의 남성 — 은 민회에 참석할 자격이 있었고, 실제로 민회에 참석하는 시민의 수는 수천 명을 넘었다. 참석자들은 전쟁을 개시할지, 외부인에게 시민권을 부여할 것인지와 같은, 결정이 요구되는 사안이 있을 경우에 투표를 했다. 투표는 거수방식이었고 모든 사안은 다수결로 결정됐다. 민회에는 수많은 시민이 참여했으므로 손을 든 시민의 숫자는 어림하여 추산되기도 했다.

민회에서 결정된 사안은 대중의 뜻을 반영한 것으로 여겨졌기 때문에 상위기관에서 다시 검토할 수 없었다. 즉 민회의 결정은 절대적이었다. 만에 하나 민회에서 잘못된 결정이 내려진다 할지라도, 그것은 시민에게 해당 사안을 잘못 호도한 탓이라고 여겼다. 시민에게 절대권력이 있으며 시민은 결코 틀리지 않는다는 아테네의 확신과는 달리, 플라톤은 『국가론』에서 대중은 제대로 생각하거나 결정할 수 있는 능력이 없다는 정반대의 입장을 취했다.

민회보다 중요성도 떨어지고 권력도 작았지만 여전히 없어선 안 될 기구가 '500인 평의회'였다. 평의회의 임무는 입법을 준비하는 것이었다. 평의회의 사전 검토과정을 거치치 않고는 어떤 제안도 민회에 회부될 수 없었다. 따라서 평의회는 민회에서 다뤄질 사안을 결정하는 중요한 역할을 수행했다. 평의회에 속한 500명은 매년 추첨으로 선출되었는데, 동료시민이 아닌, 신에 의해 선택된 셈이다. 평의회 의원들은 1년 동안만 일할 수 있지만 평생 동안 평의회 의원으로 선발될 기회가 한 번 더 주어졌다.

재판소는 도시국가의 사회질서를 유지하는 주요수단이었다. 배심원단은 개인적 분쟁인 경우에는 최소 201명, 공적 분쟁인 경우에는 최대 501명으로 구성됐다. 배심원단은 추첨으로 뽑힌 6,000명의 배심원 후보군 중에서 선발됐다. 소크라테스에게 사형을 선고한 경우처럼, 재판소에 올라오는 사건은 민회에서 다뤄지는 일상적인 사안보다 훨씬 중대했으므로 배심원단은 민회 참석자들보다 훨씬 신중해야 했다. 30세가 넘는 사람만 배심원이 될 수 있었고, 사건의 내용을 듣기에 앞서 정직하게 재판에 임하겠다는 선서를 해야 했다. 가난한 시민도 사법제도에 참가할 수 있도록 하기 위해 배심원 활동을 한 이에게는 보수가 지급됐다. 재판을 주재하는 판사는 따로 없었고, 실제로 어떤 식으로든 재판을 이끌어가는 사람은 아무도 없었다. 재판은 당연히 소란스러웠다. 하지만 재판과정이 아무리 부산스러워도 재판소 또한 대중의 목소리를 대변했으므로 결론은 늘 옳은 것으로 간주됐다. 민회의 어리석은 결정과 마찬가지로, 오심은 오로지 배심원단이 잘못 판단하도록 호도됐을 때에만 일어날 수 있었다.

이처럼 민회, 평의회, 재판소, 세 기관이 아테네 도시국가의 주요 권력기관이었으며, 사소한 관리업무를 맡기기 위해 매년 1,000명의 공직자가 임명됐다. 공직에 오른 자가 직위를 남용해서 부나 권력을 끌어모을 위험성이 늘 존재했기에, 공직자 선발은 부패를 방지하는 데 주안점을 뒀다. 즉 가장 적합한 인재를 선발할 필요는 없었다는 말이다. 이건 안타까운 일이었다. 대중의 결정이 절대 틀릴 수가 없다면, 대중이 직접 뽑은 공직자는 무조건 그 직책에 가장 적합한 사람이어야 한다. 하지만 현실은 달랐고 공직자들은 추첨으로 선발됐다.

요약하면, 아테네 도시국가에서는 도시국가 운영에 조금이라도 관심이 있는 사람은 누구나 민회에 참석하거나, 추첨을 통해 평의회, 재판소, 공직 등에 선발될 수 있었다. 투표는 오직 법안을 통과시키거나 부결할 때, 또는 범죄사건의 최종형량을 선고할 때에만 이뤄졌다.

하지만 몇몇 공직자들은 선거를 통해 선출됐다. 특별한 기술이 필요한 공직이 여기에 해당됐는데, 바로 전쟁과 재정이다. 한번 선출된 10명의 장군들은 매년 재선출될 수 있었고 반드시 경험과 전문지식이 있어야 했다. 재정관리직을 맡은 공직자는 영리할 뿐만 아니라 부유해야 했다. 그래야 부패나 부적절한 자금운영으로 인해 국가의 자금에 손해를 끼쳤을 경우, 해당 공직자의 사유재산으로 손실분을 메울 수 있기 때문이다.

장군과 재정관리는 민회에서 다수결로 선출됐다. 민회에 모인 시민의 결정이 늘 옳다는 건 앞에서 이미 언급했다. 따라서 민회에서 선출된 장군이 전쟁에서 패했다면, 그 이유는 장군이 시민을 상대로 자신의 능력을 속여서 선출됐기 때문이다. 패전한 장군은 돌아오자마자 체포되어 재판에 회부됐고, 때로는 사형을 선고받기도 했다. 재정관리의 경우, 관리하는 자금이 불어나지 않는 경우에 민회를 속인 것으로 간주됐고, 손실금액은 재정관리가 직접 자신의 사유재산으로 메꿔야 했다. 손실을 메꾼 후에 사형을 당하기도 했다. 실제로 안타까운 사례가 있었다. 10명의 재정관리 중 9명이 차례로 처형을 당했는데 마지막 한 명을 남겨둔 상황에서 사실은 회계기록이 잘못 되어 손실이 난 것임이 밝혀졌다.

플라톤은 이런 상황이 마음에 들지 않았다. 사형이 꺼림칙했다기보다는 가난하고 교육을 받지 못한 군중이 결국 부자들을 공포로 몰아넣고 말 것이라는 점이 걱정스러웠다. 바보천치여도 시민이면 누구든 민회에 참석할 수 있었다. 평의회나 배심원단의 경우에는 나이가 더 많으니 그만큼 더 현명해야 했지만, 그때까지 글을 다 깨치지 못한 사람도 추첨에 의해 선발될 수 있었다. 이렇게 어리석은 사람들을 많이 모아두기만 했을 때 과연 합리적이고 명확한 결정이 내려질 수 있을까? 플라톤의 『법률론』은 아테네에서 초래된 실수들이 크레테 섬에 건설될 새로운 도시국가 마그네시아에서 똑같이 되풀이되는 걸 방지하려는 목적으로 저술되었다. 잠시 후 살펴보겠지만, 플라톤은 '부자'라는 단어를 '교육을 더 많이 받은 사람들'이라는 말과 동의어로 간주하는 경향이 있다.

플라톤은 아테네 이방인으로 가장해서 적절한 인물을 적합한 공직에 배치하는 가장 좋은 방법에 대해 설명한다. 부적절한 사람이 공직에 임명된다면, 제아무리 좋은 법률도 유명무실할 수밖에 없다. 따라서 무엇보다도 공직자, 판사, 관리를 선출하는 선거인단은 교육을 받은 사람이어야 하며 법률지식도 있어야 한다. 플라톤은 뛰어난 선거인단만이 옳은 판단을 내릴 수 있다고 주장했다. 교육을 받지 못한 이들은 선거인단에서 제외되어야 하며, 그래야 실수를 사전에 방지할 수 있다고 생각했다. 또한 공직에 출마한 후보자들은 '젊은 시절부터 선거에 출마할 때까지 자신이 어떤 사람이었는지를 보여주는 충분한 증빙자료'를 제시해야 했다. 심지어 후보자의 과거뿐만 아니라 가족의 과거도 검토대상에 포함됐다. 가족 중에 누구든 잘못을 저지른 적이 있다면, 그 가족이 살아 있든 죽었든 간에 후보자는 실격됐다.

플라톤이 제안하는 선출절차 ─ 여러 가지 형태로 변형된 절차가 존재한다 ─ 는 여러 단계를 거친다. 첫 단계는 누가 보더라도 적절치 않은 후보자를 제외하는 것이고, 그다음 단계는 시간을 두고 찬찬히 후보자를 선별하는 것이다. 그렇게 하면 선출과정인 첫 단계에서 실수가 있었다 하더라도 다음 단계에서 바로잡을 수 있다.

새 도시국가의 생존과 질서에서 가장 중요한 이들은 바로 법률수호관이다. 가장 먼저, 가장 신중하게 선출되어야 하는 자리가 공직이다. 많은 사람들에게 존경을 받는 자리에 뽑히려면 적어도 50세 이상이어야 했으며, 법률수호관이 된 후엔 최대 20년 동안 일할 수 있었다. 70세가 된 경우에는 — 만약 그렇게 오래 산다면 — 자리에서 물러나야 했다(아테네 이방인은 친절하게도 60세에 법률수호관이 되면 최대 10년 동안 근무할 수 있다고 설명한다).

플라톤은 권력분립에 대해서는 주장하지 않았다. 실제로 도시국가의 법과 질서를 책임지는 법률수호관의 임무에는 입법, 사법 그리고 시민과 그들의 재산을 등록하는 일 등이 포함된다. 게다가 새 도시국가의 입법이 활발해져서 새로운 법률이 제정되면, 수호관에게는 더 많은 임무가 주어진다. 수호관은 사회안정과 정의를 책임지는 사람이라고 할 수 있다.

새로운 도시국가가 생존하기 위해서는 수호관의 신중한 결정이 매우 중요했다. 크노소스의 시민은 새로운 도시국가의 설립자였으므로 신생도시가 허약한 초기단계를 벗어나 번성할 때까지 운명을 함께해야 할 도덕적 의무가 있었다. 따라서 플라톤의 제안에 따르면, 법률수호관 조직은 크노소스의 대표자와 새 도시국가의 대표자로 구성되어야 한다.

수호관의 수는 홀수로 구성했다. 첨예하게 대립되는 사안일지라도 무승부로 인해 결론이 도출되지 않는 경우를 미연에 방지하기 위해서였다. 그리고 새 도시국가의 운명에 더 많은 영향을 받는 정착민들이 입법·사법 기관에서 다수를 차지하도록 했다. 이쯤에서 아테네 이방인은 정착민에서 19명, 크노소스에서 18명을 선출해, 법률수호관을 총 37명으로 정해야 한다고 단언한다. 왜 굳이 37명일까? 플라톤은 37이 홀수라는 점 말고는 어떤 점에서 합리적인지 딱히 설명하지 않는다. 만약 크노소스인 중에서 선출된 18명의 수호관이 안락한 고향을 떠나 황량한 새 도시국가로 이주하는 걸 주저한다면 어떻게 해야 할까? 이럴 경우, 플라톤은 그들을 설득하기 위해 '약간의 물리적 압력'을 행사해도 된다고 말한다.

플라톤은 수호관의 숫자가 37명이어야 하는 이유에 대해선 모호하게 뒀지만, 수호관의 선출과정에 대해서는 자세하게 설명했다. 플라톤은 3단계 절차를 제안하면서, 매 단계를 거칠 때마다 후보자들이 300명에서 100명으로, 마지막에는 37명으로 줄어들어야 한다고 주장했다.

당시 모든 군인들은 교육을 받았기에, 군대에 복무했거나 복무 중인 시민은 수호관에 출마할 수 있었다. 또한 플라톤이 제안한 정치제도하에서는 여성도 군인이 될 수 있었으므로 후보군에서 배제되지 않았다. 따라서 출마하지 못하는 이들은 오로지 군대에 못 갈 만큼 덜 떨어진 시민뿐이었다. 선거는 신전에서 열렸고 투표함은 제단 위에 놓였다.

누구든 자신이 특정후보를 지지한다는 걸 표시하려면 명판에 후보의 이름, 자신의 아버지 이름, 자신이 속한 부족의 이름, 자신이 거주하는 지역을 적어 제단 위에 올려두면 됐다. 비밀투표는 결코 아니었는데, 유권자는 같은 명판에 자신의 정보를 함께 기재해야 했기 때문이다. 또한 특정 명판에 이견이 있는 — 예를 들어, 그 후보를 반대하거나 후보의 지지자를 반대하는 — 사람은 누구나 제단에서 그 명판을 치워버릴 수 있었다. 치워진 명판은 아고라 광장에 최소 30일간 모든 사람들이 볼 수 있게 게시됐다. 이 반대의견에 아무도 이견을 제시하지 않으면, 거부된 후보는 완전히 제명되었다. 모든 시민은 공직에 적합하지 않다고 판단되는 후보에 대해서 거부권을 행사할 수 있었던 셈이다. 투표가 종결되고 나면, 관리들은 명판의 숫자를 센 후 가장 많은 표를 받은 후보 300명의 이름을 공표했다.

두 번째 투표에서 시민은 같은 방식으로 300명에서 100명을 추려 냈다. 마지막 세 번째 투표에서는 100명 중 37명을 법률수호관으로 선출했다. 다만 이 부분에서 아테네 이방인은 투표를 하고자 하는 시민이 반드시 거쳐야 할 매우 중대한 절차를 제안한다. 세 번째 투표이자 최종투표에 임하는 선거인은 투표에 앞서 엄숙하게 "신에게 제물로 바칠 동물을 이끌고 걸어가야" 했다. 겉보기에는 선거인들이 투표의 중대성을 인식하고 옳은 결정을 내려달라고 신에게 도움을 청하는 과정이었지만, 실제 의도는 선거인의 수를 줄이는 데 있었다. 제물로 바칠 동물을 살 만큼 충분한 돈이 있고 하루를 몽땅 선거에 소비할 수 있는 이들이 누구겠는가? 바로 부자들이다. 즉 플라톤은 교묘하게 부자들, 다시 말해 더 많은 교육을 받았다고 생각되는 시민에게 유리하도록 선거절차를 조작한 것이다.

아테네 이방인과 두 대화상대는 여기까지 논의한 후 갑자기 한 가지 문제에 직면한다. 문득 선거에는 선거를 관리하는 사람도 필요하다는 생각이 든 것이다. 첫 번째 투표에서부터 관리를 선출하기 위한 관리들이 필요했다. 닭이 먼저냐, 달걀이 먼저냐 같은 성가신 문제처럼, 새로 설립된 도시국가에서 처음부터 선거를 어떻게 진행할 것인가에 대한 그림이 명확하지 않았다.

플라톤은 이 문제가 매우 중요하다고 강조했다. '시작이 반'이라는 속담도 있지 않은가? 아테네 이방인은 시작을 잘하면 절반은 끝낸 것이나 마찬가지라며, 선거를 신속히 진행할 수 있는 방안을 제안한다.

그런데 그 제안은 평범하기 그지없었다. 새로운 도시국가에 도착하자마자, 크노소스인과 정착민 중에서 가장 연장자이면서 가장 뛰어난 사람들을 각각 100명씩 선정하고, 그들이 최초의 법률수호관 37명을 선발한다. 선발된 수호관들이 실제로 적합한 인물인지를 검증하는 절차가 끝나면, 수호관으로 임명되지 않은 나머지 82명의 크노소스인은 고국으로 돌아간다. 수호관으로 임명된 18명의 크노소스인은 정착민들과 함께 새 도시국가를 꾸려가야 했다. 사실 이건 해법이라기보다는 오히려 더 많은 의문을 자아낸다. 가장 연장자가 누구인지를 판단하는 건 어렵지 않지만, 가장 뛰어난 사람이 누구인지는 어떻게 판단한단 말인가? 게다가 가장 뛰어난 연장자들을 골라낸 후에는 어떤 방식으로 37명의 수호관을 선발할 것인가? 플라톤은 이런 의문에 대해 아무런 답변도 들려주지 않고, 그저 '최선을 다해' 크노소스인과 정착민 중에서 200명을 골라내고, 그런 뒤 그들로 하여금 수호관을 선발하게 하라고만 말한다.

일단 법률수호관이 선발되고 나면, 그다음에는 중요성은 덜하지만 반드시 필요한 공직자들을 선출한다. 가장 먼저 군대 통솔자인 장군, 부지휘관, 장교부터 뽑아야 했다. 장군 후보들은 도시국가 출신이어야 했고, 성장배경을 검증받은 후 장군직을 맡기에 적합하다고 판단되면, 수호관에 의해 후보자로 추천됐다. 후보자가 마음에 들지 않거나, 적합한 인물이 아니라고 느낄 경우에는 누구든 그를 대신할 다른 후보자를 추천할 수 있었다. 이 경우 두 후보를 놓고 경선을 진행했고 경선의 승자는 다음 단계로 진출했다. 최종 선거에서는 3명의 후보가 맞붙었고, 그중 가장 많은 표를 얻은 사람이 장군에 임명됐다. 장군에 임명된 이들은 12명의 부지휘관을 추천할 수 있었는데, 12개의 부족에서 각각 한 명씩만 내세웠다. 이 과정에서도 역시나 다른 후보자가 추천될 수 있었고, 그럴 경우 다시 경선과 투표를 거친 후에 최종 승자가 결정됐다. 전직, 또는 현직 군인이라면 누구든 장군을 선출하는 투표에 참여할 수 있었다. 하지만 부지휘관이나 상급장교를 선출할 때에는 오로지 소속군대 — 예를 들어, 경병대, 중병대, 궁대, 기마대 — 에 속한 군인에게만 투표권이 주어졌다. 마지막으로 하급장교는 장군이 임명했다.

아테네 이방인은 그다음으로 평의회의원의 선출과정에 대해 설명한다. 도시국가의 행정업무를 담당할 평의회는 총 360명의 의원으로 구성됐다. 아테네 이방인은 360이란 숫자 또한 편리한 숫자라고 말하는데 360은 부족수(12)에 30을 곱한 숫자이자, 소득에 따라 분류한 계층(4)에 90을 곱한 숫자이기 때문이다. 30세 이상의 남성과 40세 이상의 여성은 누구든 후보자가 될 수 있었다. 매년 5일에 걸쳐 열리는 평의회의원 선거에 대해, 플라톤은 2단계로 이뤄진 선출절차를 설명하면서 아주 흥미로운 제안을 던진다. 바로 두 번의 일반적인 선거절차와 한 번의 추첨방식을 혼합하자는 것이었다.

선거의 첫 번째 단계는 첫 4일 동안 열렸고, 선거기간 5일째에 후보자들을 선출하는 두 번째 단계가 진행됐다. 각각의 부족에서 30명씩 의원이 선출되는 게 가장 이상적이긴 했지만 의무는 아니었으며, 4개의 소득계층에서는 반드시 의원이 90명씩 선출되어야 했다. 따라서 선거 1일째에는 가장 부유한 계층에서 후보자가 선정됐다. 모든 시민은 의무적으로 투표에 참여해야 했고, 이를 어길 경우 처벌을 받았다. 이튿날에는 두 번째로 부유한 계층에서 출마한 후보자의 선출이 동일한 방식으로 진행됐다. 하지만 선거 3일째, 세 번째 소득계층 출신의 후보자를 뽑는 날에는 오직 상위 3개 소득계층에게만 투표의 의무가 있었다. 다시 말해, 최빈곤층은 투표에 참여해도 되고 안 해도 그만이었다. 마지막으로 가장 빈곤한 계층 출신의 후보자를 선출하는 선거 4일째에는 오로지 상위 2개 소득계층에게만 투표의 의무가 있었다.

플라톤은 왜 이런 복잡한 절차를 제안했을까? 여기에서도 마찬가지로 그의 의도는 더 많은 교육을 받은 시민, 다시 말해 더 부유한 시민이 평의회 구성에 더 큰 결정권을 행사하도록 하는 것이었다. 즉 부자들은 벌금을 내지 않으려면 네 번의 투표에 모두 참여해야 했다. 반면 의무적으로 선거에 참여하느라 이미 이틀을 소비한 최하위 소득계층에게 선거를 해야 하니 밭을 일구고 가축을 키우는 일을 하루 더 미루라고 강제할 수는 없는 노릇이었다. 결국 상위 2개 부유층은 네 번의 투표권을 행사한 반면, 세 번째 소득계층은 세 번의 투표권을, 그리고 최하위 소득계층은 오직 두 번의 투표권을 행사한 셈이다.

여기서 주목할 점은 아테네 이방인이 가난한 이들의 기분을 상하게 하지 않으면서도 매우 교묘하게 자신의 목적을 달성하고 있다는 것이다. 아테네 이방인은 가난한 소득계층의 투표권은 제한하지 않으면서, 투표참여에 대한 열의만 낮추고 있다. 오히려 선심을 베푸는 척한다. 더 중요한 점은 최빈곤층이 자신과 같은 소득계층 출신의 평의회원 선거에 참여하지 않아도 된다는 점이다. 그 말은 곧 부유층이 빈곤층의 후보를 결정한다는 뜻이다. 따라서 부자에게 아첨하거나 말을 잘 듣는 사람이 유리한 위치에 있었다.

후보가 정해졌다면, 이제 평의회의원을 선출할 차례다. 선거 5일째에는 다시 모든 시민이 투표에 참여한다. 시민은 4개 소득계층에서 선출된 후보 중에서 남녀를 가리지 않고 다수결로 180명을 선출했다. 하지만 그것이 끝이 아니다. 마지막 절차—사실 이 부분이 플라톤의 선거 절차 중 가장 특이하다—가 남았는데, 추첨을 통해 나머지 절반인 180명의 평의회의원을 뽑는다. 선출과정에 추첨이란 요소를 도입해 최종결정을 신이나 행운에 맡긴 것이다. 이렇게 해서 더 많은 시민에게 국가를 통치할 수 있는 기회가 돌아가게 하고, 나아가 경쟁후보 간의 다툼을 줄였다("이봐, 기분 나빠하지 말라고, 어디까지나 내가 뽑힌 건 신의 결정이니까 말일세.").

플라톤은 선거과정에서 가난한 이들의 목소리를 제한했을 뿐만 아니라, 시민을 4개 소득계층으로 분류함으로써 빈곤층이 눈치채지 못하는 교묘한 방식으로 대표자의 수를 제한했다. 즉 가난한 사람들은, 부유층과 빈곤층 대표자의 수가 같으므로 빈곤층의 목소리도 공평하게 대변된다고 믿었다. 하지만 현실적으로 모든 사회에는 부자보다 가난한 자가 훨씬 더 많다. 숫자만 두고 봤을 때 빈곤층을 대변하는 목소리는 상대적으로 더 작아진 셈이다. 따라서 가난한 사람들이 정반대로 믿고 있었다는 점이야말로 플라톤의 계획 중 가장 영악한 부분이라고 할 수 있다.

다음으로 아테네 이방인은 도시국가의 치안유지를 논한다. 배가 선장 없이 항해에 나설 수 없는 것처럼 도시국가에도 치안유지가 필요하다며, 플라톤은 아테네 이방인의 입을 빌려 주장한다. 거리, 건물, 항구, 분수, 신전, 급수시설, 시장은 늘 관리되고 통제되어야 한다. 관리자 중 일부는 선출됐고, 일부는 추첨으로 뽑혔으며, 때로는 2가지 방식을 혼용해서 관리자를 결정했다.

오늘날의 경찰이나 보안관과 비슷한 치안관은 12개 부족에 각각 5

명씩 총 60명으로 구성됐고, 부치안관은 12명씩 총 144명으로 구성됐다. 플라톤은 각각의 부족에서 선발되는 치안관과 부치안관이 투표에 의해서 선출되는 것인지, 추첨으로 선발되는 것인지에 대해서는 명확한 설명을 하지 않았다. 아마도 치안관과 부치안관 자리에 지원하는 사람은 많지 않았을 것이다. 일단 2년 동안 황량한 광야에서 생활해야 했고, 장차 치안관이 되겠다는 대망과 함께 도전정신이 있어야 했으며, 비용이 많이 드는 장비도 갖춰야 했기 때문이다.

치안관은 무리를 지어 전체 부족을 순회하며 두 달씩 머물렀다. 주임무는 시민에게 안전하다는 느낌을 심어주는 것이었다. 그밖에도 건물을 깨끗하게 유지하고, 수로가 제대로 작동하는지를 확인하고, 도로를 보수하고, 공공체육관을 운영하는 일도 했다.

도시조사관은 건물이 규정에 맞게 지어졌는지, 골조가 튼튼하게 지탱하고 있는지, 물 공급은 충분한지 살폈다. 상위 2개 소득계층에서 6명의 도시조사관 후보를 먼저 정했고 그중에서 3명을 추첨으로 뽑았다. 도시조사관은 도시국가의 12개 부족지역을 3개 지역으로 분할하여 한 명당 1개 지역을 맡았다.

시장조사관은 교역과 거래질서를 유지했다. 부정이 없는지 감시했고, 만약 부정거래나 사기가 발생하면 위반한 이에게 적절한 처벌이 가해지도록 했다. 시장조사관은 상위 2개 소득계층에서 거수를 통해 10명의 후보자를 선출했고, 그중 다시 5명을 추첨으로 결정했다.

사제는 그 신분에 맞게 인간에 의해 선출되지 않았다. 신분이 세습되어서 선출과정 자체가 아예 필요 없는 경우도 있었고, 신의 결정, 다시 말해 추첨에 의해 선발되는 경우도 있었다. 사제 밑에는 소위 해석가가 있었다. 그들의 임무는 델포이 신탁^{the Oracle of Delphi}의 수수께끼

같은 메시지를 해석하는 것이었다. 신탁의 이해할 수 없는 메시지만큼이나, 해석가를 선출하는 과정은 플라톤의 『법률론』에서 가장 난해한 부분이다. 아테네 이방인은 이렇게 말한다.

"세 번에 걸쳐 4개 부족은* 소속된 이들 중에서 4명을 선출한다. 그중 가장 많은 표를 받은 자가 후보로 검토되며, 9명이 신탁으로 보내져서, 3인조 중에서 각각 한 명씩 선발된다."

학자들은 수세기에 걸쳐 이 말뜻을 이해하려 고심해왔다. 4개 부족이 각각의 부족에서 한 명씩 4명을 선출해서 그중 3명을 선발한다는 말인가? 아니면 4개 부족 중 3개 집단이 출신부족을 막론하고 4명을 선출한 뒤 모든 부족이 참여하는 세 번의 투표를 걸쳐 투표 때마다 4명의 후보자 중 3명을 선출한다는 말인가? 또는 모든 유권자들이 4명의 후보를 대상으로 4표를 행사하고 그중 3명의 다득표자가 델포이 신탁으로 보내진다는 말인가? 아니면 각각의 부족이 부족출신 중에서 4명의 후보자를 각각 선출한 뒤 총 16명의 후보 중에서 3명을 선출한다는 의미인가? 1972년 손더스^{Saunders}라는 학자는 이 부분에 대한 자신의 생각을 결론지으면서 이렇게 적었다.

"만약 나를 비롯한 학자들이 플라톤의 말을 오해했다면 그건 오로지 플라톤의 책임이다."

플라톤이 한 말의 진의를 추측하기 위해 엄청나게 많은 양의 잉크가 소모됐다는 사실은 꽤나 흥미롭다.

장군을 제외하고, 음악과 춤의 심사관, 합창단 지휘자, 학교와 체육관 관리자는 해당 분야에 대한 경력이 요구된다. 이들을 임명할 때는

---

* thrice the four tribes. 이 말은 '4개 부족이 세 번에 걸쳐'라는 의미이지만, '4개 부족 중 3개'라는 의미도 된다.

오로지 과거 경험만을 고려했고, 가족사나 정직성은 그다지 중시하지 않았다. 문화나 스포츠 취미를 열성적으로 즐기는 시민은 1년에 한 번 열리는 투표에 참여했다. 음악심사관 선거의 경우, 거수를 통해 10명의 후보자가 추천됐고, 그중 한 명이 추첨으로 선발됐다. 체육과 관련된 공직의 경우에는 두 번째와 세 번째 소득계층에서 20명의 후보자가 선정됐는데, 최하위 소득계층과 최상위 소득계층은 후보자에서 배제됐고 최하위 소득계층은 투표에서도 배제됐다. 10명의 후보자 중에서 3명이 추첨으로 선발됐다.

마지막으로 교육담당관이 선출되어야 한다. 훌륭한 시민을 육성하려면 교육담당관의 역할이 가장 중요하다. 도시국가의 젊은이들을 교육하는 일은 매우 중요한 사안이었다. 따라서 교육담당관은 도시국가에서 가장 중요한 공직자였고, 교육담당관 선발 또한 대단히 신중을 기해야 했다. 일단 교육담당관은 도시국가에서 가장 뛰어난 남자로 자격을 제한했다(플라톤이 유일하게 여성에게는 적합하지 않다고 본 직책이다). 나이는 적어도 50세 이상이어야 했고, 아들과 딸을 두고 있어야 했으며 흠잡을 데 없는 경력을 가지고 있어야 했다. 가장 뛰어난 시민은 이미 법률수호관으로 뽑힌 후였기에, 교육담당관은 어쩔 수 없이 법률수호관 중에서 나와야 했다. 교육담당관은 5년을 임기로 비밀투표를 통해 선출됐으며, 투표에는 평의회원을 제외한 모든 관리들이 참여했다.

가장 중요한 공직인 교육담당관의 선출과 관련해서 주목할 점은 2가지다. 첫 번째는 이전 선거에서 능력 있는 시민으로 검증된 관리만이 교육담당관을 선출할 수 있다는 점이다. 따라서 교육담당관 선출에는 한정된 사람들만 참여할 수 있다. 하지만 여기에는 문제가 뒤

따른다. 선거인단이 소수라면 뇌물을 주는 것도 훨씬 쉬우므로 외부의 입김이 작용하면서 부패가 발생할 여지가 있었다. 플라톤은 관리 사이에서 부패가 일어날 수 있다는 점을 간과하지 않았고, 이를 방지하기 위해 또 다른 주장을 했는데, 이게 두 번째로 주목할 점이다. 플라톤은 부패를 방지하기 위해서라도 교육담당관 선거는 비밀투표로 행해야 한다고 주장했다. 실제로 교육담당관 선거는 플라톤이 『법률론』에서 유일하게 비밀투표를 주장한 선거다. 어쩌면 플라톤이 대부분의 공직자 선출선거에서 투표를 의무화한 이유도 부패한 소수의 선거인단에 의해 관리가 선출되는 것을 막기 위해서일 수도 있다.

거수나 추첨을 통해 선출된 모든 공직자들은 임명 전에 엄격한 검증절차를 거쳤다. 검증절차에서는 당선자가 적자인지, 혈통이 훌륭한지, 명성에 흠이 없는지, 부채가 없는지, 인격이 완벽한지 등이 공개적으로 평가됐다. 만약 선발된 당선자가 기대에 못 미칠 경우에는 선발 자체가 무효화됐고, 다시 선출절차가 반복됐다. 실제로 임명이 거부된 사례가 있었는데, 당선자가 과부가 된 어머니를 잘 모시지 않았다는 이유로 당선이 철회됐다.

공직자의 임기가 끝나면, 공직자가 속한 기관의 재정에 대한 감사가 진행됐다. 모든 장부를 조사하는 감사위원회가 별도로 존재했고, 임기가 끝나면 무조건 감사를 받아야 한다는 점 때문에 관리들은 도시국가의 재정으로 사재를 늘릴 생각을 감히 할 수 없었다. 관리가 축재에 대한 유혹을 이기지 못하고 도시재정에 손을 댄 경우에는 감사위원회에 의해 재판에 회부되어 공개적인 망신을 당했고, 합당한 벌금형에 처해졌으며 아울러 횡령한 모든 돈을 내놓아야 했다.

아테네 이방인이 다음에 논의한 내용은 재판소의 설치와 판사의 선출이었다. "재판소가 없는 도시국가는 존속할 수 없기 때문"이다. 시민 간에 분쟁이 발생할 경우 최초 재판은 분쟁의 내용을 잘 알고 이를 조정할 수 있는 지인과 이웃으로 구성됐다. 때로는 치안관이 재판관 노릇을 했는데, 심각한 사건일 경우에는 부치안관을 대동하기도 했다. 실제로 아테네 이방인은 모든 관리가 어느 정도까지는 재판관 역할도 수행해야 한다고 주장했다. 관리는 자신이 맡은 임무의 범위 내에서 결정을 내려야 하는데 그 경우에 재판관 역할을 해야 한다는 것이다.

만약 피고나 원고가 첫 번째 재판의 판결에 불만이 있을 경우에는 상위 기관인 부족재판소에 항소할 수 있다. 부족재판소의 판사들은 필요할 때마다 추첨으로 결정됐다. 만약 부족재판소의 판결에도 만족하지 못할 경우에는 최상위 기관인 대법원에 항소할 수 있다. 대법관들은 일단 흠잡을 데 없는 이들이어야 했고, 그들을 선발하기 위한 선거인단도 아무나 될 수 없었고, 법률을 잘 아는 완벽한 인격을 지닌 이들이어야 했다. 따라서 이 2가지 조건을 모두 충족시키는 가장 좋은 방법은 공직자들이 동료 공직자 중에서 "사심이 없이, 가장 뛰어난 판결을 내릴 수 있을 만한 사람"을 골라 대법관으로 선출하는 것이었다. 결국 대법관들은 치안관, 시장관리자, 음악심사관, 체육관 관리자 등으로 구성됐다. 대법원의 판결은 대법관들의 다수결에 의해 결정됐다.

아주 중대한 사건에 대해서는, 예를 들어 시민이 도시국가 전체에 대한 부정을 저질렀을 경우에는, 특수재판소가 구성됐다. 특수재판소에서는 원고와 피고의 동의로 선정된 3명의 고위공직자들이 재판을 주재했다(원고와 피고가 누구를 판사로 선정할지에 대해 합의하지 못하는 경우에는 평의회가 대신 선정했다). 하지만 판결은 판사들이 하지 않았고, 재판에 모인 시민이 유죄 또는 무죄에 대해 공개투표를 했다. 특이한 점은, 이 대목에서 플라톤은 자신이 사랑하던 스승 소크라테스에게 사형을 선고한 시민에게 다시 한 번 판결권을 부여한다는 점이다.

이후로도 세 남자는 계속해서 대화를 이어간다. 아테네 이방인은 쏟아지는 햇살 속을 걸어가며 거의 모든 것들에 대해 설명한다. 가정생활, 재산법, 교육, 종교, 음식, 섹스를 비롯해 도시국가의 사회활동을 구성하는 수많은 주제들에 대해 자세히 설명한다. 종종 그의 조언은 마치 마술사가 모자에서 토끼를 불쑥 꺼내는 것처럼 뜬금없고 즉흥적이다. 왜 음악심사관은 10명인데, 체육관 관리자는 20명인가? 왜 어떤 경우에는 추첨을 하고, 어떤 경우에는 추첨을 하지 않는가? 왜 최대한 소유할 수 있는 부의 규모를 굳이 최빈곤층 재산의 4배까지로 제한했는가? 5배로 해선 안 될 이유가 있는가? 한마디로 아테네 이방인의 조언은 좋은 아이디어는 될지 몰라도 최상의 아이디어는 아니었다. 그런데도 그 둘은 탄복하며 그의 말을 경청한다. 아테네 이방인의 권위 때문에라도 그의 제안이 나머지 둘에게는 매우 뛰어난 조언처럼 들렸던 것이다.

결국 세 남자는 목적지에 도착하고, 마침내 헤어질 시간이 된다. 아테네 이방인은 마지막으로 조언을 해준 뒤 헤어질 준비를 한다. 하지만 플라톤은 이야기를 마치기 전에 마지막으로 약간의 자화자찬을 빠트리지 않는다. 클레이니아스와 메길로스는 아테네 이방인의 도움 없이는 새 도시국가가 결코 번성하지 못할 것임을 깨닫는다. 메길로스가 기발한 생각을 떠올린다.

"만약 그를 붙잡아둬서 우리와 함께 도시를 설립하는 데 동참하게 하지 못한다면, 아예 지금 당장 모든 걸 때려치우는 게 더 나을 걸세."

메길로스가 말하자 클레이니아스가 답한다.

"그럼 그를 어떻게든 붙잡아두세."

그렇게 대화는 끝이 난다.

『국가론』

『법률론』보다 30년 전에 쓰인 『국가론』에서 플라톤이 스스로에게 가장 먼저 던지는 질문은 바로 "정의란 무엇인가?"다. 플라톤은 국가론의 주인공인 소크라테스가 여러 사람들과 나누는 대화를 통해 이 질문에 대한 답변을 탐구한다. 케팔로스^{Cephalus}는 정의란 단지 진실을 말하고 빚을 갚는 것이라고 답한다. 너무나 단순한 대답이었고, 소크라테스(다시 말해, 플라톤)는 즉각 예를 들어가며 반박한다. 만약 친구에게 무기를 빌렸는데, 그가 그 사이에 미쳤다면 그 무기를 되돌려줘야 하는가? 과연 친구에게 스스로의 목숨을 앗아갈 수 있는 도구를 되돌려주는 게 정의라고 할 수 있는가? 이번에는 폴레마르쿠스^{Polemarchus}가 정의란 친구들을 선하게 대하고, 적들을 벌하는 것이라고 답한다. 하지만 적을 상하게 한다면 그 행위를 하는 처벌자들은 비정의를 행하는 것이 아닌가? 소크라테스는 그 또한 정의가 아니라고 말한다. 마침내 소피스트 철학자이자 철학적 조언을 해주면서 먹고 살던 트라시마코스^{Thrasymachus}가 더 이상 참지 못하고, 힘 있는 자의 결정이 곧 정의라고 말한다. 그 말에 논쟁이 격화됐고, 양측은 때로는 직설적으로, 때로는 교묘하게 모욕적인 언사를 퍼부으며 격한 토론을 벌인다. 마침내 소크라테스는 멍청한 통치자라면 자신에게 손해가 되는 법이라도 제정할 수 있다고 지적한다. 만약 그 법이 통치자를 권좌에서 물러나게 할 수 있는 법이라 할지라도 과연 시민이 그 법을 따른다면,

그건 통치자의 관점에서 정의인가? 소크라테스는 그렇지 않다고 말한다. 그러자 트라시마코스는 얼굴을 붉히고 슬그머니 자리를 피한다.

그러던 중 한 참석자가 과연 정의란 가치 있는 목적인지, 반드시 정의를 추구해야 하는지에 대해 의문을 제기하면서 대화는 잠시 주제를 벗어난다. 만약 모든 사람들이 정의롭다면, 정의롭지 않은 한 시민은 더 큰 이득을 볼 수 있지 않은가? 그렇다면 비정의는 이득이 되는 것 아닌가[이 논쟁은 오늘날 게임이론(Game Theory)의 할아버지뻘인 셈이다.]? 그러자 반박의 명수인 소크라테스는 도둑떼라도 서로 간에 부정을 행한다면 성공적인 도둑떼는 될 수 없다고 지적한다. 따라서 정의는 도둑떼 사이에서도 완전한 비정의보다 훨씬 우월하다고 말한다.

마침내 소크라테스는 모든 청중이 기다리던 답을 들려준다. 정의는 정의로운 질서를 유지하는 것을 의미한다. 모든 사람은 자신이 가장 잘하는 일을 해야 하고, 다른 사람의 일에 참견해선 안 된다. 만약 모든 시민이 자신이 맡은 일을 해낸다면, 그리고 그 이유가 누군가가 시켜서가 아니라 그 일을 즐기기 때문이라면, 정의가 시대를 지배할 것이다. 시민은 서로 해를 입히지 않을 것이고 국가는 번성할 것이다. 그 이유는 정의가 조화와 통일을 가져오는 반면 비정의는 폭동과 혁명으로 이어지기 때문이다.

일단 중대한 질문의 답을 구하고 나자, 다음 화제는 어떻게 해야 정의가 지배하는 국가를 만들 수 있는지로 옮겨간다. 플라톤의 머릿속에 이미 존재하던 생각대로, 이상적인 국가는 효과적인 노동력의 분할이 가능할 만큼 충분히 크면서도 동시에 모든 시민이 국가의 사안들에 관심을 가지고, 나아가 국가경영에 참여하는 데 흥미를 느낄 만큼 작아야 했다. 정의가 지배하는 국가에서 모든 사람들은 맡은 역할이 있고, 최선을 다해 그 일을 수행한다. 그렇다면 그 역할이란 무엇일까? 플라톤은 시민을 3가지 부류로 나눈다(노예는 국가의 인구에서 상당히 비중을 차지했지만 여기서는 고려되지 않았다).

우선 플라톤이 국가의 수호자라고 부른 통치자층이 있다. 그들은 정의롭고 공평한 통치를 할 만큼 지혜로운 철인哲人이다. 통치자의 역할을 맡으려면 먼저 어린 시절부터 길고도 엄격한 교육과정을 거쳐야 했다. 아이들과 청년은 소설이나 허구적인 글을 읽어선 안 됐는데, 이성적으로 사고하고 논쟁하는 능력에 방해가 됐기 때문이다. 기본교육과 병역의무가 끝나면 이후 10년 동안 수학교육이 진행됐고, 그다음 5년 동안은 변증법을 가르쳤다. 이 모든 과정을 마치고 35세가 된 통치자 후보는 이후 15년 동안 국가경영기법을 습득한다. 그리고 마침내 50세가 되어서야 비로소 철인통치자가 되어 법을 제정하고, 분쟁을 조정하고, 정의를 실현할 수 있게 된다. 그들에게는 사유재산이 허락되지 않았다.

또 다른 시민층은 직업군인이다. 이 계층의 구성원은 경찰이나 군인이며 기존질서를 유지하고, 외부의 침략으로부터 국가를 방어하는 것이 임무다. 가장 요구되는 자질은 용기였으며 이 계층에 속한 시민은 공동체에 헌신해야 했고, 철인통치자와 마찬가지로 사유재산을 소유할 수 없었다. 의식주는 국가가 제공했으므로 물질적인 것에 대해 걱정할 필요는 없었다. 그들에게 필요한 건 모두 국가에서 제공했다.

여기서 잠깐! 그렇다면 플라톤은 칼 마르크스Karl Heinrich Marx가 『자본론Das Kapital』을 쓰기 2,000년 전에 이미 공산주의의 초기 형태를 주장한 게 아닐까? 비슷하긴 하지만 꼭 그렇지는 않다. 마르크스와는 다르다. 플라톤은 모든 사람들이 부의 쾌락을 포기할 준비가 되어 있다고 보지 않았고, 모든 사유재산을 폐지하자고 주장하지도 않았다. 따라서 플라톤은 국가론에서 세 번째 시민계층을 제시한다.

세 번째 시민계층은 수적으로 가장 많았고, 첫 번째와 두 번째 계층에 포함되지 않은 모든 사람들로 구성됐다. 국가의 통치와 방어가 이미 해결된 상황에서 세 번째 계층이 맡은 역할은 경제활동이었다. 이들은 생산, 건설, 수송, 교역을 담당했다. 농부와 장인이 이 계층에 속했고 의사, 상인, 선원도 여기에 포함됐다. 이들은 사유재산 없이는 생활을 영위할 수 없었다. 따라서 플라톤은 어느 정도의 사유재산을 소유하는 걸 허용했다. 플라톤은 가정을 영위하는 데 필요한 최소한의 사유재산 규모를 결정했고, 그보다 4배가 초과하는 재산에 대해서는 국가가 압류해야 한다고 믿었다.

시민계층을 3가지로 분류했다고 해서 플라톤이 신분제도를 주장한 건 아니다. 3가지 계층에 배정되는 건 어디까지나 개인의 기질에 의해서였지, 결코 태어난 출신성분에 따른 것은 아니었다. 3가지 미덕 — 지혜, 용기, 온건함 — 은 어린 시절에 가장 많이 육성됐고, 그에 따라 미래의 진로가 결정됐다. 따라서 세 번째 계층의 부모 밑에서 태어난 자녀라 할지라도 수호자나 군인이 될 수 있었으며, 반대로 첫 번째와 두 번째 계층의 자손이라고 할지라도 세 번째 계층이 되어 사유재산을 소유할 수 있었다. 한편 플라톤은 남녀를 차별하지 않았다. 성별과 상관없이 시민이라면 누구나 어떤 위치에든 오를 수 있었고, 따라서 여성 철인통치자도 생겨날 수 있었다.

사회계층이 적절하게 나눠지고 나면, 그다음은 그 사회에 어떤 정치제도가 가장 적합한지를 결정해야 했다. 플라톤은 귀족정치를 선호했다. 여기에서 플라톤이 말한 귀족정치란 '가장 뛰어난 사람들이 통치하는 정치제도'를 뜻하며, 중세시대 유럽 귀족의 봉건제와는 전혀 다른 개념이다. 아들이 천치인데도 아버지의 신분을 그대로 물려받는 경우는 없었다. 오히려 플라톤의 주장에 의하면, 귀족정치는 이기심이 없는 철인통치자에 의한 통치구조이며, 매 세대마다 새로운 철인통치자로 새롭게 정부가 구성되어야 했다. 즉 플라톤의 귀족정치는 인간이 상상할 수 있는 가장 뛰어난 정치제도였다.

하지만 귀족정치에서도 위험은 여전히 도사리고 있었다. 플라톤은 부패가 생길 수 있다는 걸 잘 알았다. 또한 모든 군인이 유혹 앞에서 흔들리지 않을 거라고도 생각하지 않았다. 특히나 전투에서 명예를 획득한 전쟁영웅이라면 병사들의 마음을 사로잡을 수도 있었고, 군사쿠데타를 일으켜서 철인통치자 자리를 차지할 수도 있었다. 그렇다면 새롭게 들어선 참주정은 외부에서는 적대성을 띨 것이며, 내부에서는 부정을 행할 것이다. 전쟁영웅은 일단 권력을 손에 넣고 나면 당연히 자신의 직위를 남용해서 축재를 할 것이며, 그 결과 부자들이 가장 최고의 권력층으로 군림하는 금권정치가 생겨날 수 있었다. 이렇게 되면 부에서 가난이 파생되고, 자연스럽게 부자보다 가난한 사람이 더 많아진다. 그렇다면 언젠가는 가난한 이들이 자신들의 숫자가 부자들의 숫자보다 더 많기에 더 힘이 세다는 걸 깨닫게 되는 날이 올 것이고, 대중은 금권정치가들을 권좌에서 밀어낼 것이다. 그리고 민주주의를 세우게 될 것이다.

하지만 민주주의가 들어선다는 건 절대로 바람직한 결과가 아니었다. 교육을 받지 못한, 국정운영에 적합하지 못한 일반대중은 온갖 혼란을 야기할 것이다. 전혀 경험도 없고 알지도 못하는 사안에 대해서도 모두가 투표로 자신의 발언권을 행사하려 할 것이다. 따라서 혼돈은 피할 수 없었다. 민주주의는 실패할 수밖에 없는 정치형태였고, 이후 더 안 좋은 상황도 벌어질 수 있었다. 시간이 지나면 그중에서 가장 야비하고 무모한 자들이 정권을 잡을 것이고, 이미 나쁠 대로 나빠진 민주주의는 그보다 더 나쁜 형태로 변모할 것이 분명했다. 바로 한 명이 모든 것을 통치하는 독재였다.

독재라는 막다른 골목에 처했을 때 그 상황을 벗어나는 유일한 방법은, 플라톤에 의하면, 독재자가 철학자를 참모로 삼거나, 그 자신이 철인통치자가 되어 귀족정치를 처음부터 새롭게 시작하는 수밖에 없다. 물론 이런 일이 일어날 가능성은 매우 낮다. 이렇듯 플라톤은 일련의 꼬리에 꼬리를 무는 사건에 의한 결과를 매우 확신을 지니고 예상했는데 후에 칼 마르크스가 사회격변을 확신했던 것과 비슷했다.

만약 귀족정치가 이상적인 정부형태라면, 철인통치자가 참주정치, 금권정치, 민주주의, 독재정치를 거쳐 귀족정치라는 일련의 과정을 거치지 않고 통치자로 선발될 수 있는 방법은 무엇일까? 플라톤은 철인통치자의 선출에 시민이 참여하는 걸 혐오했다. 그리고 다행히도 그가 제안한 사회제도 내에서는 그럴 필요가 없었다. 이상적인 국가에서 통치자는 대중적 인기가 더 높아서 선출되어선 안 되고, 능력에 의해 선출되어야 했다. 소크라테스가 주장한 것처럼, 철인통치자가 되는 데 필요한 자질 — 기민한 지성, 기억력, 총명함, 독창성, 대담무쌍함, 경건함 — 을 지닌 사람은 흔하지 않았고, 국가가 이 모든 조건을 충족시키는 후보를 한 명 이상 찾는 것도 매우 어려웠다. 따라서 선거와 투표는 불필요했다.

플라톤

플라톤은 마흔을 넘긴 시기에 크레타, 이집트, 키레네, 시라쿠사를 순례했다. 특히 시라쿠사가 위치한 시실리 섬은 디오니시우스 1세가 철권통치를 휘두르고 있었다. 이 폭군의 처남이었던 철학자 디온은 폭압적인 정권을 순화시키기 위해 플라톤에게 도움을 요청했다. 둘은 함께 디오니시우스에게 철학에 바탕을 둔 통치방법을 가르쳤지만 헛수고였다. 설상가상으로 성난 폭군은 플라톤을 노예로 만들어버렸다. 다행히 플라톤은 한 추종자의 도움을 받아 간신히 탈출했다.

아테네로 돌아온 플라톤은 아카데미를 세웠다. 플라톤의 아카데미는 인류 최초의 대학이라고 할 수 있는데, 그곳에서 제자들에게 천문학, 생물학, 형이상학, 체육, 윤리학, 기하학, 수사학, 정치학을 가르쳤다(수업을 듣던 한 전도유망한 청년은 후에 아카데미의 선생이 되는데 그가 바로 아리스토텔레스다). 아카데미는 서기 529년에 로마황제 유스티니아누스 1세가 기독교에 위협이 된다는 이유로 폐쇄할 때까지 약 1,000년 동안 운영됐다.

기원전 367년, 디오니시우스 1세가 죽었다. 왕위를 물려받고 싶어 안달이었던 아들인 디오니시우스 2세의 사주를 받은 의사들이 독살한 것이다. 불행히도 디오니시우스 1세는 통치하느라 눈코 뜰 새 없이 바빠서 아들의 야욕을 전혀 눈치채지 못했고, 아들의 교육에도 전혀 관심을 두지 않았었다. 따라서 리더십 능력보다는 분탕질로 더 유명했던 서른이 다 된 왕자는 나라를 짊어질 준비가 전혀 안 돼 있었다. 이런 상황을 개선하기 위해 또 다시 철학자 디온이 나섰다. 젊은 왕에게 필요한 건 리더십과 국정운영에 대한 단기 집중교육이었고, 그 일을 맡기에 가장 적합한 사람은 오랜 친구였던 플라톤이었다. 플라톤은 디오니시우스 1세와의 실패한 경험을 떠올리며 망설이다가 처음에는 디온의 제안에 거절했다. 하지만 결국에는 그 일을 맡기로 동의했다. 자신의 가르침을 현실에 적용해볼 수 있는 아주 좋은 기회였기 때문이다.

하지만 디오니시우스 2세를 가르치는 일 또한 결국 실패로 돌아간다. 디오니시우스 2세는 외삼촌이었던 디온의 능력을 시기한 나머지 디온을 추방한다. 플라톤은 시라쿠사 궁중에서 펼쳐지는 암투에 대해 전혀 준비가 되어 있지 않았고, 친구였던 디온마저 사라지자 자신을 보호해줄 사람을 모두 잃게 된다. 예순이 넘은 철학자에게는 결코 만만치 않은 상황이었다. 플라톤은 현명한 결정을 내렸고, 결국 시라쿠사를 떠나게 된다. 아테네로 돌아온 뒤에는 자신이 20년 전에 세운 아카데미로 복귀했다.

6년 뒤, 플라톤은 시라쿠사를 다시 방문한다. 하지만 무능한 폭군은 그 사이에 전혀 나아진 게 없었고 자신의 통치방식을 바꿀 마음도 전혀 없었다. 플라톤은 또 다시 아무런 소득 없이 시라쿠사를 떠나야 했다. 한편 디온은 그 사이에 철학은 아무런 쓸모가 없다고 결론 내렸고, 결국 기존 방식대로 사태를 수습하기로 결심한다. 그는 군대를 이끌고 시실리 섬에 상륙했고, 빠르게 시라쿠사를 정복했다. 당시 이탈리아 반도에 머물던 디오니시우스 2세는 서둘러 시라쿠사로 돌아왔지만 전투에서 패하고 만다. 디온 또한 권력에 취해 폭군이 된다. 하지만 그는 권력을 오래 즐기지 못한다. 3년 후에 철학자이자 수학자였던 칼리포가 보낸 자객에 살해당한 것이다. 칼리포 또한 1년 뒤에 암살을 당한다. 이를 보더라도 당대 철학자들이 오늘날의 철학자들처럼 유유자적하지 않았다는 건 분명하다.

Chapter 2

투표 조작에 저항한
플리니우스

― 양자대결방식이 옳은가, 삼자대결방식이 옳은가?

고대 그리스 도시국가의 공직자들처럼, 로마제국의 관리들도 국가를 잘 운영하고 정의를 베푸는 걸 중시했다. 그리고 국가관리이자 '소小 플리니우스^{Pliny the Younger}'로 잘 알려진 가이우스 플리니우스 캐실리우스 세쿤도스^{Gaius plinius Caecilius Secundus}는 한 가지 특별한 사안에 대한 적절한 투표방식에 대해 심오한 질문을 던진다. 현재 이탈리아의 도시인 코모에서 서기 61년, 또는 62년에 태어난 것으로 알려진 플리니우스는 어린 시절 아버지를 여의고 어머니의 손에서 자랐다. 그의 교육에 가장 큰 영향을 끼친 사람은 해군사령관이자 박식한 자연주의 철학자였던 외삼촌 대大 플리니우스^{Pliny the Elder}였다.

　서기 79년, 인구가 밀집한 남부 이탈리아 지역인 캄파니아에 엄청난 재앙이 닥친다. 8월 24일 정오가 약간 지난 시간에 약 1만 년 동안 활동 중이던 베수비오 화산이 폭발한 것이다. 베수비오 화산은 오래전부터 폭발 기록이 있었다. 가장 큰 폭발은 철기시대였던 기원전

1800년에 일어났다. 그럼에도 불구하고 사람들은 현재 나폴리만 지역인 이 비옥한 해안가에 계속해서 정착했다. 서기 79년의 화산폭발은 폭발이 일어나기 며칠 전부터 미진과 지진이 이어졌다. 하지만 캄파니아에서는 매우 흔한 현상이어서 사람들은 딱히 걱정하거나 겁에 질리지 않았다. 결국 재앙이 닥쳤을 때 사람들은 무방비 상태로 당할 수밖에 없었다.

화산이 폭발하기 16년 전, 캄파니아 지역에는 대지진이 있었고, 따라서 화산이 폭발하던 당시에는 새로운 대규모 자연재해로부터 캄파니아를 보호하기 위한 복구작업이 한창 진행 중이었다. 하지만 화산이 폭발하자 약 2만 명이 거주하던 번영한 도시 폼페이와 5,000명이 거주하던 도시 헤르쿨라네움은 높이가 3미터에 달하는 용암과 화산재에 파묻혔다. 하늘에서 쏟아져 내리는 파편, 불덩어리, 유독가스 때문에 죽은 사람의 숫자는 정확히 헤아릴 수조차 없었다. 하지만 전투에서 수천 명의 목숨을 잃는 것에 익숙한 로마인들조차 당시 화산폭발로 사망한 이들의 숫자가 전례 없이 많았다고 할 정도였으니 사망자 규모가 매우 컸다는 건 분명하다.

이후 폼페이는 오랜 기간 땅에 묻혀 있었다. 고고학자들은 18세기가 되어서야 잔해를 발굴하기 시작했다. 건물과 신전, 동전과 유물이 발견됐고, 사람, 말, 개 등의 유해도 출토됐다. 오싹한 광경이었다. 화산재와 부석 때문에 희생자들의 유해는 사망 당시를 그대로 재현하고 있었다. 그들이 최후의 순간에 당했던 고통이 1,700년이 지난 후에도 발굴자들에게 생생하게 전달됐다. 오늘날 사람들은 당시의 공공건물, 주택, 심지어 매춘굴의 잔해를 볼 수 있다. 다만 일부 유물과 특히 매춘굴에서 발견된 음탕한 모습의 잔해들은 어딘가에 따로 보관돼 있다.

1세기가 끝날 무렵, 원로회 의원이자 역사학자였던 코르넬리우스 타키투스Cornelius Tacitus는 로마제국의 역사를 집대성했다. 타키투스는 화산폭발을 직접 겪은 목격자였던 플리니우스를 찾아가 이 비극에 대해 말해달라고 부탁했다. 플리니우스는 사랑했던 외삼촌 대 플리니우스를 기리고 그에게 경의를 표하기 위해 타키투스의 요청을 받고, 두 통의 편지를 작성해서 당시 상황을 상세히 묘사했다. 화산폭발 당시 열여덟 살이었던 플리니우스는 이미 초로의 나이가 되었지만 그때를 정확하게 기억해냈다. 그 무시무시한 경험에 대한 상세한 기술—제2장에 뒷부분에 실었다—은 자연의 거대한 힘이 인간에게 어떤 비극을 가져다줄 수 있는지를 등골이 오싹할 정도로 자세하게 들려준다.

베수비오 화산이 폭발한 지 1년이 지났을 때 플리니우스는 첫 번째 결혼—그는 세 번 결혼했다—을 했고 법조인 활동을 시작했다. 후에 플리니우스는 검사 겸 공직자의 변호사로 유명해지게 된다. 당시 전형적인 로마 귀족과 마찬가지로, 플리니우스도 오늘날의 시리아에서 장교로 복무하면서 사회에 진출했고, 이후 공직의 계단을 차근차근 밟아 올라갔다. 플리니우스는 재무에도 밝았기에 퇴역군인을 위한 국가기금을 관리하는 일도 맡았다. 그가 서기 111년 무렵에 마지막으로 맡았던 공직은 오늘날의 터키 지역인 비티니아 폰투스의 총독이었다. 플리니우스는 그로부터 2년 후에 갑작스레 죽는데 정확한 이야기는 전해지지 않는다. 그가 갑자기 죽었다는 것을 증명하는 정황도 매일같이 날아들던 편지가 뚝 끊겼다는 점뿐이다. 플리니우스는 늘 정직하고 유능했던 공직자였는데, 성격이 판이한 3명의 황제를 섬기면서도 무사했던 걸로 보아 대인관계와 외교적 수완이 뛰어났다는 걸 알 수 있다.

플리니우스는 의사결정을 위해 투표수를 계산하는 적절한 방식에 대해 역사상 처음으로 의문을 제기한 인물이다. 특히 오늘날에는 그가 남긴 수많은 편지로도 유명하다. 사실 플리니우스는 편지쓰기를 예술의 경지로 올려놓은 인물이다. 그의 글은 바로 출간할 수 있을 정도로 문체가 훌륭했다. 실제로 편지를 출간하고 싶어하기도 했다. 처음부터 출간을 염두에 두고 그에 맞게 작성했기 때문이다. 따라서 플리니우스의 편지는 자연스럽지 않은 부분이 있는데, 읽다 보면 그가 수신자뿐만 아니라 광범위한 독자들을 상대로 썼다는 느낌이 든다. 우리는 플리니우스의 서한들(현재까지 약 300통이 전해져온다)을 통해 1세기 당시 로마제국의 일상, 공직자와 상류층의 걱정거리를 엿볼 수 있다. 대체로 각각의 서한은 특정한 질문에 대한 고민을 담고 있다. 그 중 한 편지는 우리가 플리니우스에게 관심을 가져야 할 이유를 나타내고 있는데 그 내용은 차차 살펴보기로 하자.

일부 편지들은 오늘날의 시각에서 보더라도 놀랄 만큼 시사적이다. 플리니우스가 친구 율리우스 발레리아누스에게 보낸 편지를 예로 들어보자. 플리니우스는 편지에서 일반 시민이 자신의 변호사와 겪는 문제에 대해 논한다. 베니스에서 60킬로미터 떨어진, 현재는 비첸차인 비체티아의 전직 관리였던 솔레스라는 사람은 자신의 땅에 시장을 세우고 싶었다. 그는 원로회에 자신의 부동산을 새롭게 구획해달라고 요청했다. 하지만 동네 주민들은 반대했고 원로회를 상대로 싸울 변호사로 투칠리우스 노미나투스를 고용한 뒤 보수로 6,000세스테르티우스와 1,000디나르를 지불했다. 당시 사병 8명의 연봉을 합친 금액에 달하는 거액이었다.

노미나투스는 예정된 날에 원로회에 참석했지만 어찌된 영문인지 그날 청문은 연기됐다. 청문 일정이 다시 잡혔을 때도 노미나투스는 나타나지 않았다. 당연히 비체티아 주민들은 격노했다. 거액의 보수를 이미 지급했건만 자신들을 변호해줄 사람이 없었던 것이다. 그러자 원래 문제가 됐던 전직 관리의 시장 설립 문제는 뒷전으로 물러났고, 변호사가 비체티아 주민들을 상대로 사기를 벌였는지가 쟁점이 됐다. 과연 노미나투스는 돈만 챙기고 주민들을 배신한 것인가? 플리니우스의 편지는 이 모든 사건에 대해 솔러스의 짓이라고 의심하는 것으로 끝을 맺는다. 플리니우스는 발레리아누스가 정중하게 다음 편지를 요청하거나, 솔러스를 의심하는 이유를 직접 듣기 위해 로마를 방문해서 자신을 찾아오지 않는 한 나머지 이야기를 들려주지 않을 생각이었다.

발레리아누스는 정중하게 다음 편지를 요청한 게 분명한데, 플리니우스가 다음 편지에서 나머지 이야기를 들려주고 있기 때문이다. 청문회에 모습을 드러내지 않았던 노미나투스는 후에 자신의 행위를 변호하기 위해 원로회의 출석요구에 응했다. 그의 변론전략은 기발했다. 노미나투스는 자신의 고객이던 비체티아 주민들을 변호하지 않은 이유가 그들을 배신했기 때문이 아니라 겁이 나서였다고 주장했다. 사실 노미나투스는 당일에도 청문에 참석하기 위해 원로회에 출석했었으며 목격자도 있었다. 하지만 친구들은 노미나투스에게 솔러스의 계획을 반대하지 말라고 설득했다.

솔러스는 전직 원로회 의원이었고, 그에게 반대하지 않는 것이 노미나투스에게도 이롭다는 이유였다. 당시에 구획 재정비는 힘 있는 자들의 의지대로 결정되는 사안이기도 했다. 솔러스는 어떤 일이 있어도 자신의 땅 위에 시장을 세울 생각이었고, 그를 통해 자신의 영향력을 과시하고 중책을 차지할 계획이었다. 만약 노미나투스가 주민들을 변호했다간 솔러스의 노여움을 살 게 뻔했고, 나아가 솔러스의 동료인 원로회의 눈 밖에 날 것이라고 친구들은 경고했다. 실제로 노미나투스는 연기됐던 첫 원로회 청문에 출석했을 때에도 일부 원로회 의원들이 성난 목소리로 속삭이는 걸 들었다. 따라서 변호를 계속했다간 향후 어떤 험한 꼴을 당할지 충분히 예상할 수 있었다. 그렇기에 노미나투스는 결국 모습을 감춤으로써 가장 안전한 길을 선택한 것이었다. 대단히 기발한 주장이었다!

놀랍게도 그 주장은 통했다. 능숙한 연설가였던 노미나투스의 변론은 매우 설득력이 있었다. 적절한 시점에 눈물을 보이기도 하면서, 자신의 행위를 변명하는 대신 용서를 구했다. 원로회 의원 중 한 명이 그의 호소에 마음을 움직였다. 전직 집정관이었던 아프라니우스 덱스터Afranius Dexter였다. 덱스터는 비록 노미나투스의 행위가 원로회 의원으로서 적절하진 못했지만 그렇다고 해서 사기로 볼 수는 없다고 말했다.

"그러니 노미나투스로 하여금 주민들에게 받은 돈을 모두 돌려주고 변호를 그만두게 하는 게 어떻겠소?"

참석한 이들 모두 덱스터의 제안이 수용할 만하다고 생각했다. 변호사가 막강한 원로회를 적으로 만들길 두려워한다는 건 이미 모두가 알고 있었고, 따라서 비첸티아 주민들은 변호사 없이 스스로를 변호해야 했다.

다만 파비우스 아페르Fabius Aper는 반대했다. 그는 놀랄 만큼 진보적인 입장을 취하면서 그 제안을 반대했고, 노미나투스의 변호사 자격을 5년간 박탈해야 한다고 주장했다. 그리고 그의 주장은 즉각 호민관들의 지지를 끌어냈다. 호민관은 서민들을 변호하는 공공변호사였고, 기존의 사법체계를 기꺼이 비판할 준비가 돼 있었다. 파비우스는 변호사들이 매수되는 경우가 늘 발생하며, 서로에게 일감을 주기 위해 소송을 남발하고, 서로 짜고서 사건을 돈을 받고 넘기기도 한다고 주장했다. 또한 성공적인 변호사라는 명성에 만족하기보다는 큰 수임료를 챙기려 했다. 하지만 이런 신랄한 비판은 소용이 없었고 존경스런 원로회는 결국 덱스터의 주장에 손을 들어준다(사실 그 반대 결론이 나오기란 애당초 불가능했다). 노미나투스는 수임료를 반환했고 그것으로 모든 상황은 끝이 났다.

추신 부분을 제외하고, 플리니우스가 발레리아누스에게 보낸 편지도 이렇게 끝을 맺는다. 하지만 호민관들의 공개적인 불만 표출은 예기치 않았던 결과를 초래했다. 이후부터 변호사들이 보수를 받는 걸 금지한다는 황제의 칙령이 내려진 것이다. 한마디로 만인이 좋아할 만한 사법제도였다. 플리니우스 또한 친구에게 보낸 편지에서 자신이 변호사로 일할 때 선물은 물론, 심지어 칭찬조차 피하려 했다고 언급했다. 나아가 동료 변호사들 또한 플리니우스가 했던 것처럼 행동해야 한다는 것을 깨닫고 나게 되면, 오히려 그들과 관계가 소원해졌다고 적었다.

자, 이제부터는 투표절차에 대한 플리니우스의 골똘한 고민을 살펴보자. 플리니우스가 이 주제에 관심을 갖게 된 계기는 공교롭게도 아프라니우스 덱스터의 미심쩍은 죽음 때문이었다.

서기 105년 6월 24일, 원로회 의원 덱스터의 시신이 자택에서 발견됐다. 사인은 불분명했다. 확실한 건 그가 참혹한 죽음을 맞이했다는 것뿐 다른 사실은 전혀 밝혀지지 않았다. 덱스터는 자살한 것인

가? 아니면 스스로 목숨을 끊는 것이 겁이 나서 다른 사람을 시켜서
자신을 죽여 달라고 한 걸까? 당연히 수사를 맡은 이들이 범죄현장
을 조사했겠지만 자세한 내용은 전해지지 않는다. 플리니우스의 편지
에는 덱스터의 시신이 어디에서, 누구에 의해 발견됐는지, 그리고 목
숨을 앗아가는 데 어떤 도구가 쓰였는지, 심지어 도구가 발견됐는지
의 여부는 전혀 언급조차 없다.

　가장 먼저 용의선상에 오른 이들은 덱스터의 노예들이었다. 타살
일 경우 매우 유력한 용의자였다. 사건은 원로회로 회부됐으며, 사건
에 대한 여러 가지 자료를 입수한 원로회 의원들은 이제 그들이 유죄
인지를 판단하고 형량을 결정해야 했다. 유죄일 경우, 노예들은 먼 섬
으로 유배를 가거나, 최악의 경우에는 사형에 처해졌다. 반면 무죄일
경우에는 자유의 몸으로 풀려날 수 있었다. 사실 유죄판결과 형량은
별도로 구별되지 않았다. 원로회는 단지 형량만을 정하여 피고가 유
죄라는 걸 선포했다. 유배는 사형보다 덜 가혹한 형벌이었으므로 이
는 곧 부분적으로만 유죄이거나 정상을 참작할 여지 ─ 예를 들어, 덱스
터가 노예에게 자신을 죽여 달라고 시켰다든지 ─ 가 있다는 의미였다. 따라
서 유죄판결은 완전유죄와 정상을 참작해야 할 유죄 또는 무죄로 나
뉘졌다. 그리고 이에 상응하는 각각의 형량이 사형, 유배 또는 석방이
었던 것이다.

　문제는 유죄결정이 2가지 결론 ─ 유죄 또는 무죄 ─ 으로 이뤄진 게
아니라 3가지 결론 ─ 사형, 유배, 석방 ─ 으로 이뤄졌다는 점이었다. 즉
3가지 선택권을 허용함으로써 다양한 술책과 조작이 개입할 여지가
생겼다. 그리고 이제 곧 살펴보겠지만, 이처럼 미심쩍은 절차 속에서
술책과 조작을 가장 많이 자행한 사람 중 한 사람은 바로 변호사로

활동하던 플리니우스였다. 하지만 공직활동을 마친 플리니우스는 결코 이 점을 더 이상 덮어두지 않고, 정직하게 자신의 행위가 도덕적으로 옳지 않았음을 인정했다. 양심의 가책으로 고통받던 플리니우스는 종종 법적 문제에 대해 자문을 구하던 현명하고 유식한 친구였던 티투스 아리스토^{Titus Aristo}에게 보낸 편지에서 이 일에 대해 묘사한다. 플리니우스는 자신의 행위가 정당했는지, 아니면 자신이 잘못을 한 것인지에 대해 아리스토의 의견을 듣고 싶었다.

플리니우스가 제기한 문제는 사법이나 공법에 관한 문제가 아닌, 절차에 관한 문제였다. 일단 재판이 시작되면 사형, 유배, 무죄선고, 이 3가지 선택안 중에서 플리니우스를 포함한 대부분의 사람들은 무죄선고를 선호했다. 그렇다고 해서 과반수를 넘었던 것은 아니고, 40% 정도가 무죄선고를 선호했다. 다른 두 선택안, 그러니까 사형이나 유배를 지지했던 의원들의 수는 거의 비슷하게 양분됐다. 그러자 사형이나 유배를 선호하는 의원들은 투표가 치러지면 다수결로 노예들의 무죄석방이 결정될 것임을 예상하고는 힘을 합치기로 결정했다. 관습대로 의원들은 자리에서 일어나 원로회장의 한 구석으로 향한 뒤 한 무리를 이뤄 배석했다. 그런 뒤 이 큰 무리 ─참석한 의원의 약 60%─는 노예들이 무죄석방보다는 유배를 바란다고 주장했다.

플리니우스는 불공정하다고 주장했다. 비록 의원들은 유죄냐, 무죄냐에 따라 편을 나눠서긴 했지만 사형과 유배는 전혀 다른 결정이었다. 즉 유배와 무죄선고가 전혀 다른 결정인 것처럼 사형을 원하는 무리와 유배를 원하는 무리가 힘을 합친다는 것 또한 비합리적이라고 본 것이다. 오히려 유배를 원하는 측은 무죄선고를 원하는 측과 합치는 게 더 자연스러웠다. 왜냐하면 2가지 판결 모두 노예들이 생명을 유지하는 것을 허락한다는 점에서 공통점이 있었기 때문이다. 하지만 그날 원로회장에서 사형을 주장하는 측과 유배를 주장하는 측은 오직 무죄선고를 막겠다는 목적으로 힘을 합쳤다. 그리고 이 목적을 달성하기 위해, 그들은 의견불일치를 뒤로 하고 임시로 통일된 주장을 펼친 것이다. 당시 회의를 주재하던 플리니우스는 이 모습을 보고 경악했다.

플리니우스는 원로회 의원들에게 자신의 실망감을 표출했다. 선고에 대한 의견이 다르면서 지금 당장은 의견일치를 이룬 것처럼 가장한다면 잘못이라고 외쳤다. 그런 뒤 모든 투표는 별개로 셈할 것이니 즉각 담합을 그만두라고 선언했다. 플리니우스는 자신의 지시를 정당화하기 위해 투표절차와 관련된 법조항을 인용했다.

"Qui haec censetis, in hand partem, qui alia omnia, in illam partem ite qua sentitis."

의역하면 이렇다.

"특정한 의견을 지닌 사람들은 원로회장의 한쪽으로 자리를 옮기고, 그 밖에 모든 의견을 지지하는 이들은 그 사안에 대해 생각하는 바에 따라 합당한 위치로 자리를 옮겨야 한다."

플리니우스는 이 법조항에 대한 자신의 해석을 주장하기 위해 한 단어씩 내용을 설명했다. 플리니우스는 '그 밖에 모든 의견을 지지하는 이들'이란 구절을 강조하면서 그 뜻이 선고에 대한 각각의 의견이 개별적으로 지지되어야 한다는 의미라고 주장했다. '그 사안에 대해 생각하는 바에 따라'라는 부분도 지적하면서 '그 사안에 대해 생각하는 바에 정확히 따라'라고 해석했다. 따라서 서로 의견이 다른 무리가 하나의 무리로 합쳐선 안 된다고 주장했다. 마침내 플리니우스는 의원들에게 자신이 진정으로 지지하는 의견에 따라 원로회장의 세 곳에 따로 배석하라고 지시했다.

하지만 법조항에 대한 플리니우스의 해석은 설득력이 떨어졌고, 실제로 라틴어 원문은 다른 해석도 가능했다. 원문의 'in illam partem ite'은 원로회장 내 위치를 복수형이 아닌 단수형, 즉 '위치들'이 아니라 '위치'라고 지칭했고, 따라서 그 밖의 모든 의견을 지지하는 이들은 여러 위치들로 나눠서 배석하는 게 아니라 한 위치로 모여서 배석한다고 해석될 수도 있었다. 따라서 무죄를 주장하는 집단은 한 무리를 이뤄 원로회장의 한쪽에 위치하고, 사형이나 유배를 주장하는 집단은 또 다른 한 무리를 이뤄 다른 한쪽에 위치할 수 있었다.

그날 회의를 주재한 사람은 플리니우스였으며 결정 또한 그의 몫이었다. 그리고 의원들은 그의 지시에 따라 3가지 선고의견에 맞는 위치에 나눠서 배석했다. 물론 플리니우스의 지시에 강제성은 없었다. 원로회 의원들의 신념은 결코 어떤 경우에도 타력에 의해 움직일 수 없었기 때문이다. 이는 야합과 같은 조작을 통한 부정을 방지하기 위해서이기도 했고, 실제로 이후로는 의원들이 투표에 앞서 자신의 신념에 맞게 투표하겠다는 맹세를 하는 관습도 생겼다. 하지만 덱스터 사건의 경우에는 이런 선서 절차가 없었고 결국 그로 인해 결과가 결정되고 말았다.

플리니우스는 3가지 안에 대해 투표한다면 승산이 있다고 확신했다. 상대적 다수인 40%가 무죄를 지지했고, 사형과 유배를 지지하는 이들은 각각 30%에 불과했기 때문이었다. 하지만 그건 오산이었다. 사형을 지지하는 무리의 수장은 자신의 제안이 패배할 것임을 깨닫고는 실패를 막기 위해 또 다시 유배를 지지하는 측과 손을 잡았다.

수장이 유배를 지지하는 이들이 앉아 있는 곳으로 향하는 모습을 본 다른 의원들이 그 뒤를 따른 것이다. 결국 새로 변경된 절차에서도 40%는 석방에 투표한 반면 나머지 60%는 유배에 투표했다. 노예들의 운명 또한 그와 함께 결정됐다. 비록 사형은 면했지만 무죄로 석방되지는 못한 것이다.

결론적으로 조작된 투표에 대한 플리니우스의 저항은 헛수고로 돌아갔다. 플리니우스는 원로회 의원이라면 누구나 정직할 것이라는 순진한 생각에 자신이 원하는 결과를 끌어내기 위해 투표절차를 변경했다. 하지만 결국 처음부터 투표를 자신에게 유리하게 이끄는 방법을 알고 있던, 한 수 위인 조작자에게 패하고 만 것이다. 사형선고를 지지하던 이들의 수장은 유배를 지지하는 이들 편에 선다면 적어도 노예들이 처벌을 받을 거라는 걸 잘 알았다. 비록 유배는 그가 원하던 판결은 아니었지만 차선책이었다. 결국 수장은 진정한 의도를 숨긴 채 원하는 것을 얻어냈다. 유배는 플리니우스를 비롯해 무죄선고를 원하던 이들의 입장에서도 차선책이었다. 적어도 노예들은 죽음을 면했으니 말이다.

사실 플리니우스의 주장은 현대의 사법제도에서도 그다지 잘 통하지 않았을 것이다. 오늘날 법원은 먼저 피고가 유죄인지 무죄인지를 결정한 뒤에 형량을 선고한다. 아프라니우스 덱스터 사건의 경우에는 노예들이 유죄라고 믿었던 측, 그러니까 유배나 사형을 지지했던 측은 참석한 의원수의 60%에 달했으므로 오늘날의 법원에서도 유무죄를 가리는 첫 번째 단계에서도 이겼을 것이다(그리고 플리니우스는 아마도 불만 어린 소수의견을 법원에 제출했을 것이다). 그리고 선고 단계로 넘어가면, 여러 정황과 증거가 고려된 후에, 플리니우스를 비롯한 70%의

판사들은 결국 형량으로 유배를 결정했을 것이다.

그렇다면 투표절차에 대한 당시 플리니우스의 행동은 과연 옳은 것이었을까? 두 번의 연속적인 양자대결 — 유무죄 여부를 정한 뒤 형량을 결정하거나 노예들을 살려줄 것인지를 먼저 정한 뒤 석방이나 유배를 결정 — 보다는 단 한 번의 삼자대결 — 무죄석방, 유배, 사형 중에 하나를 결정 — 를 밀어붙인 것이 옳은 결정이었을까? 후에 3가지 이상의 선택안이 있는 표결이나 3명 이상의 후보자가 출마한 선거에서는 종종 절대다수, 즉 50%가 넘는 과반수의 지지를 요구하게 된다. 절대다수는 당선된 후보가 다른 모든 후보들을 표수에서 압도할 뿐만 아니라 다른 모든 후보들의 표를 합칠 경우라도 표수에서 앞설 수 있다. 만약 표결에서 절대다수가 도출되지 않으면, 가장 많은 표를 얻은 후보자 2명을 두고 2차 투표가 열리곤 한다.

플리니우스가 제안한, 상대적 다수결만이 요구되는 삼자투표도 원칙적으로는 인정되는 방법이긴 하다. 다만 그러려면 사전에 투표원칙에 대한 합의가 필요하다. 즉 투표가 진행되는 과정에서 중간에 임의로 원칙을 바꾸는 건 결코 있을 수 없는 일이다. 아무튼 자신이 원하는 결과를 얻기 위해 그 자리에서 삼자투표대결 원칙을 변경하려 했던 플리니우스는 결국 실수를 저지른 셈이다. 이처럼 투표원칙은 투표가 조작되거나 악용되기 전에, 다시 말해 투표가 시작되기 전에 먼저 규정되고 합의되어야 한다.

불행히도 플리니우스의 편지를 받은 티투스 아리스토가 이 사안에 대해 어떻게 생각했는지는 알 수 없다. 그의 편지는 전해지고 있지 않기 때문이다.

베수비오 화산 폭발

대 플리니우스는 여동생, 조카와 함께 베수비오 산에서 20킬로미터 떨어진 미세눔에 살았다. 8월의 그날, 그는 일광욕을 한 뒤 냉수욕을 했고, 점심식사를 한 후 책을 읽으며 휴식을 취하고 있었다. 오후 2시경, 여동생이 갑자기 뛰어 들어와 엄청나게 큰 구름이 베수비오 산 위에 나타났다고 말했다. 사실 여동생이 본 건 구름이 아니라 화산 폭발과 함께 화산재가 기둥처럼 뿜어져 나오는 것이었는데, 오늘날 계산에 의하면, 그 높이는 40킬로미터나 높게 솟아 성층권에 닿았다고 한다. 대 플리니우스는 그 광경에 흥미를 느꼈고, 배를 타고 만의 건너편으로 건너가 더 자세히 살펴보기로 했다. 그는 조카에게 함께 가자고 권했지만 다행히도 조카는 그 제안을 거절했다. 대신 소 플리니우스는 집에 남아서 공부를 계속했다. 그 순간 베수비오 산 밑에 살던 타키투스 폼포니아누스Tascius Pomponianus의 아내 렉티나의 겁에 질린 편지를 가져온 사자가 당도했다. 렉티나는 편지에서 대 플리니우스에게 목숨을 구해달라고 간청했고, 대 플리니우스는 즉각 큰 배를 준비하라고 지시했다. 이상한 정도가 아니라 재앙을 의미하는 듯한 구름 속에서 최대한 많은 사람들을 구해낼 생각이었다.

대 플리니우스가 지휘하는 배는 곧장 만의 건너편인 스타비아에로 향했다. 배의 뒤편으로 남동풍이 불어서 배는 빠르게 전진했다. 동시에 화산재와 용암조각이 바다와 갑판 위로 우수수 떨어졌다. 무수히 떨어지는 파편 때문에 바닷물이 줄어들 정도였다. 조타수는 되돌 아가자며 대 플리니우스를 설득했지만 용감한 지휘자는 그 말을 듣 지 않았다. "행운은 용기 있는 자의 편"이라고 소리치면서 결정적인 명령을 내린다.

"폼포니아누스의 집으로 가자!"

폼포니아누스는 이미 짐을 배에 실었고 피신할 준비를 마친 후였 다. 하지만 대 플리니우스의 배가 건너편에 당도할 수 있게 도와줬던 바람이 이번에는 반대로 폼포니아누스의 배가 해변을 벗어나지 못하 게 막았고, 결국 가족은 꼼짝도 하지 못하는 처지에 놓이고 만다. 대 플리니우스는 도착하자마자 폼포니아누스를 껴안으며 안심시켰다. 그 러는 동안 화염은 점점 가까이 다가왔다. 대 플리니우스는 겁에 질린 사람들을 진정시키려고 노력했다. 화염의 원인이 아마도 농부들이 아 궁이 불을 끄지 않고 급하게 놀라서 집을 떠나는 바람에 집에 불이 옮아 붙었기 때문이라고 설명했다. 다른 사람들의 두려움을 진정시키 고, 자신의 태연함을 보여주기 위해 그는 공중목욕탕으로 향해 언제 나처럼 목욕을 했고, 저녁만찬을 즐긴 뒤 잠자리에 들었다.

실제로 그는 숙면을 취했는데, 코 고는 소리가 방밖에까지 들렸다 고 한다. 하지만 밤새 땅이 세차게 진동했고, 건물들은 무너져 내릴 지경에 놓이게 된다. 여전히 하늘에서 돌조각들이 떨어져내렸고 화산 재와 파편이 너무나 높게 솟아올라 탈출 또한 불가능해졌다. 대 플리 니우스는 잠자리에서 일어나 다른 이들과 함께 다음 행동을 논의했 다. 무너지는 건물에 깔려 죽을 것을 감수하고 건물 안에 머물 것인 가, 아니면 하늘에서 떨어지는 돌에 맞을 각오를 하고 밖으로 나갈 것 인가?

결국 사람들은 후자를 선택했고, 날아드는 돌로부터 머리를 보호하기 위해 베개를 동여맨 채 해변으로 향했다. 화산재와 연기로 인해 주변은 칠흑같이 어두웠고, 사람들은 한 치 앞을 분간할 수 없는 상황에서 헤매야만 했다. 해변에 도착했을 무렵, 여전히 역풍이 몰아치고 있었다. 배를 타고 떠날 수도 없었다. 대 플리니우스는 휴식을 취하기 위해 멈췄고 물을 마신 후 기다렸다. 결국 화염과 유황연기가 너무나 강해지면서 모든 사람들이 도망쳤다. 대 플리니우스도 두 노예의 도움을 받아 자리에서 일어나려 했지만 화염과 연기로 인해 쓰러졌고 결국 죽고 만다.

미세눔에서 소 플리니우스는 어머니와 함께 대 플리니우스로부터 전갈이 오기를 기다리고 있었다. 외삼촌의 행동을 따라 하길 좋아했던 소 플리니우스는 발코니에 앉아 태연하게 책을 읽는 척하면서 필기를 했다. 후에 그는 이 만사태평함이 자신의 용기를 과시하기 위해서가 아니라 젊은이의 무지에서 나온 것임을 인정했다. 다음 날 아침이 되자, 땅이 세차게 흔들리면서 바퀴에 돌을 받쳐 놓은 수레가 저절로 움직이는 지경이 됐다. 바닷물이 줄어들면서 물고기들과 다른 해양생물들은 모래해변에서 죽어갔으며 무시무시한 어두운 구름이 몰려들었고 여러 곳에서 화염이 치솟았다. 스페인에서 온 친구가 도망치자며 소 플리니우스를 부추겼다.

"만약 네 외삼촌이 살아 있다면 무엇보다 네가 안전하길 바랄 거야. 만약 이미 돌아가셨더라도 너만은 살아남길 원할 거야. 그런데 왜 도망치지 않고 이러고 있니?"

친구는 이 말을 남긴 후 답변을 기다리지도 않고 즉각 피신했다. 하지만 소 플리니우스와 어머니는 대 플리니우스의 소식을 듣지 못한 채 도피하길 주저했다.

　잠시 후 구름이 천천히 지상으로 가라앉기 시작하자 플리니우스의 어머니는 어서 피하라고 아들을 채근했다. 아들은 젊으니 충분히 안전한 곳으로 도피할 수 있을 것이고, 이미 살 만큼 산 자신은 아들이 무사하다는 걸 안다면 행복한 최후를 맞이할 수 있다고 생각했다. 하지만 소 플리니우스는 어머니의 말을 무시하고, 어머니의 손을 잡은 채 걸어서 마을 외곽으로 향했다.

　얼마 뒤 둘은 도망치는 인파 속에서 밟혀 죽지 않기 위해 큰길을 벗어났고, 자리를 잡아 앉았다. 이내 칠흑 같은 암흑이 몰려왔다. 부모, 자식, 부부 들은 어둠 속에서 서로를 애타게 찾았다. 여자들은 비명을 질렀고, 아이들은 울음을 터트렸으며, 남자들은 고함을 질러댔다. 마침내 암흑이 약간 걷히긴 했지만 빛은 위안이 되지 못했다. 모든 것을 태워버릴 섬뜩한 화염이 내뿜는 빛이 다가오고 있었던 것이다. 화산재와 부석은 여전히 하늘에서 떨어져 내렸다. 그 순간 소 플리니우스는 자신과 어머니가 죽을 것이며 세상도 멸망할 것이라고 확신했다.

　마침내 하루 넘게 계속된 공포가 지나가고 암흑이 걷히기 시작했다. 암흑은 얼마 지나지 않아 구름으로, 다시 또 연기로 변했다. 햇빛이 비추면서 참혹하게 변해버린 세상이 살아남은 자들에게 그 모습을 드러냈는데 마치 "눈이 쌓인 듯 잿더미에 파묻힌" 모습이었다. 아무도 어찌할 바를 몰랐고 모두가 암담한 미래를 두려워했다. 외삼촌의 소식도 전해졌다. 잠든 것처럼 보이는 대 플리니우스의 시신은 전혀 손상되지 않은 모습으로 생존자에 의해 발견됐다.

　베수비오 화산의 폭발로 인한 사망자수는 정확히 알려지지 않았지만 분명한 건 거의 모든 지역이 파괴됐다는 점이다. 그나마 소 플리니우스처럼 전 재산을 남겨두고 즉각 도피한 이들만이 살아남았고 그렇지 않은 사람들은 모두 용암에 휩쓸렸다. 베수비오 화산에서 시속 수백 킬로미터의 속도로 흘러나오는 뜨겁게 불타오르는 화산재와 돌조각, 화산가스에 파묻혀버린 것이다. 당시 베수비오 화산은 40억 제곱미터에 달하는 암반을 뿜어낸 것으로 추산된다.

베수비오 화산의 폭발은 서기 79년의 폭발, 그 한 번으로 끝나지 않았다. 1631년에 또 다시 대규모 폭발이 일어났고 4,000명이 목숨을 잃었다. 베수비오 화산은 지금도 활동 중이다. 다음 재앙이 언제 닥칠지, 그 규모가 얼마나 클지는 아무도 모른다. 현재 약 300만 명의 사람들이 화산이 폭발할 경우 피해예상지역 내에 거주하고 있다.

Chapter 3

투표이론을 최초로 정비한
중세시대 철학자 라몬 유이

- 양자대결과 승자진출방식을 제안하다

아테네 민회에서 결정되는 사안들은 대체로 '예/아니요', '찬성/반대', 또는 '유죄/무죄'로 결정할 수 있는 사안들이었다. 따라서 의사결정 과정은 대체로 큰 문제없이 진행됐다. 2가지 선택안 중에서 하나를 고르는 건 그다지 힘든 결정이 아니었고, 다수결로 결정하면 만사형통이었기 때문이다. 3명 이상의 공직후보자 중에서 한 명을 선출해야 하는 경우에도, 선택은 대체로 행운이나 신의 결정이라고 할 수 있는 추첨을 통해 이뤄졌기에 큰 문제가 없었다. 하지만 시간이 지나면서, 셋 이상의 선택안 중에서 표결로 하나를 선택해야만 하는 상황이 생겨났고, 이럴 경우 투표자들은 하나의 대안으로 의견을 모으는 데 어려움을 느꼈다. 결국 추첨, 그러니까 운이나 신의 선택에 중요한 사안의 결정을 맡기길 주저했던 여러 기관들은 투표할 때마다 새로운 규칙을 만들어냈다. 시간이 지나면서 황제나 교황, 베니스 총통을 선출하기 위한 새로운 선출방식이 점점 더 많이 생겨났다. 그렇다고 해서 선출방식이 모든 사람의 동의를 얻어 결정된 것도 아니었다. 처음으로 삼자대결투표방식을 정비하려 한 사람은 플리니우스였다. 플리니우스의 일화는 의사결정 절차의 복잡성에 대한 최초 사례일 뿐 이후 유사한 수많은 사례들이 뒤를 이었다. 일례로, 플리니우스 투표 사건이 발생한 지 1,300년이 지난 1278년부터 1417년까지 서방교회 분열이 일어났던 기간 동안에는 2명, 많게는 3명의 교황이 신도들 위에 군림했다. 이렇듯 중세시대에는 보다 정교한 선출방식에 대한 필요성이 더 크게 대두된다.

최근까지만 하더라도 대부분의 학자들은 투표와 선거이론에 대한 관심이 시작된 시기가 18세기 말 프랑스혁명 때부터라고 믿었다. 하지만 20세기 중반, 중세를 연구하는 학자들은 바티칸도서관을 비롯한 여러 곳에서 복잡한 투표이론이 그보다 약 500년 전부터 존재했다는 걸 보여주는 놀라운 자료를 발견했다. 현재까지 알려진 바에 따르면 단순한 다수결방식이 아닌 훨씬 복잡한 선거방법에 대해 최초로 언급한 사람은 13세기 스페인의 신학자이자 철학자였던 라몬 유이다.

레이먼드 유이Raymond Llully, 또는 레이문도 룰리오Raimundo Lulio로도 알려진 유이는 1232년경에 팔마 데 마요르카에서 태어났다. 오늘날 학자들은 유이를 중세시대에 가장 영향력이 컸던 지식인으로 평가한다. 유이는 카탈로니아 출신의 유복한 집안에서 태어났다. 그의 아버지는 하이메 1세 아라곤 국왕의 마요르카 섬 정복을 도왔고, 그 대가로 비옥한 영토를 하사받았다. 충신의 자제였던 유이가 왕을 섬기게 된 것도 어찌 보면 아주 자연스런 결과였다. 유이는 왕실의 행정을 관장하는 우두머리 공직인 궁정집사가 됐고, 후에 마요르카의 왕이 되는 하이메 2세의 궁정에서 일했다. 하지만 서른세 살에 갑자기 세속적인 궁정의 삶을 버리고 수도사이자 선교자 겸 철학자가 된다.

유이는 평생에 걸쳐 신학, 철학, 과학, 수학에 대해 약 260편의 글을 남겼다. 사실 유이는 자신이 쓴 글이 순수한 본인의 창작물은 아니라고 했다. 자서전(자서전이지만 자신을 3인칭으로 지칭한다)에서 "주께서 갑자기 그의 마음을 밝게 비추시사 그에게 믿지 않는 자들의 잘못을 지적하는 '최고의' 글을 쓸 수 있는 형식과 방법을 부여하셨다."고 기록했다. 이 경험 때문에 유이는 '밝게 깨달은 자^{Doctor Illuminatus}'라는 칭호를 얻게 된다. 그의 수학적 증명은 종종 수학조합과 스스로 개발한 논리체계에 의존했는데, 유이는 이 논리체계를 도덕과 신학적 진실을 탐구하는 데에도 적용했다. 참고로 이 방식은 후에 독일 사상가 고트프리트 라이프니츠^{Gottfried Wilhelm von Leibniz}에게 매우 큰 영향을 끼치게 된다. 17세기의 위대한 철학자였던 라이프니츠는 유이의 글을 연구한 뒤 미래에는 철학자들이 논쟁을 벌일 때 회계사들처럼 '계산기'를 두드려가면서 해결책을 도출하게 될 것이라고 확신했다. 라이프니츠의 라이벌이었던 영국의 아이작 뉴턴 또한 책꽂이에 유이의 책을 꽂아두곤 했다.

유이는 서로 다른 여러 선택안들 중에서 하나를 선택해야 할 때에 여러 선택안을 한 쌍씩 짝을 지은 후 각각의 쌍에 포함된 두 선택안을 서로 비교하길 좋아했다(이런 방식이 유이가 제안한 선거방식의 근간이 되었다는 점은 잠시 후 살펴볼 것이다). 실제로 컴퓨터 시대가 도래하고 2진법이 보편화되기 훨씬 전부터 2라는 숫자, 그리고 그 숫자에 담긴 위력은 지속적으로 유이를 매료시켰다. 유이는 모든 것을 2진법으로 구분하려고 애쓰면서 심지어 가장 중요한 기독교 논리인 성삼위일체마저 2진법에 끼워 맞추려 했다. 성부, 성자, 성령에 마리아를 추가함으로써 성삼위일체를 성사위일체, 또는 보다 현대적인 표현을 빌리면, 성제곱(2^2)일체로 만들려고 했다. 기존 원칙에 대한 이러한 도발은 당연히 교회의 비위를 건드렸고, 얼마 지나지 않아 유이는 제재를 받게 된다. 유이가 컴퓨터공학의 시조라고 여겨지는 이유도 그가 숫자 2에 사로잡혀 있었기 때문이다. 음유시인이었던 유이는 또한 카탈로니아 문학의 시조로도 여겨진다. 그는 미문을 썼고, 특히 영감 어린 소설 『블랑케르나Blanquerna』를 남겼다. 이 소설에 대해서는 잠시 후에 다시 얘기하도록 하자.

유이는 투표이론에 대한 글을 쓰면서, 절대진리 — 선택을 묻는 질문에 대해 신이 주신 유일한 해답 — 가 늘 존재한다고 확신했다. 따라서 유권자들이 해야 할 일은 이 절대진리를 찾아내는 것뿐이었다. 유권자들이 매우 신실하다면 최고의 후보자를 가려낼 것이며, 나아가 더 나은 대안을 찾아낼 게 분명했다. 하지만 사람은 죄를 짓는 동물이었고, 이 죄 때문에 진리를 분별하지 못했다. 그러므로 유권자들의 결점에도 불구하고 신의 뜻을 제대로 가려낼 수 있는 투표방식이 만들어져야 했다. 그리고 유이의 목적은 이런 투표방식을 찾아내는 데 있었다.

유이가 고안한 투표방식의 핵심은 두 개의 대안 중에서 하나를 선택하고, 후보자들을 서로 비교하는 것이었다. 유이의 수많은 글 중에서 선거에 대한 내용을 담고 있는 건 딱 3편이다. 그중 하나는 수세기에 걸쳐 전해 내려오고 있지만 어느 누구도 주목하지 않았다. 나머지 2편은 최근에 발견됐다. 내가 제일 먼저 논의할 글은 3편 중 가장 먼저 발견된 종교소설 『블랑케르나』다. 유이는 1283년에 몽펠리에에서 이 소설을 썼다. 소설은 특히 우리가 주목할 만한 내용을 담고 있는데 문자 그대로 선거에 대한 장이다.

소설의 제목 '블랑케르나'는 한 청년의 이름이다. 그는 부유한 아버지 에바스트와 아름다운 어머니 알로마 사이에서 태어났다. 이 소설은 13세기판 양육지침서라고도 할 수 있는데, 책에서 유이는 마치 중세시대의 육아전문가처럼 몇 장에 걸쳐 아기에게 젖을 먹이고 아이를 키우는 적절한 방식에 대해 논한다.

블랑케르나는 성년이 되자 은자隱者가 되기로 결심한다. 많은 손주들을 기대했던 어머니는 그 결정이 반갑지 않았다. 마침 친구는 딸 나타냐 때문에 비슷한 고민을 하고 있었고, 두 어머니는 서로 짜고 블랑케르나와 나타냐를 짝으로 이어준다. 계획대로 둘은 사랑에 빠졌고, 양가는 기쁜 마음으로 결혼식을 기다린다. 모든 사람들이 블랑케르나와 나타냐가 하늘이 맺어준 인연이라고 생각했으므로 로미오와 줄리엣의 비극 같은 건 존재하지 않았다. 그런데 뭐가 문제였을까? 하늘은 둘을 아끼긴 했지만 결혼은 찬성하지 않았다. 블랑케르나와 나타냐는 서로 사랑에 빠진 만큼이나 종교에 심취해 있었다. 그리고 종교 소설이 그렇듯 신앙은 늘 열정을 이긴다. 결국 결혼식은 취소되고 둘은 남은 인생을 성직에 바치기로 한다.

블랑케르나와 나타냐는 차근차근 성직 서품을 받고 때가 되자 나타냐는 수녀원장이 된다. 블랑케르나의 앞길에는 더 큰 영광이 기다리고 있었다. 하지만 그전에 그의 신앙은 가혹한 시험에 든다. 어느 날 블랑케르나는 처녀를 납치하려는 기사와 맞닥트린다. 처녀의 고함소리는 블랑케르나의 귓전을 때리고, 블랑케르나는 오로지 신앙에만 의지한 채 말솜씨를 발휘해서 기사로 하여금 포기하게 만든다. 처녀는 어떤 식으로든 고마움을 표현하려 했지만 금욕선언을 지키려는 블랑케르나는 처녀를 얌전히 집에 데려다준다. 고결한 블랑케르나는 그

밖의 다른 시험과 고난도 잘 이겨내고 마침내 수도원장으로 선출된다. 이후 블랑케르나는 더 높은 성직으로 올라가면서 주교, 대주교 자리에까지 오르게 된다. 하지만 그 과정이 순탄하지만은 않았다.

블랑케르나가 주교로 선출되기 전, 그의 적수였던 부주교는 지지자들에게 블랑케르나가 주교가 되면 금욕, 청빈, 복종의 맹세를 강요할 것이라고 말한다. 주교 선거가 열렸으나 후보는 단 2명뿐이었기에 다수결로 결정하면 그만이었다. 대부분의 유권자들은 블랑케르나에게 표를 던졌다. 하지만 부주교를 지지하는, 여자나 돈이 없는 삶을 상상할 수 없는 일부 사람들은 선거결과를 받아들이길 거부했다. 결국 다툼이 벌어졌고, 양측은 교황에게 이 사안을 해결해달라고 요청했다. 당연히 교황은 블랑케르나의 손을 들어준다. 의로운 블랑케르나는 후에 교황이 된다. 하지만 가장 높은 자리에 오르자 공허함을 느꼈고, 결국 어린 시절부터 꿈꿔왔던 소망을 이루기로 결심한다. 바로 은자가 되는 것이다.

우리의 관심을 끄는 부분은 소설의 24장이다. 이 부분에서 유이는 자신이 고안한 선거방식을 제안한다. 24장의 제목은 '나타냐가 수녀원장으로 선출된 방법'이다. 소설에서는 늙은 수녀원장이 죽자, 새로운 수녀원장을 선출해야 하는 상황이 묘사된다. 기존의 선출방식이 마음에 들지 않았던 나타냐는 동료 수녀들에게 자신이 우연히 알게 된 새로운 선거방식에 대해 들려준다. 이 새로운 선거방식은『진실탐구 기법^{Art of Finding the Truth}』이라는 책에서 나왔는데 저자는 당연히 라몬 유이였다. 이 새로운 선거방식을 활용하면 '수녀원장에 가장 적합한 최고의 수녀'를 찾을 수 있었고, 선거결과가 잘못될 가능성도 전혀 없었다. 나타냐는 동료 수녀들에게 2단계로 이뤄진 선출절차에 대해 들려준다.

선거 전에 모든 수녀들은 오로지 진실만을 말하겠다는 맹세를 해야 했다. 선출과정에서 속임수나 표를 매수하는 행위, 공모 등을 해서는 안 됐다. 하늘에 계신 절대자께서 내려다보고 있으니 수녀들은 자신이 느낀 그대로 표를 행사해야 했다. 첫 번째 단계는 수녀원의 수녀들 중 20명을 고른 후 다시 그중에서 홀수의 인원을 골라 선거인단으로 임명하는 것이었는데, 20명의 선택된 수녀들은 또한 자동적으로 수녀원장 후보가 됐다. 나타냐가 제안한 홀수의 선거인단 수는 7명이었다. 나타냐는 그 이유에 대해선 딱히 설명하지 않으면서 단지 5명보다는 7명이 낫다고만 말한다. 어쩌면 그 이유는 나타냐가 숫자 7이 깊게 연관된 신화나 문화, 종교나 미신에 영향을 받았기 때문일 수도 있다. 예를 들어, 1주는 7일로 구성되고, 세상에는 7대 불가사의가 존재하며, 원죄도 7개이고 미덕도 7개다. 또한 나타냐는 왜 선거인단이 굳이 20명의 수녀 중에서 선발되어야 하는지에 대해서도 언급하지 않는다. 어쩌면 수녀원장직에 적합한, 영리하며 자격이 있는 수녀들이어야 한다는 말을 빙 돌려서 한 것일 수도 있다. 아무튼 선거인단의 수는 7명이어야 했다.

따라서 20명의 수녀들은 그중 누가 수녀원장 혹은 수녀장을 선출하기 위한 선거인단에 적합한지를 결정해야 했다. 20명 중에서 가장 많은 표를 받은 7명이 최종선거에 출마할 후보이자 선거인단이 됐다. 하지만 7명의 수녀들은 뽑히지 않은 수녀들 중에서도 자신들만큼이나 뛰어나서 당연히 후보가 될 만한 사람이 있다고 생각할 수 있다. 따라서 선출된 7명의 수녀는 다른 수녀들을 후보에 추천─나타냐는 2명을 제안했다─할 수 있었다. 이제 후보 수는 총 9명이 됐고 그중 7명은 선거인단에도 포함됐다. 경선이 끝나고 나면 본격적인 선거가 시작된다. 20명의 수녀 중에서 9명에 포함되지 않은 나머지 수녀들은 편안한 마음으로 선거를 지켜보면 됐다.

유이가 제안한 선출방식의 가장 큰 특징은 두 번째 단계에서 가장 잘 드러난다. 과거의 선출방식과는 대조적으로, 9명의 후보자들은 일괄적으로 한번에 선거를 치르지 않았다. 대신 둘씩 짝을 이뤄 양자대결을 펼쳤다. 양자대결 결과는 빠짐없이 기록됐다. 선거인단은 한 쌍을 이룬 두 수녀 중에서 누가 더 적합한지를 두고 표결을 했다. 양자대결에서 승리한 수녀에게는 1점이 주어졌고, 점수는 수녀의 이름이 적힌 기록표에 기재됐다. 후보가 총 9명이었으므로 수녀들은 다른 경쟁자들을 상대로 총 여덟 번의 표결을 거쳐야 했다. 총 서른여섯 번의 양자대결이 있었던 셈이다(첫 번째 수녀는 8명의 경쟁자와 대결을 벌이고, 두 번째 수녀는 첫 번째 수녀와 이미 대결을 벌였으니 남은 7명의 경쟁자와 대결을 벌이는 식이다. 따라서 $8+7+6+5+4+3+2+1=36$쌍이 된다. 수학을 좋아하는 독자를 위해 첨언하자면, 후보의 숫자가 n일 경우, 양자대결 회수는 $n(n-1)/2$가 된다). 양자대결이 모두 끝나고 나면, 점수가 합산되고 '가장 많은 표결에서 가장 많은 표를 획득한 수녀가 승자가 된다'. 만약 한 수녀가 너무나 뛰어나서 다른 8명의 수녀와의 대결에서 모두 승리한다면 최대 점수는 8점이 된다. 하지만 새로운 수녀원장이 되기 위해 모든 대결에서 승리할 필요는 없었다. 그저 다른 수녀들보다 더 많은 점수만 따면 충분하다.

물론 동점이 나올 수도 있었다. 실제로 2가지 경우에 동점상황이 발생했다. 유이는 그중 하나에 대해서 자세하게 설명하지만, 다른 하나에 대해선 대충 얼버무리고 넘어간다. 첫 번째는 둘 이상의 수녀들이 양자대결에서 동일한 횟수로 승리하는 것이다. 유이는 이런 경우에는 동점자 간에 다시 양자대결을 하면 된다고 제안한다. 하지만 또 다시 같은 수의 표가 나온다면? 매우 팽팽한 표결에서는 충분히 이런 상황이 발생할 수 있음에도 불구하고 유이는 이에 대해선 언급하지 않았다. 그럴 가능성이 매우 낮다고 생각한 게 분명하다.

하지만 또 다른 동점상황도 발생할 수도 있는데 바로 양자대결에서 동점이 나오는 경우다. 실제로 양자대결에서 2명의 수녀가 똑같은 표수를 얻을 수도 있다. 그리고 이런 상황을 피하기 위해 유이는 일부러 선거인단의 숫자가 홀수여야 한다고 주장했다. 그럴 경우 모든 양자대결에서 승자가 도출될 거라는 믿음 때문이었다. 하지만 그건 오산이었다. 즉 2명의 수녀를 후보에 추가할 수 있게 허용함으로써 애당초 선거인단 수를 홀수로 정해둔 의도가 무산됐다. 7명의 선거인단에 포함된 후보와 2명의 추가된 후보 측에 속한 후보가 양자대결을 펼칠 경우, 결국 표결을 할 수 있는 선거인단의 숫자는 6명뿐이다. 이럴 경우 결과는 3 대 3 동점이 되어 승자가 가려지지 않을 수 있다. 하지만 유이는 이 가능성에 대해서도 언급하지 않았다.

이 골치 아픈 문제점에도 불구하고 유이는 나타나의 입을 빌려 새롭게 제안된 선출방식이 절대 잘못될 수 없다고 확언한다. 새로운 선출방식은 신의 뜻을 가려낼 수 있었다. 선거에서 승리한 당선자는 다른 모든 후보자들과의 1 대 1 비교에서 여러 번에 걸쳐 우월하다고 이미 선거인단이 판단한 후보였다. 따라서 새로 선출된 수녀원장은 신이 가장 합당한 자라고 생각하는 사람인 게 분명했다. 앞에서도 언급했지만, 당선자가 되기 위해 모든 양자대결에서 이겨야 할 필요는 없었다. 그저 다른 후보자들보다 더 많이 이기는 걸로 충분했다. 그러므로 수녀원장으로 선출된 후보는 양자대결에서 몇몇 경우에는 다른 수녀들보다 뛰어나지 못하다고 선거인단이 판단했을 수도 있다.

다시 소설로 돌아가 보자. 당연히 예상했던 대로 새롭게 수녀원장으로 선출된 사람은 나타냐였다. 아무튼 유이의 목적은 새로운 수녀원장에 누가 선출됐는지가 아니라 어떤 식으로 선출됐는지를 보여주는 것이었다는 점을 기억하자. 수녀원장은 자신이 제안한 선출방식에 의해 당선됐다는 점이 마음에 걸렸다. 선거에서 패한 후보자들이 나타냐가 자신에게 유리한 선출방식을 제안했다고 의심할 수도 있는 일이다. 나타냐는 의혹을 남기지 않기 위해, 적어도 방식을 떠나 결과에 대한 의심만은 거두기 위해, 서른여섯 번의 양자대력 기록을 공개한 뒤 전혀 잘못된 점이 없다는 걸 확인하고 나서야 비로소 다른 수녀들의 설득에 못 이기는 척하며 수녀원장직을 맡았다.

여기서 한 가지 더 짚고 넘어가야 할 게 있다. 소설에 등장하는 한 구절은 그 의미가 불분명해서 유이가 실제로는 지금까지 설명한 것과는 전혀 다른 선출방식을 제안했을 수도 있다는 의견이 있다. 유이는 소설에서 수녀원장 선출에 대해 자세히 설명하면서 "e sia elet aquel qui haurá mes veus en mes cambers"라고 적었다. 해석하면 가장 많은 표결에서 가장 많은 표를 획득한 사람이 선출된다는 뜻이다. "가장 많은 표결에서 가장 많은 표"라니? 의미가 모호하다. 그렇다면 기록표에는 우리가 앞에서 살펴본 바대로 표결에서 승리한 횟수만 기재된 것일까? 아니면 유이의 말은 후보자가 선거인단으로부터 받은 모든 표수를 전부 계산해야 한다는 의미일까?

예를 들어보자. 아나 수녀는 5 대 2로 다섯 번 승리했고, 3 대 4로 세 번 패했다. 반면 베르타 수녀는 4 대 3으로 여섯 번의 표결에서 승리했고, 1 대 6으로 두 번의 표결에서 패했다. 만약 표결에서 승리한 숫자만으로 승부를 가늠한다면, 베르타 수녀는 여섯 번의 표결에서 승리함으로써 다섯 번의 표결에서 승리한 아나 수녀를 꺾고 수녀원장이 된다. 하지만 만약 후보자가 받은 모든 표수를 고려하는 경우라면, 승자는 34표(25표+9표)를 획득한 아나 수녀이고, 26표(24표+2표)를 받은 베르타 수녀는 패자가 된다.

이런 혼란이 생기는 이유는 'veus'라는 단어가 '선거인단의 표수'와 '승점'이란 의미를 모두 지니고 있기 때문이다. 이 문제를 제일 먼저 고민한 사람은 라몬 유이 전문가인 독일 철학자 마르틴 호네커Martin Honecker였다. 그는 박식한 중세학자이자 문헌학자였지만 안타깝게도 수학에는 특출하지 못했고 결국 그로 인해 모든 것을 뒤죽박죽으로 해석했다. 그는 유이의 글에 대해 설명하면서 "모든 양자대결에서 가장 많은 표를 받은 후보, 그러니까 양자대결에서 가장 많이 승리한 후보가 선거의 승자가 된다."라고 적었다. '가장 많은 표를 받았다'는 건 '양자대결에서 가장 많이 승리했다'는 것과 뜻이 다르다. 즉 가장 많은 표를 받은 후보가 무조건 양자대결에서 가장 많이 승리한 후보자인 것은 아니다. 어쩌면 그래도 명색이 철학자인데 약간의 수학적 내용을 담고 있다고 해서 글을 틀리게 해석한 것을 두고 비난하는 독자가 있을지도 모르겠다. 하지만 반대로 수학자들 중에 철학에 대한 이해가 부족한 사람도 많다.

이 혼란을 잠재운 사람은 독일 아우크스부르크대학 교수였던 프리드리히 푸켈셰임Friedrich Pukelsheim이었다. 그는 표수가 아닌 승점이 중요하다고 주장했다. '승리할 때마다 1점'이라는 주장을 뒷받침하기 위해 그는 『블랑케르나』에 등장하는 다음 문장에 주목했다.

"양자대결이 끝나면 가장 많은 표를 받은 후보의 이름을 기록하라."

즉 양자대결에서 승리한 후보의 이름만이 기록됐으며, 후보자가 받은 표수는 기록되지 않았다. 따라서 수도원장, 수녀원장, 주교를 결정한 건 승점이었다는 게 그의 주장이다.

선거에 대한 보다 자세한 내용을 담고 있는 유이의 두 번째 글은 사실 소설 『블랑케르나』보다 약 8~10년 전에 작성된 것으로 알려졌다. 바로 「인재선출방식 Artifitium Electionis Personarum」이란 소논문이다. 이 저작의 유일한 사본은 1959년에 바티칸도서관에서 요렌스 페레스 마르티네스 Llorenç Pérez Martinez란 학자에 의해 발견됐다. 논문은 여러 글을 모아둔 『바티칸사본 라틴 9332』에 포함돼 있었다. 사본이 언제 바티칸도서관의 수중에 들어왔는지는 알려지지 않았지만, 15세기에 위대한 로렌초로 알려졌던 로렌초 데 메디치 휘하에서 천문학자이자 궁정의사로 활동했던 피에르 레오니 다 스폴레토가 이 사본의 임자였던 것으로 알려졌다.

사본은 읽기가 매우 어려웠다. 15세기에는 도서관을 만들려면 장서를 구매하는 것이 아니라, 직접 책을 쓰거나, 사본을 베껴야 했다. 게다가 작문과 서예는 예술에 속했다. 당시 사용되던 끝이 뭉툭한 펜에 얼룩이 심한 잉크 또한 작업을 더욱 힘들게 했고, 숙련된 필경사들조차 사본 제작에 어려움을 겪었다. 아마도 지금은 소실된 유이의 원본을 사본으로 베껴 적은 사람도 이 의사였을 것이다. 레오니 다 스폴레토의 원고는 알아보기가 힘들었고, 문헌학자와 손글씨 전문가들이 협공한 후 비로소 모호한 글과 수많은 약어들을 해석할 수 있었다. 논문의 일부분은 철자를 일일이 해석해야만 했다. 논문에는 제목이 없었기에 제목은 논문의 마지막 문장인 '인물을 선거하는 방법에 대한 글을 마친다'에서 뽑아내야만 했다.

　유이가 논문에서 제안한 선거방식은 『블랑케르나』에서 제안한 방식과 동일하지만 한 가지 차이가 있는데, 바로 동점상황에 대해 특별히 언급했다는 점이다. 논문이 소설보다 먼저 쓰였다는 점을 감안할 때, 이건 꽤나 놀라운 사실이다. 어쩌면 유이는 소설을 쓸 때 8~10년 전에 자신이 쓴 글에 대해 까맣게 잊었던 게 아닐까? 아무튼 유이는 논문에서 만약 두 후보자를 두고 선거인단의 표가 정확하게 반으로 갈릴 경우, 두 후보자 모두에게 승점을 부여해야 한다고 주장한다. 즉 두 후보자 모두 승리한 것으로 간주해야 한다는 뜻이다. 공정하게 들리지 않는가? 하지만 두 후보자 모두 패배한 것으로 간주해서 점수를 부여하지 않아도 되지 않을까? 어차피 같은 결과가 아닐까? 그에 대한 답은 '아니오'였다. 둘 모두에게 승점을 부여하는 것과 둘 모두에게 승점을 부여하지 않는 것 간에는 미묘한 차이가 있었다. 따라서 유이가 제안한 선거방식에서 1회 이상의 양자대결에서 동점을 이룬 후보들은 승점합계에서 다른 경쟁자들보다 우위에 섰다.

　대부분의 경우, 이런 방식은 문제가 되지 않았지만, 유이가 예기치 못한 상황이 발생할 여지는 얼마든지 있었다. 무승부가 많은, 그저 그런 후보자가 승리를 많이 한 최고 후보자와 승점이 같게 되는 경우다. 예를 들어, 세실리아 수녀는 여섯 번 이기고 한 번 비긴 반면, 도로테아 수녀는 일곱 번 모두 비겼다. 이럴 경우 둘 다 승점 7점으로 동점이 된다. 유이는 이에 대해 어쩔 수 없다고 생각한 모양이다. 아마도 이보다 더 공정한 방법은 무승부가 될 경우에 두 후보자 모두에게 0.5점의 승점을 부여하는 것이리라. 그렇다면 세실리아 수녀의 승점은 6.5점으로 도로테아 수녀의 3.5점을 앞설 것이기에 보다 적절하다고 할 수 있다. 하지만 유이는 여기까지는 미처 생각하지 못한 것 같다.

이젠 두 번째 동점상황에 대해 살펴보자. 만약 최종선거에서 2명 이상의 후보자 간에 동점이 발생한다면 후보자들은 방 밖으로 나가고, 선거인단은 한 번 더 두 후보자를 대상으로 투표를 한다(사실 선거인단이 굳이 투표를 하지 않고도 1단계 양자대결에서 두 후보자 중에 누가 승리했는지를 살펴보는 것만으로도 충분했을 것이다). 만약 또 다시 승부가 갈리지 않는다면, 추첨을 통해 승자가 결정됐다. 사실 도박을 금하는 기독교 신자였던 유이가 추첨을 제안했다는 건 꽤나 뜻밖이다. 하지만 신실한 신학자였던 유이도 이런 상황에서는 우연을 가장한 신의 개입을 통해 승자를 결정하는 방식을 인정한 셈이다.

유이가 제안한 선거방식은 공정하긴 했지만 지나치게 시간이 많이 걸렸다. 20명의 후보자가 있다고 가정해보자. 유이의 논문에 따라 가장 적합한 인물을 선출하려면 자그마치 백아흔 번이나 양자대결을 해야 한다(계산식은 19+18+……+1이다). 2명의 후보자가 나와 짧게 자기소개를 하고, 선거인단이 생각을 결정하기 위해 고민한 뒤, 양자대결 결과가 승점기록표에 적히기까지는 3~5분이 소요된다. 따라서 전체 과정을 모두 진행하려면 10~15시간이 걸린다. 만약 후보자의 수를 『블랑케르나』에서 제안한 것처럼 9명으로 한정한다면 양자대결은 서른여섯 번만 치르면 되고 시간도 상당히 절약할 수 있다. 하지만 그래도 여전히 2~3시간이 걸렸다.

선거에 대한 유이의 세 번째 글도 전해지고 있는데 이 글에서 유이가 제안한 선거방식은 앞의 방식에 비하면 훨씬 빨리 끝난다. 이 글의 제목은 「선거의 기술De Arte Eleccionis」이며, 1299년 7월 1일에 파리에서 작성됐다. 이 글의 원본도 소실됐고, 현재는 15세기 초에 작성된 사본만이 유일하게 전해져 내려온다. 1937년에 이 사본을 최초로 발견한 사람은 앞에서 소개한, 유이의 글을 오역했던 중세학자인 마르틴 호네커다. 그는 모젤 와인으로 유명한 독일마을 베른카스텔 쿠에스의 상트니콜라우스 병원 도서관에서 이 사본을 발견했다. 오늘날 세계에서 가장 소중한 개인 소장품이라고 할 수 있는 이 도서관은 원래 니콜라우스 쿠사누스^{Nikolaus Cusanus} 추기경 소유였다. 추기경은 1428년 봄을 파리에서 보내면서 130년 전에 유이가 쓴 저작들을 연구했다. 어쩌면 「선거의 기술」을 직접 베껴 적었을 수도 있다. 쿠사누스 추기경에 대해선 다음 장에서 더 자세하게 언급할 것이다.

「선거의 기술」은 「인재선출방식」과 제목이 비슷했기에, 일부 학자들은 두 논문의 원본이 같을 수도 있다고 생각했다. 컴퓨터공학 기법을 사용해서 두 논문의 내용을 처음으로 비교한 이들은 소프트웨어 개발자인 도미니크 헤인베르크^{Dominik Haneberg}와 볼프강 리프^{Wolfgang Reif}, 도서관 전시책임자인 귄터 해겔^{Günther Hägele}, 아우크스부르크대학의 마티아스 오튼^{Matthias Drton} 그리고 앞에서 언급했던 프리드리히 푸켈셰임이었다. 이들은 1990년대에 힘을 합쳐 이 논문을 해독하려 애썼지만 수기로 베낀 사본은 일부 내용이 소실됐거나 해독할 수 없는 부분이 있었다. 그들은 어쩌면 1959년에 바티칸도서관에서 발견된 원고가 소실된 부분일지도 모른다고 생각했다. 그래서 바티칸 시국에게 원고의 사본을 요청한 뒤 소포가 도착하길 손꼽아 기다렸다. 소포가 도착하자 모두들 기쁨과 동시에 실망감을 느꼈다. 기뻐했던 까닭은 바티칸도서관의 원고가 다른 원고였기 때문이었고, 실망했던 까닭은 그것은 논문의 소실된 내용이 이후에도 여전히 소실된 채로 남아 있을 거라는 의미였기 때문이다.

유이가 「선거의 기술」에서 제안한 선거방식은 언뜻 보기에는 「인재선출방식」과 『블랑케르나』에서 제안했던 선거방식과 아주 사소한 차이만 있는 것처럼 보인다. 하지만 보기와는 달리 그 사소한 차이는 매우 의미심장했다. 『블랑케르나』와 「인재선출방식」이 모든 후보자가 다른 모든 후보자들을 상대로 양자대결을 펼치는 방식을 제안한 반면, 「선거의 기술」은 수도원장, 수녀원장, 주교, 교황을 선출하는 데 있어서 승자진출방식을 제안했다. 그리고 이 방식은 효율적이었으며 무엇보다 빠르게 결론을 도출해낼 수 있었다. 다만 공정하지 않았을 뿐이다.

승자진출방식에서 후보자들은 한 줄로 교회당으로 들어선다. 처음 교회당에 들어서는 후보에겐 A라는 글자가 부여되고, 그다음 후보에겐 B가 부여된다. 이런 식으로 모든 후보자들에게 글자가 부여된다. 여기에서는 마지막 후보에게 K라는 글자가 부여됐다고 가정하자. 후보들이 모두 착석하고 나면, 처음 교회당에 들어선 두 후보자, 그러니까 A와 B가 자리에서 일어나 표결을 펼친다. 선거인단은 두 후보 중에서 선호하는 후보를 결정한다. 표결에서 패한 후보는 선거에서 자동으로 탈락되고, 자리에 착석한 뒤 남은 과정을 지켜본다. 승자—후보 B가 이겼다고 가정하자—는 다음 단계로 넘어가서 이번에는 후보 C와 대결을 펼친다. 또 다시 패자는 탈락하고, 승자는 다음 단계로 진출한다. 이런 식으로 마지막 대결 바로 전에 승리한 후보가 마지막 후보인 K와 표결을 벌이게 되고, 마지막 표결에서 승리한 후보가 새로운 수도원장, 수녀원장, 주교, 교황이 되는 것이다.

이 방식은 시간을 단축하는 데 아주 효과적이었다. 「인재선출방식」에서 제안된 방식은 백아흔 번의 양자대결을 펼치려면 10~15시간이 소요됐고, 『블랑케르나』에서 제안한 서른여섯 번의 양자대결은 1~2시간이 걸린 반면, 「선거의 기술」에서 제안한 방법은 훨씬 간단했다. 예를 들어, 후보가 20명이라면 열아홉 번만 양자대결을 펼치면 됐고 9명이라면 오직 여덟 번이면 됐다. 따라서 선거는 고작 30분이면 끝난다.

하지만 시간이 단축된 반면 다른 문제가 있었다. 앞에서는 언급하지 않았지만 「인재선출방식」과 『블랑케르나』에서 제시된 방법은 단지 최종승자를 결정하는 것 말고도 또 다른 장점이 있었다. 다름 아닌 후보자들의 순위를 제공한 것이다. 즉 「인재선출방식」의 경우에는 모두 후보자들의 순위가 드러났고 『블랑케르나』의 경우에는 후보자로 선발된 일부 후보들의 순위가 결정됐다. 순위는 양자대결에서 획득한 승점에 의해 결정됐고, 최종승자 다음으로 많은 승점을 얻은 사람이 2등이 됐으며, 나머지도 승점에 따라 순위가 매겨졌다. 반면 「선거의 기술」에서 제시된 승자진출방식은 최종승자만을 가렸다. 물론 후보자의 순위를 매기는 건 유이가 선거방식에서 애당초 의도했던 목적에는 포함되지 않는다. 하지만 순위가 가려진다는 건 그 나름대로 유용한 장점이 있다. 예를 들어, 최종승자가 그 직위를 거부할 경우, 또는 심장마비로 갑자기 사망이라도 할 경우에 쉽게 2등 후보가 그 자리를 대신할 수 있었다. 하지만 「선거의 기술」에서 제안된 방법을 따르면, 이럴 경우 전체 선거를 다시 치러야만 했다.

승자진출방식은 순위가 매겨지지 않는다는 점 말고도 또 다른 약점이 있었다. 무엇보다도 다른 두 방식에서 배출된 당선자와 승자진출방식에서 배출된 당선자가 다른 사람일 수 있었다는 점이다. 다시 말해, 승자진출방식의 경우에는 오로지 다른 모든 후보자들과의 양자대결에서 모두 승리를 거둘 수 있는 압도적인 후보자가 있어야만 다른 두 방식과 같은 선거결과가 도출될 수 있었다. 또한 모든 양자대결에서 패하는 자질이 부족한 후보는 3가지 방식 모두에서 절대 당선될 수 없었던 것도 맞다. 하지만 앞의 두 선거방식과 승자진출 선거방식의 유사점은 거기까지다. 즉 승자진출방식에서는 최고의 후보자나 최악의 후보자가 존재하는 경우를 제외하면 어느 후보든 당선될 수 있었다.

그리고 이 점이 유이가 제안한 세 번째 선거방식에 대해 심각한 의문을 제기해야 하는 이유다. 사실 승자진출방식의 가장 심각한 문제는 선거조작이 가능하다는 점이다. 유이가 제안한 다른 두 방식과는 달리, 「선거의 기술」에서 제안된 방식은 그저 그런 후보라고 할지라도, 즉 다른 경쟁후보들보다 뛰어나지 않은 후보라도 당선이 될 수 있었다. 즉 후보자가 교회당에 입장하는 순서를 조작함으로써 당선확률을 높이거나 낮출 수 있었던 것이다. 특히나 교회당에 마지막으로 들어선 후보인 K는 오로지 끝에서 두 번째의 양자대결에서 이긴 후보만을 이기면, 자질과는 상관없이 수녀원장으로 당선될 수 있다. 하지만 만약 그가 가장 먼저 교회당에 입장했다면, 그래서 후보 A가 됐다면, 어쩌면 후보 B와의 첫 양자대결에서 패배했을 수도 있다. 만약 첫 양자대결에서 승리한다고 할지라도, 여전히 후보 C와의 두 번째 양자대결에서, 또는 세 번째나 네 번째 양자대결에서 패할 수도 있다. 실제로 승자진출방식에서는 한 명을 제외한 다른 모든 후보들보다 자질이 떨어지는 후보라고 할지라도 여전히 당선자가 될 수 있었다. 게다가 마지막 양자대결 전까지 모든 양자대결을 이기고 올라온 뛰어난 후보라고 할지라도, 마지막 대결에서 진다면 결국 선거에서 패배할 수밖에 없다.

『블랑케르나』나 「인재선출방식」에서 제안된 선거방법에서는 교회당에 입장하는 순서가 결과에 영향을 미치지 않았지만 「선거의 기술」에서 제안된 선거방법에서는 후보의 입장을 늦추는 방식으로 선거를 유리하게 이끌 수 있다. 예를 들어, 입장순서를 두고 교회당 앞에서 다툼이 벌어질 수도 있었다. 즉 후보자들이 서로에게 먼저 입장하라며 다툴지도 모른다. 이처럼 입장순서를 일부러 지연해서 선거결과에 영향을 미치려는 행위는 오늘날 '의제설정agenda setting*' 행위의 선례로 볼 수 있다. 이처럼 승자진출방식에서는 후보자가 표결에 부쳐지는 순서에 따라 선거결과를 조작해서 원하는 결과를 도출하거나 적어도 선거결과에 영향을 끼칠 수 있다.

허황되게 들릴 수도 있지만 이 문제에 대한 해결책이 있긴 했다. 선거인단이 후보자를 선택하는 데 있어서 2가지 조건이 지켜진다면 승자진출방식은 모든 후보에게 공정할 수 있었고, 후보자 중에서 가장 적합한 사람이 당선자가 될 수 있었다. 첫 번째 조건은 후보자들 간에 진정한, 두드러진 자질의 차이가 존재해서 모든 선거인들이 후보자들의 우열을 매길 수 있어야 한다는 것이었다. 두 번째 조건은 적어도 선거인단의 절반이 후보자들 간의 우열을 인식해야 한다는 것이었다. 이 2가지 조건이 충족되면, 선거방식과는 상관없이, 그리고 양자대결을 펼치는 순서와는 상관없이, 무조건 가장 적합한 후보가 당선됐다. 왜냐하면 양자대결에서 선거인단의 다수는 순서와는 상관없이 매번 양자대결에서 늘 더 나은 후보자를 선택할 것이고, 따라서 모든 후보자들은 그 자질에 맞게 순위가 매겨질 수 있다.

---

*언론이나 미디어가 특정한 사회문제를 강조하거나 집중적으로 보도함으로써 중요한 공공의제로 부각되도록 영향을 미치는 행위를 말한다. 여기에서는 입장순서의 고의 지연이 선거결과에 영향을 끼친다는 점이 언론의 의제설정 행위가 정책과제에 영향을 끼친다는 점과 비슷하다는 점을 지적하고 있다.

하지만 이런 조건이 충족되지 않을 경우에는 문제가 발생한다. 두 후보자 간에 누가 더 뛰어난지를 선택하는 건 가능하지만, 그렇다고 해서 3명이나 그 이상의 후보자 간에 우열을 가늠하기란 불가능했기 때문이다. 한마디로 후보의 자질에는 이행성^{transitivity*}이 존재하지 않는다. 이 말은 무슨 의미일까? 예를 들어보자. 코끼리는 말보다 무게가 더 나가고, 말은 개보다 무게가 더 나간다. 따라서 굳이 코끼리와 개 중에서 무엇이 더 무거운지를 측정하기 위해 둘을 저울에 올려놓을 필요는 없다. 즉 체중은 이행성을 지니고 있다. 후피동물인 코끼리가 개보다 더 무겁다는 사실을 굳이 비교하지 않아도 알 수 있는 까닭도 이 때문이다.

일상에는 수많은 이행성이 존재하지만 그렇다고 해서 모든 사물에 이행성이 존재하는 건 아니다. 불이행성을 살펴보기 위해 권투를 예로 들어보자. 하심 라흐만이 레녹스 루이스를 KO로 이겼고, 레녹스 루이스가 마이크 타이슨을 KO로 이겼다면 하심 라흐만이 마이크 타이슨과 붙는다면 무조건 이길 거라고 볼 수 있는가? 물론 그렇지 않다. 이게 바로 불이행성이다. 세 번째 시합을 하지 않고서는 하심 라흐만과 마이크 타이슨 중에서 누가 더 뛰어난 권투선수인지 가늠할 수 없다. 우리에게 쾌감과 지루함을 동시에 안겨주는 가위바위보 게임에도 불이행성이 존재한다. 보자기는 바위를 감싸서 이기고, 바위는 가위를 흠집 내서 이기고, 가위는 보자기를 잘라내서 이긴다. 가위, 바위, 보 중에서 어느 것도 다른 2개보다 우월하지 않기에, 결국 그중에서 어느 것이 더 센지는 돌고 도는 것이다. 포커 게임에서도 때로는

---

* 집합에서 A가 B와 관계가 있고, B는 다시 C와 관계가 있다면, A는 C와 관계가 있다는 이론. 예를 들어, A > B이고, B > C이면, A > C이다.

불이행성이 존재한다. 대부분의 경우, 포커에서 가장 높은 패는 로열플러시다. 하지만 어떤 이는 절대적인 확실성을 아예 없애기 위해 로열플러시를 이길 수 있는 패를 규칙으로 정해놓기도 한다. 바로 가장 낮은 패인 원페어다.

유이의 선거방식에서 선거인단이 가장 선호하는 수도원장이나 수녀원장이 당선자로 선출될 수 없는 이유도 바로 이행성이 없기 때문이다. 만약 후보들 간에 이행성이 존재한다면 승자진출방식은 선거에 적합하다. 왜냐하면 최종 양자대결에서 이길 승자라면 당연히 이전 양자대결에서도 승리했을 후보이기 때문이다. 하지만 불이행성 때문에 승자진출방식의 문제는 해결될 수 없고, 따라서 유이가 제안한 방식에서는 매번 이론의 여지없는 최고의 후보를 당선자로 선출하는 게 불가능했다.

14세기까지의 선거에 대한 개념은 이랬다. 유이가 제안한 양자대결방식은 후보가 3명 이상일 경우에 후보 간 비교를 가능하게 했다. 따라서 그가 제안한 선거방식은 고대시대의 다수결이나 3분의 2 과반수라는 단순한 방식보다 훨씬 발전된 방식이다. 다만 『블랑케르나』와 「인재선출방식」에서 제안된 양자대결방식은 누가 가장 뛰어난 후보인지를 정확히 골라낼 수 없다는 단점이 존재했다. 반면 「선거의 기술」에서 제안된 승자진출방식은 이 단점에 더해서 교회당에 먼저 입장하는 사람이 불리하다는 점도 문제였다.

라몬 유이

유이는 청년 시절에 사치스런 생활을 하는 것으로 유명했고, 그가 후에 자서전에 남긴 말대로 "허튼 노래와 시나 지어대면서 음탕한 짓이나 일삼는" 음유시인으로 악명을 떨쳤다. 심지어 블랑카 피카니$^{Blanca\ Picany}$와 결혼해서 도미니크과 막달레나라는 두 자녀를 둔 후에도 여전히 궁중여인들의 뒤꽁무니를 쫓아다녔다. 그러던 어느 날, 30세가 된 유이는 삶을 완전히 뒤바꿔놓은 신의 계시를 접했다. 바로 십자가에 매달린 예수의 환영을 본 것이다. 유이는 더 이상 쾌락을 쫓지 않기로 결심하고 3가지 일에 인생을 헌신하기로 결심했다. 첫째, '죽음을 무릅쓰더라도 믿지 않는 자들을 예수께 인도하기' 둘째, '믿지 않는 자들을 위해 세상에서 가장 뛰어난 책을 쓰기' 셋째, '다양한 언어를 가르치는 수도원을 설립하기'다. 특히 유이가 세 번째 목표를 세운 이유는 잠시 후 설명하겠다. 유이는 회심한 후 가족을 부양하는 데 필요한 일부 재산만 남기고 모두 처분했으며 아내와 자녀들에게도 작별을 고했다. 그리고 즐거운 궁정생활을 뒤로 한 채 수도자의 삶에 들어서게 된다.

유이는 온 힘을 다해 이슬람교도와 유대교도를 기독교로 개종시키려 노력했다. 그리고 이를 위해 당시로서는 꽤나 독특한, 새로운 방식을 활용하기로 결심했다. 즉 이교도에게 기독교 교리의 우수성 ― 이런 논리는 대체로 불과 칼의 심판을 강조하는 것으로 귀결된다 ― 을 주장하는 대신, 대화와 이성적인 논쟁을 통해 그들로 하여금 스스로 깨닫게 하는 방식이었다. 유이는 잔인한 십자군 원정의 필요성은 인정했지만 동시에 설득과 감화도 함께 진행되어야 한다고 믿었다. 하지만 유이는 이 교묘한 개종방식을 적용하기에 앞서 중대한 사실을 깨닫게 된다. 이슬람교도를 전향시키려면 일단 아라비아어를 배워야 했다. 그가 언어를 가르치는 학교를 세우려 한 이유도 이 때문이다.

유이는 즉각 아라비아어를 배우는 일에 착수했고 자신에게 아라비아어를 가르쳐줄 노예를 고용했다. 하지만 유이의 언어수업은 처음부터 난관에 부딪혔다. 왜냐하면 수업에서 가르치는 내용은 문법이나 구문론에만 국한되지 않고 신앙에 대한 영역까지 광범위하게 다뤘기 때문이다. 실제로 언젠가 노예가 수업시간에 불경스런 언사를 하자, 심한 말다툼이 벌어졌고, 결국 유이는 노예의 뺨을 때리고 만다. 그러자 노예는 칼을 빼내 주인을 죽이려 했다. 하지만 유이는 결코 약해빠진 수도자가 아니었다. 복부에 심각한 부상을 입었는데도 다른 하인들의 도움을 받아 사납게 날뛰는 노예를 제압해서 가뒀다. 그런데 노예를 어떻게 처리할지를 고민할 때 큰 사고가 벌어지고 만다. 노예가 스스로 목을 매 죽은 것이다. 유이에게는 비통한 일이면서 동시에 다행인 일이었다. 비통한 점은 이교도인 노예를 개종시키지 못했다는 것이었고, 다행인 점은 불경한 노예를 처리할 방법을 더 이상 고민할 필요가 없어졌다는 것이었다.

유이는 신에게 감사 기도를 올린 뒤, 이후 언어학교를 설립하기 위해 로비를 벌였다. 언어학교가 세워진다면 선교사들은 이슬람으로 파견되기 전에 보다 좋은 환경에서 아라비아어를 배울 수 있었다. 유이의 설득으로 아라곤 국왕 하이메 1세는 유이의 고향이었던 마요르카에 동양언어를 가르치는 학교를 설립한다. 첫 수업에는 13명의 프란체스코수도회 선교사들이 참여해서 인문학, 신학, 이슬람교 교리를 배웠다. 그들은 또한 유이가 직접 작성한 「진실을 찾는 방법^{Ars} ^{invenidendi veritas}」을 연구하기도 했다. 그로부터 약 30년 후, 비엔공의회 (1311~1312년)는 파리대학, 볼로냐대학, 옥스퍼드대학과 살라망카대학에 동양언어학과를 개설하게 된다.

유이는 성경구절로 '불신자'들의 교리를 반박하는 선교방식을 따르지 않았다. 그는 기독교 성경의 우월성을 주장함으로써 유대교도와 이슬람교도를 전향시키려는 시도나 탈무드와 코란을 비판하는 시도는 효과적이지 않다는 걸 알고 있었다. 대신 유이는 서로 간의 공통점을 먼저 찾았다. 실제로 세 종교 간에는 공통점이 꽤 많았다. 세 종교 모두 유일신교였고, 미덕과 죄악에 대한 개념도 유사했으며, 무엇보다도 지구가 우주의 중심이라고 믿었다. 유이는 세 유일신교가 동일한 신을 믿으며, 다만 경배하는 방식만이 다를 뿐이라고 확신했다. 오늘날 유이는 중세시대에 가장 관대한 신학자로 여겨진다. 사실 중세시대 신학자들에게 타 종교에 대한 인정은 매우 힘든 요구였기에 유이 또한 다른 종교의 정당성을 인정하진 않았다. 하지만 유이는 유대교도와 이슬람교도 중에도 말귀를 알아듣는 자들이 있다는 점만은 인정했다. 따라서 유이는 만약 그들이 자신의 말을 귀담아 듣는다면 자신들의 종교보다 기독교 교리가 훨씬 우수하다는 걸 분명 깨닫게 될 거라고 확신했다. 문제는 이교도들이 유이의 말을 경청해주지 않았다는 점이다. 하지만 당시에 가장 일반적인 선교방식이 불신자들에게 영원한 진리를 강제적으로 주입하던 것임을 고려할 때, 유이의 신학과 과학, 윤리에 대한 합리적 추론에 근거한 온화한 선교방식은 꽤 새로운 접근이었다.

기독교를 설파하려면 먼저 신학자 자격이 있어야 한다. 그래서 유이는 몽펠리에대학과 파리대학에서 공부를 했고, 이후부터는 '현학자'로 불리게 된다. 사라센 사람들(중세시대에는 이슬람인들을 이렇게 불렀다)에게 복음을 전파할 준비를 마친 유이는 자신이 익힌 새로운 기술을 펼칠 이슬람 땅으로 향할 배를 타기 위해 항구도시 제노아에 당도했다. 제노아는 유이가 왔다는 소식에 떠들썩했다. 주민들은 이교도들을 기독교로 개종할 이 박식한 사내에게 경외감을 느꼈다. 하지만 일은 원래 계획과는 다르게 흘러가기 마련이다. 유이는 이슬람 땅으로 향할 첫 번째 항해기회가 다가왔건만 이를 놓치고 만다. 이미 짐을 배에 실었는데 이슬람 땅에 발을 내딛었다가 사라센 사람들이 자신을 죽이거나, 평생 감옥에 가둘까 봐 겁이 났던 것이다. 결국 유이는 불신자들을 예수께 이끌기 위해 자신의 목숨을 바치겠다는 서약을 잊고 제노아에 머물게 된다.

이후 벌어진 또 하나의 사건은 유이를 더 깊은 좌절감에 빠트리게 된다. 오랫동안 병마에 시달리게 된 것이다. 마침내 유이는 용기를 내서 튀니스로 향했고, 그곳에서 이슬람 학자들을 상대로 기독교를 설파하게 된다. 하지만 결과는 성공적이지 못했다. 어쩌면 유이의 아라비아어가 유창하지 못했기 때문일 수도 있고, 유이의 주장이 그다지 설득력이 없었기 때문일 수도 있다. 아무튼 유이는 얼마 지나지 않아 튀니스에서 추방됐고, 전해지는 바로는 다시 돌아올 경우 사형에 처할 것이라는 협박을 받았다고 한다. 그럼에도 불구하고 유이는 다시 튀니스로 돌아갔다. 이미 기독교를 받아들이기로 마음먹은 몇몇 이름 높은 사람들에게 세례를 해주어 자신의 임무를 완성하기 위해서였다.

하지만 헛되게 3주가 지나갔고, 그 기간 동안 옷차림과 행동이 유이와 비슷한 또 다른 기독교도가 거의 돌에 맞아 죽을 위기를 넘겼다. 그는 결국 나폴리로 향한다. 기독교 전파를 위해 다음으로 방문한 곳은 키프로스였다. 이번에도 결과는 성공적이지 못했다. 유이는 살해당할 위기를 모면한 후 결국 키프로스를 떠났고, 이후로도 계속 선교활동을 펼쳤다. 일부 전해지는 바에 의하면, 그는 유럽으로 돌아오기 전에 예루살렘까지 방문했다고 한다.

유이는 수많은 모험을 겪었고 여러 차례 감옥에 갇혔으며 난파를 당하거나 병으로 몸져눕기도 했다. 여러 종교 간의 상대적 장점에 대한 그의 주장은 시간이 흐른 후에도 그다지 공감을 얻지 못했다. 하지만 유이는 결코 물러서지 않았다.

"나는 결혼했고 자녀도 있었으며 재산도 꽤 많았고 부도덕했으며 세속적이었다."

그는 자신의 마지막 저서에 이렇게 적었다.

"나는 신을 섬기기 위해 이 모든 것을 버렸다. 공공선을 추구하기 위해, 성령을 드높이기 위해 그 삶을 떠났다. 나는 아라비아어를 배웠고, 사라센 사람들에게 설교하기 위해 여러 번 위험을 무릅썼으며, 믿음 때문에 체포되어 감옥에 갇혔고 매를 맞기도 했다. 45년 동안 나는 교회와 지체 높은 기독교인들이 공공선을 베풀게 하기 위해 애썼다. 이제 나는 늙고 가난하지만 여전히 내 목적은 변함이 없으며 신이 허락하신다면, 죽을 때까지 변하지 않을 것이다."

지금은 '밝게 깨달은 자'로 잘 알려진 유이는 나이가 들면서 점점 관용을 잃었다. 이성적인 논쟁을 통한 개종 노력이 실패로 돌아가자 더 효과적인 방법을 찾게 됐고, 결국 이슬람교도를 설득하기 위한 적절한 방법은 십자군원정이라고 주장하게 된다. 따라서 유이는 말년을 대부분 권력자들에게 신성한 목적의 군대를 제공하라고 설득 — 결과는 그다지 성공적이지 못했다 — 하는 데 보내게 된다. 그렇다고 해서 자신의 부드러운 개종방식에 대한 애착을 버린 건 아니며, 폭력적인 수단은 오직 반드시 필요한 경우에만 사용해야 한다고 항상 주장했다.

그의 개종 노력은 결코 상대로부터 지지를 받지 못했다. 1315년에 있었던 한 논쟁 — 이번에도 튀니스였다 — 에서 당시 80세가 넘은 이 불행한 선교자는 결국 이슬람교도에게 돌 세례를 받는다. 중상을 입은 채 죽어가게 내버려진 유이는 이탈리아 상인들에 의해 발견되어 배로 옮겨진다. 배는 마요르카를 향했지만 배가 항구에 닿기 전, 유이는 고향을 둘러보고서는 숨을 거두었다. 사실 유이의 최후에 대한 이야기는 사실이 아닐 가능성이 높다. 어쩌면 교황청에 의한 그의 시성을 돕기 위해 추종세력들이 꾸몄을 수도 있다.

**

아우크스부르크대학의 학자들은 유이의 세 저서, 즉 「인재선출방식」, 『블랑케르나』, 「선거의 기술」을 동시에 열람할 수 있는 웹사이트를 개설했다.* 수기로 작성된 라틴어 원문은 영어, 프랑스어, 독일어로 번역되어 제공된다. 아무 문장이나 단어를 클릭하면 나머지 2개 글의 일치하는 부분이 표시된다.

---

* www.uni-augsburg.de/llull

Chapter 4

니콜라우스 쿠사누스
추기경의 선거이론

- 신성로마제국의 황제를 선출하는 최고의 방식, 버블 정렬!

유이 이후로 1세기 동안, 투표와 선거이론은 발전하지 않았다. 그러다가 1428년에 독일인 학생이었던 니콜라우스 쿠사누스는 파리에서 유이의 저서들을 우연히 접하게 된다. 내용에 흥미를 느낀 그는 글을 베껴 집으로 가져갔다. 하지만 그는 단지 사본을 만들어 간직하는 것에만 머물지 않고, 몇 년 뒤에 유이가 제안한 선거방식을 개선함으로써 근대 선거이론의 두 번째 선구자가 된다.

이 젊은이는 원래 1401년, 그러니까 유이가 「선거의 기술」을 쓴 지 102년이 지난 후에 독일마을 쿠에스에서 니콜라우스 크레브스Nikolaus Krebs란 이름으로 태어났다. 독일어로 크레브스Krebs는 게crab를 뜻한다. 실제로 크레브스 가문의 문장에 게가 새겨져 있는 이유도 이 때문이다. 크레브스는 소자본가 집안 출신이었고 그 사실을 부끄러워하지는 않았다. 하지만 나이가 들면서 좀 더 귀족적인 이름을 사용하고 싶어서 자신을 니콜라우스 폰 쿠에스라고 부르거나, 그보다 더 듣기에 좋은 쿠사누스라고 부르기 시작했다.

그의 아버지는 신분상승에 대한 열망이 강한 사업가였고, 매우 엄격했던 것으로 전해진다. 쿠사누스는 열다섯 살에 하이델베르크대학에 입학해서 예술을 공부했다. 1년 뒤에는 이탈리아 파두아로 가서 법학 학위를 땄고, 그다음에는 쾰른으로 옮겨 철학과 신학을 공부했다. 쿠사누스는 다녔던 모든 학교에서 장서를 매우 열심히 공부했으며 덕분에 매우 박식했다.

쿠사누스는 청년 시절에 가톨릭교회의 수치였던 서방교회 분열을 목격했다. 당시 적어도 3명이 서로 자기가 교황이라고 주장하고 있었다. 그리고 이 사태는 콘스탄츠공의회(1414~1418년)의 대표자들이 복잡한 과정을 거쳐 3명의 교황 ― 그레고리우스 12세, 베네딕트 13세, 요한 23세 ― 을 바티칸 시국에서 축출하고 나서야 비로소 해결됐다. 하지만 서로 반목하는 세 교황을 제거하는 문제는 이후 벌어질 일에 비하면 쉬운 축에 속했다. 그리고 공의회는 새로운 교황을 세우기 위해 창의적이지만 논란이 많은 선출방식을 이용했다. 요한 23세를 지지하기 위해 이탈리아의 수많은 성직자들이 콘스탄츠로 몰려왔기 때문에 다른 나라에서 파견된 대표자들은 이탈리아 성직자들의 투표권을 약화시키기 위한 기발한 방법을 고안해내야 했다. 프랑스 대표들은 신학박사와 공의회에 참석한 모든 성직자를 선거인단에 포함시키자고 주장했다. 하지만 그 제안은 이탈리아와 독일 대표의 동의를 얻지 못했고 다툼은 계속됐다. 마침내 국가별로 투표를 하는 걸로 결정되면서 논쟁은 일단락됐다. 선거인단은 대부분이 이탈리아인이었던 23명의 추기경과 6개 국가에서 5명씩 선발된 대리인으로 구성됐다.

서기 1417년 11월 8일, 53명의 선거인단은 선거를 위해 따로 준비된 비밀투표장으로 들어섰다. 선거인단에 포함된 인물들 중에서 로마 추기경이었던 오도 콜로나$^{Oddone\ Colonna}$를 교황 마르티노 5세$^{Martinus\ V}$로 선출하는 데에는 3일이 걸렸다. 사실 3일이 긴 것처럼 느껴지겠지만 1271년에 그레고리우스 10세를 선출하는 데 2년 9개월이 걸렸던 것을 고려한다면 별 것 아니다(그레고리우스 10세를 선출하던 당시에는 심지어 선거가 끝난 후에도 프랑스와 이탈리아 추기경들은 다툼을 계속했고, 결국 선거가 열렸던 곳인 비테르보 주민들이 추기경들에게 계속해서 빵과 물만을 식사로 제공한 후에야 비로소 합의가 도출될 수 있었다). 쿠사누스는 아마도 이 경험을 통해 성직이나 관리를 선출하는 효과적인 방법을 찾아야겠다는 생각을 한 것 같다.

1431년, 교황 마르티노 5세가 소집한 바젤공의회가 열리고 성직자들이 다시 모여들면서 쿠사누스는 선거이론에 첫 번째 족적을 남기게 된다. 콘스탄츠공의회가 4년이란 긴 세월 동안 질질 끌었다면 바젤공의회는 한 술 더 떠서 18년간 지속됐다. 쿠사누스가 바젤로 향한 이유는 트리어라는 마을에서 벌어진 주교 선출과 관련된 소송을 해결하기 위함이었다. 주교 선거에서 패배한 후보는 결과에 매우 실망했고, 쿠사누스를 변호사로 고용해서 변호를 맡겼다. 15세기 초만 하더라도, 신앙과 교회행정 문제에 대한 최후판결을 하는 이가 교황인지, 공의회인지 분명하지 않았기에 쿠사누스는 둘 중 누구에게 호소해야 할지를 먼저 결정해야 했다. 쿠사누스는 심사숙고한 뒤에 공의회를 선택했고, 교황이 있는 로마로 향하는 대신 바젤로 떠났다. 하지만 공의회를 선택한 건 잘못이었고 결국 소송은 패하고 만다. 하지만 소송은 소송당사자에게는 아니지만 쿠사누스에게는 적어도 한 가지 측면에서 긍정적인 결과를 가져다줬다. 나중에 살펴보겠지만 그는 그 덕분에 저명한 학자로 우뚝 서게 되었다.

쿠사누스는 소송에서 패한 뒤 매우 화가 났지만 완전히 체념한 것은 아니었다. 오히려 소송을 진행하면서 성직자라는 직업에 관심을 가지게 되었고, 그 때문에 변호사 일을 그만두고 성직자의 길을 걷기로 결심하게 된다. 성직에 몸담게 된 쿠사누스는 초기에는 계속해서 공의회를 지지했지만 시간이 지나면서 교황을 지지하는 신자들을 멸시하는 공의회의 태도에 환멸을 느꼈다. 공의회는 교회가 하나로 통합되어야 한다는 쿠사누스의 신념에 반했던 것이다. 결국 쿠사누스는 5년 동안 공의회를 지지했지만 나중에는 열정적인 교황지지자로 변모한다. 그가 교황을 지지한 까닭은 교황이 언제나 옳고 성스러운 존재여서가 아니라 교회가 통일되기 위해서는 바티칸의 역할이 필요하다고 믿었기 때문이다.

교황은 쿠사누스에게 독일에서 수행할 여러 임무를 맡겼다. 쿠사누스가 맡은 임무는 교회와 신품성사, 수녀원을 개혁하는 것이었다. 그는 일 중독자처럼 쉬지 않고 일했지만 그 열정과 쉼 없는 노력을 모든 이들이 좋아한 건 아니었다. 실제로 사람들은 쿠사누스를 두고 '교황이 독일에 맞서기 위해 보낸 헤라클레스'라고 불렀다. 하지만 로마 교황청에서만큼은 쿠사누스의 공로를 크게 인정했고 1448년에 그를 추기경으로 임명했다. 그러자 갑자기 쿠사누스는 독일의 자랑이 되었고, 그때부터 독일인들은 쿠사누스를 독일 추기경이라고 부르기 시작했다(그 이유는 당연히 다른 추기경들이 대부분 이탈리아인이었기 때문이다). 쿠사누스는 교회의 고위성직자로서 성직자들의 탐욕, 그리고 사소한 일을 처리해주면서 신자들로부터 대가를 받는 행위에 대해 집요하게 맞서 싸웠고, 마침내 혁신적인 방법을 고안해냈다. 바로 모든 성직자가 무상으로 신자들에게 봉사해야 한다는 규정이었다. 돈이 필요한 경우에는 기부를 통해서만 돈을 모아야 했다. 옳은 생각이었지만 전혀 예상치 못했던 일이 벌어졌다. 더 많은 교권을 움켜쥐게 되면서 쿠사누스가 점점 세속적인 부자들을 좋아하게 된 것이다.

쿠사누스는 다시 로마로 소환됐다. 그를 후원해준 교황 비오 2세Pius II는 터키를 상대로 십자군원정을 꿈꾸고 있었다. 라몬 유이의 영향을 받아 유대교도와 이슬람교도에게 관대한 정책을 베풀길 원했던 추기경 쿠사누스는 교황의 생각이 마음에 들지 않았다. 하지만 이미 교황에게 복종하기로 맹세한 후였기에 교황의 명령을 받아 교회의 이름으로 군사를 모집하기 위해 로마를 떠났다. 쿠사누스는 십자군과 베네치아 해군이 합류하기로 한 지점인 이탈리아 안코나로 향하던 중 중병에 걸린다. 그리고 1464년 8월 11일, 그는 움브리아 지역의 토디라는 마을에서 사망하고 만다. 소중한 장서들을 비롯한 그의 전 재산은 고향 쿠에스에 위치한 가난한 이를 치료하는 병원에 기증됐다. 제2차세계대전 기간에 연합군은 쿠에스에 보물이 숨겨져 있다는 걸 알고는 폭격 계획을 취소했고, 덕분에 쿠사누스의 원고는 지금까지 보존될 수 있었다.

쿠사누스는 바젤에 머물던 동안 자신의 대표작인 『교회 일치De Concordantia Catholica』를 저술했고 이 작품을 계기로 진정한 학자로 인정받았다. 이 책은 교회와 국가의 일치를 주장하고 있다. 이번 장의 끝에서 살펴보겠지만 『교회 일치』에서 쿠사누스를 유명하게 만들어준 부분은 당시 권력자들에게는 오히려 불쾌한 내용이었을 것이다. 따라서 쿠사누스는 매우 운이 좋았던 셈이다.

책에서 다뤄지는 주제 중 하나는 선거다. 선거에 대한 쿠사누스의 관심은 학생 시절이었던 1428년에 스승의 권유로 파리로 유학을 가면서 시작됐다. 쿠사누스는 프랑스 수도로 향했고 그곳에서 경험하는 모든 것을 배우고 흡수했다. 그리고 어느 날 도서관을 순회하던 중 유이의 원고를 발견하게 된다. 카탈로니아 신비주의자의 글은 하나같이 쿠사누스를 사로잡았지만 그중에서도 특히나 파리도서관에서 발견한 글은 쿠사누스에게 큰 영향을 끼치게 된다. 쿠사누스는 유이의 「선거의 기술」에 엄청난 감명을 받았고, 결국 사본을 만들어 집으로 가져가기로 결심한다. 만약 이 일이 벌어지지 않았다면 우리는 유이의 논문에 대해 알지 못했을 것이다. 라몬 유이의 논문 중 현존하는 유일한 사본이 바로 쿠사누스의 사본이기 때문이다.

5년 뒤, 쿠사누스는 바젤에서 『교회 일치』를 저술하면서 공정한 선거에 대해 다시 고심하게 된다. 처음에 그가 생각한 공정한 선거방식은 유이가 제안한 양자대결방식이었지만 이후로는 다른 방식을 선택하게 된다. 『교회 일치』에서 상당 부분, 즉 36장과 37장은 선거방식에 대한 내용이다. 그리고 쿠사누스가 생각해낸 선거방식은 수도원장이나 주교나 교황을 선출하는 것이 아닌 군주, 즉 신성로마제국의 황제를 선출하는 방법이었다.

쿠사누스가 제안했던 것처럼, 10명의 황제 후보자가 있다고 가정해보자. 선거인단, 즉 독일 선제후選帝侯*들은 10명 중에서 가장 적합한 한 명을 고르기 위해 따로 모인다. 모든 선거인에게는 10장의 투표용지가 주어지며, 각각의 투표용지마다 후보자 이름이 하나씩 적혀 있다. 선거인들은 투표용지를 팔에 끼운 채로 홀 구석이나 복도로 자

---

* 신성로마제국 황제를 선출하는 역할을 했던 선거인단.

리를 옮겨서 누구를 뽑을지 고민한다. 그리고 황제가 되기에 가장 적합하지 않은 후보자를 한 명 고른 뒤 그 후보의 이름이 적힌 투표용지를 꺼내 숫자 1을 적어 넣는다. 그런 뒤에는 그다음으로 적절하지 못한 후보자를 고른 후 그의 이름이 적혀져 있는 투표용지에 숫자 2를 적는다. 이런 식으로 투표용지가 마지막 1장이 남을 때까지 계속한다. 당연히 마지막에 남은 투표용지에는 가장 마음에 드는 후보의 이름이 적혀 있을 것이다. 선거인은 마지막 투표용지에 숫자 10을 적고, 투표장으로 돌아가서, 방 한가운데에 매달려 있는 가방 속에 모든 투표용지를 넣는다.

모든 선거인단이 투표를 마치면, 한 점의 의혹도 없는 정직한 성직자가 가방에 들어 있는 모든 투표용지를 꺼낸 후 각각의 투표용지에 적혀 있는 이름과 숫자를 큰소리로 말한다. 그러면 서기는 성실하게 내용을 받아 적는다. 모든 투표용지의 내용이 기록되고 나면 점수가 합산되고, 가장 많은 점수를 받은 후보가 새 황제로 선언된다. 결론적으로, 선거인단은 모든 후보자에게 자신이 생각하는 가치에 부합하는 점수를 매긴 것이다. 선거인단의 판단에 더 우수하다고 생각되는 후보들은 더 높은 점수를 획득했다. 바로 이 점이, 양자대결의 승자가 얼마나 뛰어나든 오로지 승점 1점을 획득하는 유이의 방식과 결정적으로 다르다. 쿠사누스가 고안해낸 선거방식에서 2명의 후보자에게 선거인단이 부여한 점수의 차이는 두 후보가 순위에서 서로 얼마나 멀리 떨어져 있는지에 따라 결정됐다.

쿠사누스는 '가장 불합리하고 부정직한 부정행위practicas absurdissimas et inhonestissimas'를 방지하기 위해 선거인단에게 모든 결정을 비밀리에 하라고 지시했다. 또한 선거인단이 투표용지에 숫자를 기입할 때 동일한 펜과 동일한 필체를 사용하도록 권했는데, 누가 쓴 것인지 모르게 하기 위함이었다. 이런 식으로 비밀투표는 보장된 셈이다. 예외가 허용되는 경우는 오직 선거인이 글자를 모를 경우뿐이었다. 이럴 경우에는 신뢰할 수 있는 조수를 데려오는 게 허용됐고, 조수는 투표용지에 적힌 이름을 읽어주었다. 쿠사누스는 이 내용을 일말의 주저함도 없이 적어 내려갔다. 당시에 이런 속담이 있었는데도 말이다.

"글을 모르는 왕은 왕관을 쓴 바보와 다름없다."

하지만 실제로 중세시대에 독일의 권력자들이 모두 제대로 된 교육을 받았던 건 아니었다.

그렇다면 왜 비밀투표는 선거의 공정성을 보장하는 걸까? 유이 또한 공정한 선거를 원했지만 오히려 비밀선거의 정반대인 공개선거를 제안하지 않았던가? 과연 누가 옳은 걸까? 짧게 답하자면, 둘 다 옳다. 지금부터 그 이유를 자세히 설명하겠다. 쿠사누스는 비밀투표의 정당성을 입증하기 위해 오늘날에도 서로 잘 모르는 사람들이 모여 관리를 선출할 때 주장하는 논리를 펼쳤다. 즉 비밀투표를 실시한다면, 표를 매수할 수도 없고, 선거인단을 협박할 수도 없다는 것이다. 실제로 표를 매수했다고 할지라도 비밀투표이기에 매수된 선거인이 약속을 지키도록 강제할 수단도 없었고 확인할 수도 없었다. 또한 선거인을 협박한다고 하더라도 겁을 먹는 사람은 없었는데, 왜냐하면 선거인은 비공개 투표소나 홀의 구석처럼 남의 눈을 피할 수 있는 장소에서 자기 뜻대로 표를 행사할 수 있었기 때문이다(비밀투표가 옳은 이유도, 나아가 필수적인 이유도 이 때문이다. 비밀투표에서는 선거인이 동의했다고 하더라도 자신의 표를 남에게 보여주는 건 위법이다. 그럴 경우 모종의 뒷거래가 있었다는 증거가 되기 때문이다).

반면 유이는 선거방식을 고안할 때 전혀 다른 생각을 했다. 쿠사누스의 방식이 서로를 잘 모르는, 기껏해야 10년이나 20년에 한 번씩 왕이나 황제를 선출하기 위해 모이는 선제후들을 대상으로 고안된 방식이라면, 유이의 방식은 수도사, 수녀, 수사 들을 염두에 두고 설계됐다. 이런 집단에 소속된 이들은 선거가 끝난 후에도 계속해서 함께 생활하고 일해야 한다. 원활한 조직에 필요한 요소 중 하나는 소속된 구성원들 간의 신뢰다. 여러 후보자들에게 표를 약속한 뒤 비밀리에 전혀 다른 후보에게 표를 던지는 건 불신과 불화를 유발하기 딱 좋다. 하지만 공개투표의 경우라면 어느 누구도 딴 마음을 품고 표를 던질 수 없다. 모든 이들이 투표 내용을 즉각 알 수 있기에, 그에 따라 선거가 끝난 후에 선거인에 대한 동료들의 호감도가 달라질 수 있기 때문이다.

오늘날 기업이사회의 이사들이 동료들이 모두 볼 수 있는 상황에서 공개적으로 표를 던지는 것도 이 때문이다. 이럴 경우 전혀 예상치 못한, 등에 칼을 꽂는 배신은 불가능하고, 이사는 자신이 던진 표에 책임을 진다. 따라서 이사는 다른 이사의 판단을 신뢰할 수 있으며, 이후에도 협력하며 일을 해나갈 수 있는 것이다(물론 너무 이상적인 시각일 수 있다. 실제로 공개투표 현장에서 가장 친한 친구가 내가 아닌 다른 사람에게 표를 주는 걸 봤을 경우, 신뢰와 화합에는 그다지 도움이 되지 않을 것이다).

다시 쿠사누스 얘기로 돌아가자. 선거인단은 후보자들의 순위를 매기기 위해 일단 후보자들의 이름이 적힌 투표용지를 앞에 쭉 펼쳐놓았다. 예를 들어, 세로로 일렬로 펼쳐놓았다고 가정해보자. 처음에 투표용지는 무작위 순서로 나열된다. 그런 뒤 순위 매기기가 시작된다. 순위를 매기기에 효율적이지는 않지만 좋은 방법 중 하나는 맨 위에 있는 후보자부터 다른 후보들과 한 명씩 차례로 비교해보는 것이었다. 만약 더 나은 후보의 이름이 적힌 용지가 아래쪽에 놓여 있다면 두 용지를 바꿔치기 했고, 그렇지 않다면 원래 순서대로 놔두었다. 이런 식으로 맨 마지막 용지까지 계속 비교한다. 그런 뒤 맨 위부터 다시 반복한다. 이 과정은 모든 용지의 비교가 끝날 때까지 계속 반복되었다. 마지막엔 선거인의 마음에 드는 순위가 매겨지면서 모든 과정이 끝난다.

최고의 후보자를 가장 위에 올리고 최악의 후보자를 가장 밑으로 두는 이런 방식을 컴퓨터공학에서는 '버블 정렬^{bubble sort}'이라고 부른다. 버블 정렬은 일종의 알고리즘으로서, 일련의 항목을 오름차순이나 내림차순으로 정렬하는 방법이다. 버블이라는 이름이 붙은 이유는 정렬하는 과정에서 최상의 항목 ─ 우리가 살펴본 경우에서는 가장 선호하는 후보자의 이름이 적힌 투표용지 ─ 이 결국에는 액체 위의 거품처럼 맨 위로 떠오르기 때문이다. 안타까운 점은 그러기까지 시간이 너무 오래 걸린다는 것이다.

사실 버블 정렬은 시간이 매우 오래 걸린다. 컴퓨터공학을 처음 배우는 학생들은 버블 정렬이 얼마나 비효율적인지를 직접 눈으로 확인하기 위한 경우가 아니라면, 절대로 이 비효율적인 알고리즘을 사용하지 말라는 경고를 받는다. 실제로 컴퓨터공학자들이 사용하는 효율적인 정렬방식은 얼마든지 많다. 예를 들어, 삽입 정렬^{insert sort}, 셸 정렬^{shell sort}, 히프 정렬^{heap sort}, 합병 정렬^{merge sort}, 퀵 정렬^{quick sort} 등. 이런 정렬방식이 쿠사누스가 살던 시대에도 있었다면, 선거인단은 이 중에서 하나를 골라 사용했을 것이다. 하지만 보다 효율적인 정렬방식이 활용됐다고 할지라도, 후보 수가 많을 경우에는 투표용지를 정렬하는 데 꽤 시간이 걸렸다.

하지만 쿠사누스가 제안한 선거방식에는 이를 덮을 만한 장점이 있었다. 바로 선거인단이 동시에 순위를 매긴다는 점이었다. 즉 어느 누구도 다른 선거인의 순위 매기기가 끝날 때까지 기다리느라 시간을 허비할 필요가 없었다. 선거인단은 모두들 거의 비슷한 시간에 순위 매기기를 마쳤고, 따라서 이후에 남은 건 결과를 합산하는 것뿐이었다. 만약 선거인단이 10명의 후보자 순위를 매기는 데 약 20분이 걸렸고, 성직자가 결과를 합산하는 데 다시 30분 정도가 소요됐다고 가정한다면, 선거는 채 1시간이 되기 전에 끝날 수 있었다.

쿠사누스의 선거방식은 선거인단이 모든 후보자를 일괄평가하는 방식을 취하므로, 쿠사누스방식에서 선출된 당선자는 유이가 제안한 2가지 방식에서 선출된 당선자와 다를 수 있다. 하지만 쿠사누스의 선거방식은 당선자를 배출하는 것 외에 부수적인 효과가 있었다. 유이가 제안한 3가지 방식 중에서 앞의 2가지 방식과 마찬가지로, 후보자들이 획득한 점수에 따라 모든 후보자들의 순위가 매겨진다는 점이다.

하지만 쿠사누스는 2가지 잠재적인 문제를 간과했다. 먼저 선거인단이 2명의 후보가 똑같이 적합하다고 생각할 경우, 따라서 둘 중 한 명을 더 낫다고 평가하기 힘든 경우다. 또 다른 문제는 선거인단이, 예들 들어, 지기스문트보다는 뤼디거가, 베른하르트보다는 지기스문트가, 뤼디거보다는 베른하르트가 더 낫다고 생각할 경우다. 이런 상황이 닥치면, 선거인단은 투표용지의 순서를 지속적으로 바꿔야만 했고, 결국 만족할 만한 순위를 매길 수가 없었다. 쿠사누스는 이런 상황이 일어나지 않을 거라고 단정했다.

게다가 쿠사누스가 제안한 선거방식에는 또 다른 가정이 포함돼 있었다. 순위가 한 단계 올라갈수록 정확히 1점이 더 부여된다는 것이다. 사실 순위에 따라 점수를 부여하는 데에는 다른 방식도 있었다. 예를 들어, 쿠나누스는 최하위 3명의 후보자는 점수를 전혀 부여하지 않거나, 또는 최상위 후보자에게는 추가로 2점이나 3점을 부여하자고 제안할 수도 있었다. 이처럼 점수를 부여하는 방식은 수없이 많건만 쿠사누스는 그중에서 가장 단순한 방법을 택했다. 예를 들어, 유럽의 텔레비전을 통해 방송되는 따분하기 짝이 없는 '유로비전 송 콘테스트'는 쿠사누스의 방식을 변형해서 점수를 부여한다. 콘테스트에는 36개가 넘는 국가의 가수들이 참여하며, 국가에서 배정한 심사위원들이 노래를 평가한다. 1라운드에서 20곡을 제외한 나머지 노래는 탈락된다. 2라운드는 일주일 후에 열리는데, 이때 심사위원은 자국 가수의 노래에 투표할 수 없다. 19곡 중에서 3라운드에 진출할 노래를 고른다. 심사위원의 평에 따라 최악의 곡으로 선정된 8곡 — 정말이지 못 들어줄 지경이다 — 은 전혀 점수를 받지 못한다. 그런 뒤 각각의 심사위원은 최악의 곡만큼 못 들어줄 정도는 아니라고 평가된 나머지 11곡을 두고 심사를 벌인다. 2,000만 명의 유럽 시청자들이 숨죽이고 결과를 기다리는 동안, 각각의 심사위원은 그중 가장 떨어지는 곡에 1점, 그다음으로 안 좋은 곡에 2점을 주는 방식으로 10점이 부여되는 2위곡까지 순위를 매긴다. 마지막으로 1위로 선정된 곡에는 11점이 아닌, 12점을 준다. 20명의 심사위원이 매긴 순위가 모두 발표되고 나면, 점수가 합산되고 우승자가 발표된다. 결국 이 방식은 쿠사누스 추기경이 제안한 방식과 똑같다. 차이가 있다면 최악의 노래에는 전혀 점수가 부여되지 않고, 최고의 노래에는 쿠사누스가 제안한 것보다 1점이 더 부여된다는 점뿐이다. 아무튼 유로비전 송 콘테스트의 주최측은 각각의 심사위원이 선택한 '최고의 노래'라면 1점의 추가 점수가 주어져도 마땅하다고 생각한 것 같다.

이처럼 콘테스트의 결과는 합산과정에서 추가점이 부여되는 방식에 따라 뒤바뀔 수 있다. 유로비전 송 콘테스트의 경우에는 2명의 심사위원으로부터 각각 1위와 11위로 판정된 노래는 총 13점을 얻게 되지만, 각각 2위와 10위로 판정된 노래는 총 12점을 받게 된다. 반면 쿠사누스가 원래 제안한 방식을 따른다면, 두 노래 모두 12점으로 동점이 될 것이다. 따라서 쿠사누스의 선거방식에서의 승자는 유이의 선거방식에서의 승자와 서로 다를 수 있고, 나아가 쿠사누스의 선거방식에서는 점수부여방식을 변형할 경우 전혀 다른 승자가 배출될 수도 있다.

아직 해결해야 할 문제가 하나 더 있다. 제3장에서 살펴봤듯이, 독일의 중세학자인 마르틴 호네커는 『블랑케르나』에서 제시된 선거방식에서 승점이 아닌 총 투표수가 계산되어야 한다고 잘못 해석했다. 100년 뒤 쿠사누스가 주장한 방식도 승점이 아닌 총 투표수(점수)를 합산하는 것이었다. 그렇다면 쿠사누스는 유이의 방식을 그대로 베낀 것일까? 그 또한 600년 뒤에 호네커가 그런 것처럼, 유이의 원고를 잘못 해석한 것일까? 쿠사누스도 호네커처럼 'veus'란 단어를 '승점'이 아닌 '선거인단의 표수'로 이해한 것일까? 만약 그렇다면, 일반적인 생각과는 달리, 유이는 쿠사누스가 제안한 선거방식을 훨씬 더 빨리 고안해낸 선구자이고 쿠사누스는 표절자에 불과하다. 영국의 학자 이언 맥린Iain Mclean과 존 런던John London은 전혀 그렇지 않다고 믿는다. 1990년에 발표된 〈사회선택과 복지〉 저널에서 두 학자는 쿠사누스가 『블랑케르나』를 이미 알고 있었다고 주장한다. 쿠사누스의 장서목록에 『블랑케르나』가 포함되어 있기 때문이다. 하지만 두 학자는 쿠사누스가 이 책을 잘못 해석하기는커녕 아예 읽지도 않았을 거라고 확신한다. 따라서 쿠사누스의 선거방식은 그가 독창적으로 고안해낸 것이라는 주장이다.

이번 장과 제2장의 주요 논점을 다시 한 번 정리해보자. 유이가 「인재선출방식」과 『블랑케르나』에서 제안한 선거방식에서는 모든 후보들이 양자대결을 벌였고 가장 많이 승리를 거둔 후보자가 당선됐다. 「선거의 기술」에서는 승자진출방식이 제안됐다. 1세기 후, 쿠사누스는 각각의 선거인이 모든 후보자들의 순위를 매기고, 그런 뒤에 순위에 따라 점수를 부여하는 방식을 제안했다. 그리고 가장 많은 점수를 받은 후보가 당선자가 됐다. 이미 지적한 바대로, 유이가 제안한 2가지 선거방식에는 비이행성의 문제가 있다. 쿠사누스의 방식은 순위가 한 단계 높을수록 무조건 1점을 더 부여한다는 게 문제다. 따라서 3가지 방식에서 각기 다른 당선자를 배출될 수 있는 건 당연하다.

쿠사누스 추기경이 사망한 후로, 투표와 선거이론은 이후 수백 년 동안 긴 겨울잠에 빠지게 된다. 유이와 쿠사누스의 업적은 아무도 들춰보지 않는 원고에 묻힌 채 완전히 잊혀졌다. 그러다가 투표와 선거이론은 18세기 말, 프랑스에서 다시 한 번 발전한다.

『교회 일치』

『교회 일치』에서 쿠사누스를 유명하게 만든 부분은 사실 당시 권력자들의 대단한 분노를 살 만한 내용이었다. 당시 30세였던 쿠사누스는 교회가 '콘스탄티누스 대제의 기부증서'를 위조했다는 걸 밝혀냄으로써 자신의 해박한 지식을 처음으로 세상에 알렸다. 서기 4세기에 작성된 것으로 알려진 이 증서에는 콘스탄티누스 대제^{King Constantine}(274~337년 추정)가 교회에 매우 중요하고 엄청난 기부를 했다는 주장이 실려 있다. 콘스탄티누스는 동방으로 가서 콘스탄티노플(지금의 이스탄불)을 설립하기 전에 나병에 걸렸다. 일화에 의하면, 불신자였던 콘스탄티누스는 낙심하다가 교황 실베스터^{Pope Sylvester}에게 손을 내밀었고, 의학에 대해선 문외한이었지만 신앙에 대해선 모든 것을 알고 있던 교황은 콘스탄티누스에게 기독교로 개종한다면 병이 나을 것이라고 설득했다. 콘스탄티누스는 그 말에 따라 세례를 받았고, 그러자 곧장 병이 나았다. 중요한 대목은 지금부터다. 콘스탄티누스는 감사한 마음에 자신의 황궁, 로마시, 그리고 로마 제국의 서쪽 영토를 교황에게 기부했다. 사실 콘스탄티누스는 기부하고도 남을 만큼 충분한 영토를 소유하고 있었고, 영토가 더 필요할 경우엔 언제든 다른 땅을 점령하면 그만이었다.

교회의 입장에서 보면 기부는 하늘에서 내려주신 뜻밖의 선물이었다. 당시에는 교황청을 후원하는 이들이 없었고, 교황청을 대신해서 성전을 치를 군사도 없었기에 교황은 스스로를 보살펴야 했다. 이런 상황에서 증서는 영토에 대한 교회의 소유권을 입증해주는 문서였다. '콘스탄티누스 대제의 기부증서'는 또한 당시 독일에서는 '카를 대제^{Karlder Grosse}'로 불렸던, 신성로마제국의 설립자였던 샤를마뉴^{Charlemagne}(742~814년)의 정통성이 서기 800년에 그에게 황제의 관을 씌워준 교황으로부터 부여됐다는 주장을 뒷받침하는 문서이기도 했다. 따라서 누군가가 감히 교회의 세속적 지배에 의문을 제기할 때, 증서를 쏙 꺼내 보여주면 끝이었다.

이 증서는 1433년, 독일에서 온 우리의 젊은 영웅 쿠사누스가 증서에 대해 더 깊게 살펴보기로 결심하기 전까지 교회에 아주 유용한 문서였다. 쿠사누스는 증서의 내용뿐만 아니라 증서가 작성된 당시의 다른 문헌까지 꼼꼼하게 뒤졌고, 결국 중대한 발견을 하게 된다. 증서에는 4세기에는 알려지지 않았던 사실과 비교한 내용을 비롯해, 오로지 후대의 필경사들만이 알 수 있는 정보가 포함돼 있었다. 쿠사누스는 이를 바탕으로 증서가 8세기에 작성된 가짜 문서라고 결론지었다. 실제로 콘스탄티누스와 실베스테르 교황의 일화는 쿠사누스가 지적하기 이전부터 의심받아야 마땅했다. 왜냐하면 콘스탄티누스는 나병에 걸린 적이 없으며, 더더구나 생전에 기독교인이 아니었다는 건 누구나 아는 사실이었기 때문이다. 사실 콘스탄티누스는 죽기 직전에 기독교를 받아들였다. 하지만 어찌된 영문인지 쿠사누스 이전까지 그 누구도 이 진실을 밝히려 하지 않았다.

하지만 예상과는 달리, 교회가 영향력을 더 넓히기 위해 심지어 문서까지 위조했다는 폭로가 쿠사누스의 진로를 가로막지는 않았다. 다만 7년 후, 로렌초 발라^{Lorenzo Valla}가 (보다 호전적이고 유려한 문체로) 유사한 내용을 발표하자 교회는 서서히 움직이기 시작했다. 하지만 심지어 그때조차 진실은 억압됐고, 향후 수백 년 동안 은폐되었다. 그리고 적어도 한 명이 증서의 진위성을 의심한 이유로 화형에 처해졌다. 쿠사누스는 운 좋게도 모든 처벌을 피했고, 오히려 교회의 문서위조를 폭로함으로써 위대한 학자의 반열에 들게 된다.

Chapter 5

투표제도의 모순을 지적한 수학자
장 - 샤를 보르다

- 순위를 매기는 투표방식 '보르다 투표법'

18세기는 구세계와 신세계를 모두 통틀어 계몽의 시대였다. 프랑스, 미국, 폴란드는 헌법을 제정했고, 많은 국가의 국민들이 평등권을 요구하고, 인권을 고민하며, 사회질서를 수립하기 위해 혁명을 일으켰다. 또한 더 나은 정부에 대한 요구도 생겨나면서, 고위관료를 선출하는 방식도 다시 중요성을 띠게 되었다. 이런 분위기에서 2명의 탁월한 프랑스 사상가가 모습을 드러내게 된다. 그중 한 명은 지상전과 해전에서 수많은 공훈을 세운 장교였던 장-샤를 드 보르다^{Jean-Charles de Borda}였고, 다른 한 명은 귀족이었던 콩도르세 후작이었다. 프랑스혁명 당시에 파리에 거주하던 저명한 과학자이기도 했던 둘은 대단히 놀라운 일을 벌이게 된다. 수백 년 전에 유이와 쿠사누스가 제안했던 선거방식을 새롭게 재창조해낸 것이다. 사실 둘의 업적은 그보다 더 위대했다고 할 수 있는데, 바로 선거방식에 적절한 수학적 근거를 덧댄 것이다. 다른 여러 주제에 대해서 상반된 의견을 지녔던 둘은 투표와 선거이론에 대해서도 활발한 논쟁을 벌였다.

　1733년, 장-샤를 드 보르다는 16명 중 열 번째 아이로 태어났다. 아버지 장-앙투안 드 보르다^{Jean-Antoine de Borda}와 어머니 마리테레즈 드 라 크루아^{Marie-thérèse de la Croix}는 프랑스 귀족 집안 출신이었다. 장-샤를 보르다는 일찍부터 수학과 과학에 큰 관심을 보였고, 그의 사촌이었던 자크-프랑수아 드 보르다^{Jacques-François de Borda}는 당시의 일류 수학자들과 친분이 있었기에 후에 장-샤를 보르다의 진로를 수학과 과학의 길로 이끌게 된다. 자크-프랑수아는 어린 보르다를 일곱 살이 되기 전까지 가르쳤다. 보르다는 일곱 살이 되자 성바오로수도사학교에 입학했지만 그곳에서 가르치는 교과목은 대체로 라틴어와 그리스어로 국한됐다.

　4년 뒤, 또 다시 자크-프랑수아가 나서서 보르다의 아버지를 설득했고, 보르다는 귀족 자제들이 교육을 받는 라플레슈예수회학교^{the Jesuit college of La Flèche}에 입학하면서부터 비로소 수학과 과학에 대한 체계적인 기초교육을 받게 된다. 보르다의 성적은 평균을 훨씬 상회했고, 졸업할 무렵이 되자 예수회학교 스승들은 열다섯 살의 보르다에게 예수회에 가입하라고 권했다. 하지만 보르다는 종교에는 전혀 관심이 없었고 가문의 전통을 이어 군인이 되고 싶었다. 당시 프랑스 군대는 용감한 병사들뿐만 아니라 지식인에게도 좋은 진로였다. 보르다의 아버지는 아들이 관리가 되길 내심 바랐지만 아들의 뜻대로 군인이 되는 걸 허락했다. 그렇게 군대 수학자로서의 삶이 시작된다.

　보르다가 스무 살에 처음으로 쓴 기하학에 관한 수학논문은 당시 파리에 거주하던 저명한 과학자였던 장 르 롱 달랑베르^{Jean Le Rond d'Alembert}의 관심을 끌게 된다. 그로부터 3년 뒤, 기마병에 소속되어 포탄의 낙하경로를 연구하던 보르다는 프랑스과학아카데미에 자신의 포물체 이론을 소개했고 아카데미 회원들은 보르다를 회원으로 받아들였다.

하지만 여전히 보르다의 꿈은 군대에 있었으므로 이 젊은 장교는 차근차근 진급한다. 1757년에 보르다는 마유부아 원수의 부관으로 하스텐베크 전투에 참가했고, 전쟁에서 프랑스군은 컴벌랜드 공작이 이끄는 군대를 물리쳤다. 하지만 그 무렵쯤 보르다는 말을 타는 데 싫증을 느껴 기마대 대신 해군에서 복무하기로 결심했다. 보르다는 2년이 걸리는 해군 의무교육 기간을 1년 만에 마치면서 건함과 유체이론 연구에 집중했다. 해군은 이른바 '육지생물체'였던 보르다가 갑자기 끈끈한 해군조직 내에 끼어든 것을 고운 시선으로 보지 않았다. 하지만 보르다는 학문적 성과를 통해 자신의 가치를 입증했다.

보르다는 뉴턴의 유체이론을 예로 들어서 앞부분이 둥그런 구 모양의 몸체가 동일한 지름의 원통형 몸체에 비해 기류로 인한 저항이 절반이며, 저항은 속도의 제곱으로 증가한다는 걸 증명했다. 구 모양의 몸체가 공기저항에 더 유리하다는 점을 주장함으로써, 보르다는 잠수함과 항공기 설계의 초기 선구자가 된다. 나아가 구 모양의 몸체는 적어도 초음속 항공기의 경우에는 끝이 뾰족한 기체모양이 가장 효율적이라는 사실이 입증되기 전까지 상당 기간 동안 수중항해와 공중비행에서 보편적인 이론으로 통했다.

젊은 보르다 장교는 또한 펌프나 물레바퀴 같은 보다 일상적인 도구를 연구하기도 했다. 보르다는 일생에 걸쳐 수많은 항해, 전투, 모험, 과학탐사에 참여했다. 보르다의 일생 중에서 여러 다른 재미난 활약은 별첨에서 다루기로 하고, 지금부터는 선거이론 분야에서 보르다가 남긴 업적을 살펴보도록 하자.

보르다는 자신의 귀족 친구들과 동료 장교들의 목숨을 수없이 앗아가고, 과학실을 황폐화시킨 프랑스혁명에서 무사히 살아남았다. 그는 어떤 정치활동에도 참여하지 않은 채, 프랑스 남서부의 닥스라는 마을에 있던 가족별장에서(1793년 9월부터 1794년 7월까지) 11개월간의 공포 정치 시대를 숨죽인 채 보냈다. 그 후로 오랫동안 병으로 앓다가 1799년에 숨을 거두게 된다. 몽마르트르 언덕 밑에서 열린 장례식에는 세계적으로 명성이 자자한 많은 과학자들이 참석했다. 보르다는 실험 물리학, 공학, 측지학, 지도학 등 다양한 분야에서 많은 업적을 남겼다.

보르다가 프랑스혁명 당시에 아무런 정치적 입장을 취하지 않았다고 해서 결코 정치적 절차에 전혀 관심이 없었던 건 아니다. 사실 그가 연구했던 분야 중 하나가 투표에 대한 이론이었다는 점은 당시의 정치시대상을 반영한다고 할 수 있다. 프랑스혁명이 발발하기 전인 1770년에 이미 보르다는 프랑스과학아카데미 회원들 앞에서 공정한 선거방식에 대한 자신의 이론을 강연한 적이 있었다. 하지만 당시 군대 업무로 바빴던 보르다는 그 이론을 논문으로 발표하지는 않았다. 그로부터 11년이 지난 1781년이 돼서야 비로소 「투표를 통한 선거에 대한 소론^{Mémoire sur les élections au scrutin}」을 작성했고, 이 논문은 3년 뒤 「왕립과학아카데미의 역사^{Histoire de l'académie royale des sciences}」를 통해 발표됐다. 보르다의 논문에 대한 서문을 쓴, 이름을 밝히지 않은 토론자는 논문에 대해 격찬했다. 실제로 서문은 선거방식의 불합리성에 대한 보르다의 관찰이 매우 흥미롭고 독창적이라는 말로 끝을 맺는다(오늘날 학자들은 이 토론자가 다음 장에 등장할 주인공인 콩도르세 후작인 것으로 추측한다).

보르다는 논문에서 다수결로 관리를 선출하는 기존의 보편적인 방식에 대해 분석했다. 당시 대부분의 사람들은 다수결이 관리를 선출하는 데 있어서 공정하고도 옳은 방법이라고 여겼다. 하지만 정말 그럴까? 다수결에 의한 결정은 무조건 받아들여야 할까? 보르다는 이 투표를 통한 선거에 대한 가장 기본적이고 보편적인 생각, 다시 말해 다수결은 선거인단의 뜻을 반영한다는 통념을 깊게 파고든다.

이런 통념은 언뜻 보기에 맞는 것처럼 보였고, 이전까지 아무도 그에 대해 반박하지 않았다. 모든 사람들은 가장 많은 표를 받은 후보자가 당연히 다른 모든 후보들보다 유권자들이 더 선호하는 후보자라고 여겼다. 따라서 보르다가 실제로는 종종 그렇지 않다는 걸 입증했을 때, 많은 사람들은 놀랄 수밖에 없었다. 실제로 보르다는 다수결에 의한 선출방식이 오로지 2명의 후보자만이 출마했을 때에만 옳으며, 3명이나 더 많은 후보자들이 출마할 경우에는 다수결이 잘못된 결과를 가져올 수 있다고 주장했다. 보르다는 자신의 주장을 뒷받침하기 위해 역설적인 상황을 예로 들었다. 결코 억지스럽지 않으며 일상에서 쉽게 발생할 수 있는 상황이었다.

보르다가 제시한 예를 구체적으로 설명하기 위해 고등학교에서 반장선거를 한다고 가정해보자. 한 반의 학생수는 24명이다. 피터, 폴, 메리가 반장으로 출마했고, 나머지 21명은 세 후보자들 중에서 한 명을 반장으로 뽑아야 한다. 당연히 반장선거는 고대부터 이어져 내려오는 전통적인 방식인 다수결로 진행된다. 21명의 학생들은 자신이 선호하는 후보의 이름을 종이에 적어 투표함에 넣는다. 개표해 보니 8명은 피터에게, 7명은 폴에게, 그리고 남은 6명은 메리에게 표를 던졌다. 피터는 입이 째져라 웃으면서 자신을 뽑아줘서 고맙다는 당선 사례를 하고, 그 사이 메리는 표를 적게 받은 것에 실망한 나머지 울

먼서 교실 밖으로 뛰쳐나간다. 하지만 과연 21명 유권자의 민심은 선거결과에 제대로 반영될 것일까?

자, 이쯤에서 3명의 후보자에 대해 의사를 표시한 유권자들을 대상으로 여론조사를 실시해보자. 그랬더니 분명한 사실이 드러났다. 피터를 가장 선호했던 8명의 학생들은 메리를 그다음으로 선호했고, 폴을 가장 선호하지 않았다. 폴에게 표를 던진 7명은 마찬가지로 메리를 그다음으로 선호했고, 반면 피터는 선호하지 않았다. 마지막으로, 메리를 지지한 6명은 피터보다 폴을 더 선호했다. 유권자들의 선호도를 정리하면 다음과 같다(선호도가 더 높은 경우는 '>' 기호로 표시했다).

> 8명의 유권자: 피터 > 메리 > 폴
>
> 7명의 유권자: 폴 > 메리 > 피터
>
> 6명의 유권자: 메리 > 폴 > 피터

선호도를 자세히 들여다보면, 라몬 유이가 제안한 양자대결방식(제3장 참조)으로 선거를 치렀을 경우, 메리와 폴은 13표를 받아 8표를 받은 피터를 이겼을 것이다(그 이유는 양자대결에서는 표의 둘째 줄에 해당되는 7명의 유권자와 셋째 줄에 해당되는 6명의 유권자는 피터보다는 폴과 메리에게 표를 던졌을 것이기 때문이다). 따라서 다수결에서는 승리했던 피터는 막상 양자대결방식일 경우에는 경선에서 탈락하게 된다. 그러면 이제 남은 후보는 메리와 폴뿐이다. 메리와 폴에 대한 유권자들의 선호도를 살펴보면, 14명의 동급생(첫째 줄과 셋째 줄에 해당되는 유권자들)은 메리를 지지하고, 오직 7명(둘째 줄에 해당되는 유권자들)만이 폴을 지지한다는 걸 알 수 있다. 이렇듯 양자대결방식에서는 선거결과가 뒤집혀진다. 즉 메리가 당선자가 되고, 울면서 교실 밖으로 뛰쳐나가는 건 피터가 되는 것이다. 다시 말해, 양자대결의 경우에는 다수결의 결과와 정반대인 결과가 도출된다.

이런 역설적인 상황이 도출되는 이유를 간단하게 설명하자면 이렇다. 피터를 후보 중에서 최하위라고 여기는 13명 유권자들의 수가 피터를 지지한 8명 유권자들의 수를 충분히 상쇄하고도 남기 때문이다. 이런 역설은 수백 년 동안 아무도 눈치채지 못한 채로 지속돼왔는데, 그 이유는 선거가 끝난 후에 선거에서 패배한 후보자들에 대한 유권자들의 선호도를 비교할 생각을 아무도 안 했기 때문이다. 이 역설에 대해선 다음 장에서 좀 더 자세히 설명하겠다.

보르다는 단 한 편의 논문으로 수백 년간 이어져 내려온 다수결 선거방식에 의문을 제기했다. 그는 예시를 통해 유권자들이 보다 선견지명을 지니고 1등으로 당선된 후보 이외에도 다른 후보들에 대한 선호도까지 모두 고려해서 투표를 한다면 전혀 다른 선거결과가 나올 수 있다는 걸 입증했다. 보르다는 이런 상황을 3명의 운동선수가 타이틀을 걸고 시합을 하는 것에 비유했다. 만약 2명의 선수가 첫 대결을 펼쳐서 둘 중 이긴 선수가 세 번째 선수와 맞붙는다면, 이미 시합을 한 번 치러서 힘이 소진한 선수는 훨씬 약한 세 번째 선수에게 오히려 패할 수도 있다.

해군장교 보르다는 오래된 선거방식의 문제점을 지적하는 것에 머무르지 않고, 한 발 더 나아가 그에 대한 해결책을 제시했다. 그는 이 해결책을 '순위를 매기는 선거방식Élection par ordre de mérute'이라고 명명했다. 그리고 이 해결책이 발표되자, 18세기의 뛰어난 두 프랑스 지성 간에 격렬한 논쟁이 벌어지게 된다.

보르다가 제안한 선거방식에서 모든 유권자는 투표용지에 가장 선호하는 후보자부터 가장 선호하지 않는 후보자까지 순서대로 적어 내려감으로써 모든 후보자들의 순위를 매긴다. 예를 들자면, 피터의 이름이 맨 위에 올라가고, 그다음에는 폴, 맨 아래에는 메리의 이름을 적는 식이다. 보르다는 순위에 따라 1점씩 가점을 주는 걸 제안했다. 따라서 맨 아래에 이름이 적힌 메리에게는 1점, 폴에게는 2점, 맨 위에 있는 피터에게는 3점이 부여된다. 만약 후보자의 수가 더 많다면, 순위가 높을수록 더 많은 가점을 받는다. 따라서 후보자가 8명일 경우, 맨 위에 이름이 적힌 후보자는 8점, 맨 아래 이름이 적힌 후보자는 1점을 받는다.

하지만 순위에 따라 가점을 부여하는 방식에는 한 가지 가정이 전제되어야 한다. 보르다는 유권자들이 폴보다 피터를 후보로 더 선호하는 정도가, 메리보다 폴을 후보로 더 선호하는 정도와 차이가 없다고 주장했다. 보르다는 이 가정이 옳다는 점을 입증하기 위해 사족을 달았다. 맨 가운데에 이름이 적힌 폴에 대한 유권자의 선호도가 메리보다는 피터 쪽에 가깝다고 생각해야 할 구체적인 근거가 없으니, 그냥 폴의 이름을 피터와 메리 사이에 배치하는 게 맞다는 주장이었다. 따라서 보르다의 주장대로 순위 간에 선호도 차이가 동일하다면, 굳이 순위별로 가점을 1점이 아닌 2점씩 부여해도 상관없었다. 물론 많은 사람들이 이 가정에 동의하지 않을 것이다. 왜냐하면 유권자가 특정 후보자를 다른 후보자보다 더 선호하는 정도는 후보마다 차이가 있기 때문이다.

자, 이쯤에서 논의를 좀 더 발전시켜 보자. 앞에서 예로 든 반장선거에서 피터는 8명의 유권자로부터 1등 순위를 받았고, 13명의 유권자로부터는 꼴찌 순위를 받았다. 따라서 보르다가 제안한 방식으로 가점을 계산한다면, 피터의 총점은 37점이다[(8×3)+(13×1)]. 폴의 총점은 41점[(8×1)+(7×3)+(6×2)]이며, 메리의 총점은 48점[(8×2)+(7×2)+(6×3)]이다. 이쯤 되면 메리가 당선되어야 하는 이유가 명확해진다. 그건 그렇고, 이런 식으로 가점을 합산하는 데에도 하나의 가정이 전제된다. 바로 모든 유권자들이 동등하다는 것이다. 즉 유권자들의 선택이 동등하다고 여겨질 때에만 각기 다른 유권자들에 의해 부여된 가점 또한 가치가 동등하고, 따라서 합산될 수 있기 때문이다(아마 이 가정에도 동의하지 않는 사람들이 많을 것이다. 왜냐하면 내가 특정 후보에게 준 가점은 당신이 그 후보에게 준 가점과 반드시 가치 측면에서 똑같다고 볼 수 없기 때문이다).

눈치 빠른 독자라면 이미 보르다의 가점합산방식에서 앞 장에서 소개한 쿠사누스 추기경의 방식을 떠올렸을 것이다. 사실 이 해군장교는 쿠사누스 추기경에 대해 알지 못했다. 실제로 쿠사누스 추기경이 제안한 교황과 황제 선출방식은 보르다가 활동하던 시기에는 거의 알려지지 않았고, 20세기 말이 돼서야 비로소 재조명됐다. 만약 보르다가 자신보다 앞서 쿠사누스가 동일한 선거방식을 제안했다는 사실을 알았더라면 아마도 더 나은 방식을 제안했을 것이다. 아무튼 쿠사누스는 순위가 15위에서 14위로 상승하든, 아니면 2위에서 1위로 상승하든 간에 무조건 순위가 한 단계 높아지면 1점을 더 부과하는 게 당연하다고 여긴 반면, 보르다는 이런 가정이 전제된다는 점을 공개적으로 언급했고, 나아가 그 가정의 근거를 제시하려 했다. 물론 그 근거가 사족이긴 해도 아무튼 그 시도는 인정받을 만하다. 추기경과 해군장교가 공통으로 주장한 선거방식, 다시 말해 유권자가 매긴 순위에 따라 점수나 가점을 부여해서 당선자를 선출하는 방식은 오늘날 '보르다 투표법'으로 잘 알려져 있다.

순위의 높고 낮음을 막론하고 순위 간의 차이가 동일하다는 보르다와 쿠사누스의 전제는 사실 매우 중대한 의미를 지닌다. 이런 전제가 존재하지 않는다면, 다양하게 변형된 방식이 고안될 수 있기 때문이다. 제4장에서 언급했던 유로비전 송 콘테스트가 그 예다. 이 경우에 최악의 노래에는 가점이 전혀 부여되지 않는다. 하지만 11위를 한 곡에는 1점이 부여되고, 이런 식으로 순위가 한 단계 상승할 때마다 1점씩 추가되어 2위를 한 곡에는 10점이 주어진다. 그리고 마지막으로 1위를 한 최고의 노래에는 12점의 가점이 부여된다. 이처럼 여러 다양한 방식이 가능하며, 그에 따라 승자도 달라질 수 있다.

보르다는 '순위를 매기는 선거방식'을 소개한 뒤 이번에는 어떤 경우에 자신의 선거방식과 다수결에 의한 선거방식이 동일한 당선자를 배출하는지에 대해 분석했다. 즉 기존의 다수결 표결에서 얼마나 많은 표를 얻어야 보르다 투표법에서도 마찬가지로 1등을 할 수 있을까? 피터는 a라는 유권자 집단에서 1위를 차지했고, 메리는 b라는 유권자 집단에서 1위를 차지했다고 가정해보자. 보르다는 먼저 피터의 입장에서 최악의 시나리오를 관찰한다. 최악의 시나리오는 피터를 지지하는 a집단 모두가 메리를 피터 다음으로 지지하는 반면, 메리를 지지하는 b집단 모두가 피터를 꼴찌로 지지할 경우에 발생한다.

> a 유권자 집단: 피터 > 메리 > 폴
> b 유권자 집단: 메리 > 폴 > 피터

이 시나리오에서 피터는 자신의 지지자들로부터 $3a(=3 \times a)$가점을 획득하고, 자신을 최하위 순위에 올려놓은 메리의 지지자들로부터는 b(=1×b) 가점을 획득한다. 메리의 경우에는 자신의 지지자들로부터 3b(=3×b) 가점을 획득하고, 자신을 2위에 올려놓은 피터의 지지자들로부터는 2a(=2×a) 가점을 획득한다. 보르다 투표법에서 피터가 당선되려면 피터의 가점인 (3a+b)는 메리의 가점인 (3b+2a)보다 무조건 더 커야 한다. 여기서 a+b=n이면, n은 전체 유권자수가 된다. 간단한 연산을 해보면, 피터가 다수결 투표에서 적어도 3분의 2가 넘는 표수를 받아야만 보르다 투표법에 의한 선거방식에서 마찬가지로 승리할 수 있다는 결론이 도출된다.

보다 일반적으로 말하자면, 만약 후보자 수가 n명일 경우, 다수결 선거방식에서 승리한 당선자가 보르다 투표법에서도 승리하려면, 후보자는 다수결 선거방식에서 적어도 1−1/n 이상의 표를 획득해야만 한다(이 간단한 결론이 도출되는 과정은 이번 장 끝에 설명하겠다). 따라서 이 공식에 의할 경우, 후보가 딱 2명이라면 다수결 선거방식에서 최소한 절반 이상의 표만 획득하면, 다시 말해 문자 그대로 다수결 조건을 충족하면, 보르다 투표법에서도 승리할 수 있는 셈이다.

여기까지는 상식적인 범주에서 이해가 된다. 하지만 후보자가 5명이라면? 이럴 경우, 다수결 선거방식의 당선자가 보르다 투표법에서도 당선자가 되려면 다수결 선거에서 5분의 4, 즉 80%의 표를 받아야 한다. 사실 80%의 지지를 요구하는 건 너무 지나치다. 다만 앞에서 예로 든 최악의 시나리오는 자주 일어나지 않기에 이보다 훨씬 적은 지지로도 2가지 선거방식에서 모두 당선될 수 있는 경우가 대부분이다.

후보자수가 유권자수보다 많은 경우도 매우 흥미롭다. 후보자가 1−1/n의 문턱을 넘는 표수를 확보하려면, 적어도 n명의 유권자가 필요하다. 만약 유권자수가 n보다 작으면 유권자의 만장일치가 요구된다(예를 들어, 후보는 6명인데, 유권자수는 5명뿐이라면, 당선자는 적어도 6분의 5에 달하는 표수를 확보해야 한다. 즉 5표 모두를 획득해야 한다는 말이다).

보르다 투표법에도 문제는 있다. 일부는 사소하지만 일부는 중대한 문제다. 사소한 문제 중 하나는 무승부가 나올 수 있다는 점이다. 보르다는 만약 2명의 후보가 동점을 이룰 경우 어떻게 해야 하는지에 대해선 언급하지 않았다. 물론 만약 이런 상황이 일어난다면, 보르다 또한 2명의 후보를 두고 2차 투표를 제안했을 것이다. 만약 3명 이상의 후보자가 동점이라면? 이럴 경우 순위에 따라 2차 투표가 진행될 것이다. 만약 유권자가 2명 이상의 후보에 대해 별다른 차이를 느끼지 못해 순위를 매기지 못한다면? 예를 들어, 5명의 후보가 있는데, 유권자가 1위와 2위는 결정했지만 나머지 세 후보에 대해선 우열을 가리지 못해 순위를 매기지 못한다면 어떻게 해야 할까? 이럴 경우, 3명의 후보는 모두 3점을 받아야 할까, 아니면 1점을 받아야 할까? 또는 3점과 1점 사이의 점수를 부여해야 할까?

이보다 더 중대한 문제는, 역설적으로 보르다 투표법에 의해 당선된 후보자가 유권자들 중에서 아무도 1위로 뽑지 않은 후보일 수 있다는 점이다. 사실 보르다 투표법에서 모든 유권자들로부터 2위로 선정된 후보가 당선자가 되는 사례는 쉽게 가정해볼 수 있다. 예를 들어보자.

11명의 유권자: 폴 > 메리 > 존 > 피터

10명의 유권자: 피터 > 메리 > 존 > 폴

9명의 유권자: 존 > 메리 > 피터 > 폴

이럴 경우, 폴은 총 63점[(11×4)+(19×1)], 피터는 68점[(11×1)+(10×4)+(9×2)], 존은 78점[(21×2)+(9×4)]을 받게 되고, 유권자들이 가장 좋아하지도 싫어하지도 않는 메리는 90점(30×3)을 받고 당선되게 된다. 가점에 따른 순위는 '메리 > 존 > 피터 > 폴'이 된다. 참고로 만약 이게 보르다 투표법이 아닌 다수결 선거방식이었다면, 순위는 '폴(11표) > 피터(10표) > 존(9표) > 메리(0표)'가 됐을 것이다. 즉 보르다 투표법과는 정반대의 결과가 나오게 된다.

보르다 투표법에서 또 다른 역설적인 상황이 발생하는 때는 누가 보더라도 열등한 후보가 갑자기 출마하는 경우다. 이 열등한 후보가 모든 유권자들의 순위에서 최하위를 차지한다고 할지라도, 그의 출마는 선거결과에 결코 무시할 수 없는 영향을 끼칠 수 있다. 다시 말해, 1등 후보의 총점이 달라짐으로써 다른 후보가 승리하게 되는 것이다. 예를 들어, 유권자 100명 중에서 51명은 프레드보다는 진저를 지지하고, 49명은 진저보다는 프레드를 지지했다고 가정해보자.

    51명의 유권자: 진저 > 프레드
    49명의 유권자: 프레드 > 진저

보르다 투표법에 의하면 진저는 151점[(51×2)+(49×1)]을 획득함으로써 149점[(51×1)+(49×2)]을 얻은 프레드를 제치고 당선될 수 있다. 그런데 이때 갑자기 또 다른 후보인 보거스가 등장한다. 보거스를 좋아하는 유권자는 아무도 없지만, 어찌된 영문인지 보거스가 출마하자 프레드를 지지하던 유권자 중에서 3명이 마음을 바꿔 진저를 보거스보다 더 낮은 순위에 올려놓는다.

51명의 유권자:　진저 > 프레드 > 보거스

46명의 유권자:　프레드 > 진저 > 보거스

3명의 유권자:　프레드 > 보거스 > 진저

이렇게 되자, 진저는 256점을, 프레드는 249점을, 보거스는 102점을 획득하게 되고, 결국 보거스의 출마로 인해 프레드가 당선된다.

따라서 보르다 투표법에서는 허수아비 후보를 출마시킴으로써 당선자를 바꿀 수 있다. 만약 후보자가 중간에 사퇴하거나, 이런 일이 일어나선 안 되겠지만, 투표를 앞두고 후보자가 죽을 경우에도 같은 결과가 초래될 수 있다. 하지만 보르다 투표법에서 가장 큰 문제는 이른바 전략적 투표^{strategic voting}을 통해 선거결과가 조작될 수 있다는 점이다. 사실 플리니우스가 고민했던 문제도 바로 이 부분이다(제2장 참조). 전략적 투표에 대해선 제12장에서 더 자세하게 설명하겠다.

보르다가 제안한 선거방식은 파리의 지식인들 사이에서 크게 화제가 됐고 문제점 또한 지적됐다. 그리고 이쯤에 선거이론의 또 다른 권위자가 등장한다. 그의 이름은 마리-장-앙투안 니콜라스 드 카리타 ^{Marie-Jean-Antoine Nicolas de Caritat}였으니, 다름 아닌 콩도르세 후작이다.

장-샤를 드 보르다

　보르다는 여러 차례 대서양을 넘나들면서 항해용 시계를 실험하고, 선박이 위치한 경도를 계산하는 임무를 맡았다. 18세기 말 무렵, 이 2가지는 항해에 매우 중요한 요소였다. 사실 선박이 위치한 위도, 즉 적도를 기준으로 북쪽이나 남쪽으로 얼마나 떨어져 있는지는 육분의나 팔분의를 사용하면 상대적으로 쉽게 알아낼 수 있었다. 육분의나 팔분의는 지구의 자전에 영향을 받지 않았기에, 선박의 위도는 정오에 수평선을 기준으로 태양이 위치한 각도를 재는 식으로 측정했다. 반면에 경도는 지구 자전의 영향을 받았다. 따라서 선박이 동쪽과 서쪽으로 위치한 지점을 계산해내기란 쉽지 않았다. 선박이 위치한 경도를 알아내려면, 선박이 지구의 어느 지점에 위치했는지와는 상관없이 기준점의 지역시간을 보여주는 정확한 시계가 필요했다. 그런 뒤 기준점 시간을 현재 위치의 시간과 비교하면 배의 경도를 계산할 수 있었다. 예를 들어, 현재 위치에서 해가 정오의 위치에 있고 르아브르에 맞춰져 있는 시계가 2시를 가리킨다면, 항해사는 선박이 르아브르 항에서 서쪽으로 2시간, 또는 30도에 위치해 있다는 걸 알 수 있었다[24시간은 전원(全圓), 즉 360도에 해당한다. 따라서 1시간은 15도에 해당되며, 적도를 기준으로 할 때 거리로는 1,600킬로미터에 해당된다]. 경도와 위도를 모두 계산하고 나면, 지구상에 선박이 위치한 정확한 지점을 알 수 있다. 다만 시계의 움직임은 매우 정밀해야 했다. 기준점 시각과 단

5분만 어긋나더라도, 동쪽이나 서쪽으로 거의 140킬로미터에 달하는 위치의 오류가 발생할 수 있기 때문이다. 따라서 선장에게 정확한 시계가 있다면, 항해에서 일어나는 많은 사고를 피할 수 있었다.

당연히 추시계는 항해할 때에는 전혀 쓸모가 없었다. 추시계는 어디까지나 고정된 벽에 걸어놓기 위한 것이지, 결코 거친 풍랑에 크게 요동치는 선박에 걸어놓기 위한 것은 아니었다. 여러 국가의 시계공들은 극한의 환경 속에서도 제대로 기능하는 시계를 개발하기 위해 애썼지만 모두 실패했다. 그러던 중 스위스 시계공인 페르디낭 베르투 Ferdinand Berthoud 가 늘 똑같은 속도로 감겼다가 풀어지는 용수철을 이용해서 시계에 쓰이는 등시성 평형바퀴를 발명하게 된다. 덕분에 이 시계는 거친 파도를 항해하면서 요동치는 배에서도 정확한 시간을 유지할 수 있었다. 첫 실험에서 시계는 10주 동안 지속적으로 작동하면서도 오차가 채 1분도 발생하지 않았다. 베르투의 시계를 더 시험하기 위해, 루이 15세는 원정을 명령했다. 보르다는 '플로르' 호의 실험담당 과학자로 임명됐다. 원정실험의 결과는 모든 이들의 예상을 뛰어넘을 만큼 성공적이었다. 보르다와 선장은 원정에서 돌아온 후 보고서를 제출했는데, 제목은 '왕의 명령에 따라 대양에서 페르디낭 베르투의 시계를 시험하기 위해 1768년부터 1769년까지 세계 여러 곳을 항해한 여정'이었다. 보고서는 프랑스과학아카데미에서 발표됐고, 큰 찬사를 받았다. 베르투는 궁정 시계공으로 임명됐고 1만 프랑의 연금을 하사받았다.

미국 독립전쟁 동안 보르다는 선장으로 승진해서 해군함의 지휘를 맡았고, '세느' 호를 타고 카리브 해와 미국 해변을 따라 항해하면서 전적을 쌓았다. 1782년, 세인트 해전에서는 총 6척의 배를 지휘했다.

하지만 이를 마지막으로 보르다의 군인생활은 끝나게 된다. 해전에서 영국군은 생각보다 훨씬 강했고, 여러 시간에 걸친 전투 끝에 보르다의 군함은 부서졌고, 선원 또한 상당수가 목숨을 잃었으며, 보르다는 포로로 붙잡혔다. 그러나 운이 좋았다. 포로생활은 그다지 가혹하지 않았고 오래 지속되지도 않았다. 보르다는 포로에서 석방된 뒤 프랑스로 돌아와 프랑스해군공학학교의 책임자로 임명됐다.

당시 50세였던 보르다가 과학자로서 두 번째 인생을 시작하게 된 것도 이때였다. 그리고 보르다는 군대에서 이룬 업적보다 과학자로서 더 많은 업적을 남겼고 그 결과 역사에 영원히 이름을 남기게 된다. 당시 프랑스에서는 대단한 혼란이 벌어지고 있었다. 모든 지역과 모든 마을에서 상인, 무역인, 가게 주인 들이 전혀 다른 질량단위와 측정단위를 사용하고 있었던 것이다. 심지어 서로 다른 단위인데도 단위의 명칭은 같은 경우도 있었다. 단위의 혼동 때문에 상업활동은 매우 심각한 혼란을 겪었다. 그리고 1790년에 루이 16세는 측정단위를 통일하기 위한 위원회를 구성했다. 그로부터 반 년 뒤, 위원회는 시계추를 기반으로 길이단위를 통일하자는 잠정적인 결론을 도출해서 보고했다. 한 번 왕복하는 데 정확히 1초가 걸리는 시계추의 길이를 길이의 기준단위로 정하자는 제안이었다. 이 방식은 영국과 미국에서 수용할 가능성이 높았고, 따라서 프랑스 과학자들은 자신들이 제안한 측정단위가 국제적인 합의를 이끌어낼 수 있다는 생각에 꽤나 들떴다. 위원회의 제안은 국회에 제출됐고, 다시 농업 및 경제위원회로 전달됐으며, 그다음에는 루이 16세에게 보고된 후, 다시 과학아카데미로 보내졌다. 그리고 과학아카데미는 이 사안을 더 깊게 조사하기 위해 위원회를 구성했다. 위원회가 구성되자 일에 박차가 가해졌다. 위원회에는 당시 파리에서 가장 유명한 과학자들이 엄선됐다. 조제프 루이 라그랑주Joseph Louis Lagrange, 피에르시몽 라플라스Pierre Simon Laplace, 가스파르 몽주Gaspard Monge는 당시 가장 뛰어난 수학자들이었고, 위대한 화학자 앙투안 라부아지에Antoine Lavoisier, 그리고 수학자이자 정치가이면서 경제학자였고, 다음 장에서 살펴볼 콩도르세 후작도 위원회에 선발됐다. 보르다는 위원회의 수장으로 임명됐다.

위원회는 시계추를 이용한 단위에 몇 가지 문제가 있다는 걸 알아냈다. 일단 한 단위(길이)를 설정하면서 다른 단위(시간)에 의존한다는 게 적절한 방법이 아니라고 생각했다. 특히나 하루를 8만 6,400초로 분할한 건 어디까지나 인위적인 것이었고, 따라서 언제든 그 단위가 바뀔 수 있었다. 실제로 보르다는 하루를 10시간씩 시간당 100분으로, 그리고 1분은 100초로 나누자고 주장한 적도 있었다. 두 번째 문제점은 보다 심각했다. 지구는 극지점이 평평했기에 시계추의 움직임에 영향을 미치는 중력상수 또한 모든 곳에서 같지 않았다. 따라서 한 번 왕복하는 데 정확히 1초의 속도가 걸리는 시계추의 길이는 지역마다 다를 수 있었다. 물론 특정지역을 정해두고 그곳에서 왕복운동에 1초가 걸리는 시계추의 길이를 전 세계적인 기준으로 삼을 수도 있었지만, 이럴 경우 여러 국가들이 국가적 자부심 때문에라도 새로운 길이 측정단위를 받아들이지 않을 가능성이 높았다. 시계추 방식의 또 다른 문제점은 왕복운동 시간을 도출하는 공식에서 시간이 제곱으로 표시되어야 했다는 점이었다. 하지만 위원회는 가급적이면 모든 단위가 단순한 1차방정식으로 정리되길 원했다.

어쩔 수 없이 위원회는 새로운 해결책을 찾아내야 했다. 위원회는 1790년 10월에 처음으로 발표한 보고서에서 화폐, 질량, 길이의 측정단위를 십진법으로 나누기로 결정했다. 사실 단위를 더 세분하게 나누는 건 중요한 사안은 아니었지만 위원회는 새로운 해결책을 찾기 위해선 이 부분이 매우 중요하다고 여겼다. 왜냐하면 숫자를 셀 때 열 손가락을 사용하는 게 너무나 편리하기 때문이었다. 1791년 3월에 발표된 후속 보고서에서 위원회는 길이의 단위를 자오선의 4분의 1을 다시 1,000만으로 나눈 길이로 정의했다. 즉 그 길이는 북극에서 적도까지의 거리의 0.0000001에 해당했다. 따라서 이제 남은 건 자오선의 길이를 재는 것뿐이었다.

하지만 자오선의 길이를 측정하는 것은 매우 어려운 일이었다. 18세기 말에 지구의 길이를 잰다는 건 오늘날 우주정거장을 건설하는 것만큼이나 어려웠다. 하지만 프랑스 과학자들은 결코 쉽게 포기하는 이들이 아니었기에 아랑곳하지 않고 이 일에 착수했다. 보르다는 이 엄청난 작업을 해내기 위해 이전에는 없었던, 매우 세밀하게 각도를 측정할 수 있는 기구를 발명했다. 이 기구를 이용하면 지형을 삼각측량할 수 있었고, 그런 뒤 삼각법을 통해 거리를 계산할 수 있었다. 하지만 이쯤에서 위원회는 또 다른 문제에 봉착하게 된다. 바로 북극에서 특정 지점까지 거리를 측량한 적은커녕, 심지어 북극에 가본 사람도 없었다는 점이었다. 위원회는 결국 됭케르크^{Dunkirk}에서 바르셀로나의 거리를 대신 측정해서 이 문제를 해결하기로 결정했다. 이 두 지역 간의 거리를 측정한 뒤 두 지역의 위도를 알아내고, 그런 다음 지구가 북극에서 평평하다는 점을 감안한다면 자온선의 4분의 1에 해당하는 길이를 계산해낼 수 있었다.

그러나 프랑스혁명이 일어나면서 연구는 중단되고 만다. 프랑스는 혼란에 휩싸였고 공화정이 설립됐으며, 루이 16세는 재판에 회부되어 사형에 처해졌다. 공포 정치가 프랑스를 뒤덮었고 라부아지에는 처형됐으며, 콩도르세는 자살했거나 살해됐고, 과학아카데미는 폐지됐다. 한마디로 혼란이 모든 것을 점령했다. 이런 와중에서도 위원회는 맡은 업무를 수행하려 노력했다. 한 무리의 측량기사들이 측량용 막대기와 깃발을 손에 든 채 됭케르크에서 남쪽으로 내려갔고, 다른 한 무리는 바르셀로나에서 피레네 산맥을 넘어 북쪽으로 올라갔다. 그 과정에서 측량기사들은 수차례 혁명세력에게 체포당했고, 왕정의 측정단위를 새로운 단위로 교체하는 작업도 하고 있다고 말함으로써 몇 번이나 죽을 고비를 넘길 수 있었다. 측량기사들은 이런 모든 고난에도 불구하고 끝까지 일을 수행했고, 결국 파리에서 500킬로미터 떨어진 로데즈에서 합류하게 된다.

이 모든 과정은 거의 8년이 걸렸다. 1798년 11월 28일, 위원회는 북극에서 적도까지의 거리를 1,000만 분의 1로 나눈 길이가 0.513243트와즈(1toise=1,949m)라고 선언했다. 그리고 오늘날 우리는 이 길이를 1미터라고 부른다. 리터와 그램, 그리고 미터는 1799년 12월 10일에 제정된 법률에 의해 공식단위가 됐다. 최근에 인공위성을 통해 됭케르크에서 바르셀로나까지의 거리를 측정해본 결과, 프랑스 측량기사들의 잰 거리의 오차는 미식축구장 2개의 길이에 불과했다. 따라서 지금부터 2세기 전에 측량된 미터의 길이는 거의 5분의 1밀리미터까지 정확했던 셈이다.

보르다 투표법과 다수결 선거의 비교

n명의 후보자와 E명의 유권자가 있다고 가정해보자. 유권자 집단 a는 피터를 1등으로 뽑았다. 다수결 선거의 경우, 만약 a의 숫자가 50%가 넘는다면 피터는 당선된다. 그렇다면 피터가 보르다의 투표법에서도 당선되려면 어떤 조건을 충족시켜야 할까?

피터에게 최악의 시나리오를 살펴보자. 메리는 피터를 1등으로 뽑은 a 집단에서 피터 다음으로 2등을 차지했고, 그 밖의 다른 유권자들, 그러니까 E−a유권자 집단에서는 1등을 차지했다. 그리고 피터는 E−a집단에서는 꼴찌를 차지했다.

> a유권자 집단:　　　피터 ＞ 메리 ＞ ……
>
> E−a유권자 집단: 메리 ＞ …… ＞ 피터

피터는 자신을 1위로 뽑아준 a 유권자 개개인으로부터 n점씩 가점을 받는다. 그리고 다른 모든 유권자로부터는 1점씩 가점을 받는다. 따라서 피터의 총점은 $a×n+(E−a)×1$ 이 된다. 메리는 피터의 지지자인 a 유권자 개개인으로부터는 n−1점씩 가점을 받는다. 그리고 다른 모든 유권자들로부터는 n점씩 가점을 받는다. 따라서 메리의 총점은 $a×(n−1)+(E−a)×n$이 된다.

피터의 가점이 메리의 가점보다 크려면 다음 부등식이 성립되어야 한다.

$$a \times n + (E-a) \times 1 > a \times (n-1) + (E-a) \times n$$

이 부등식을 풀면 아래 결론이 도출된다.

$$a/E > (n-1)/n = 1 - 1/n$$

좌변의 a/E는 피터를 1등으로 뽑은 선거인단의 비율이다. 만약 이 비율이 우변인 $1-1/n$ 보다 크면, 피터는 최악의 시나리오일 경우라 할지라도 보르다 투표법에서도 당선이 보장된다.

Chapter *6*

'콩도르세 역설'의 발견,
수학자 콩도르세

– 다수의견에는 이행성이 없다

신문사, 출판사, 교육기관이 몰려 있고, 살롱의 전통이 흐르는 프랑스 수도 파리는 늘 활기찬 학술논쟁이 벌어지는 곳이다. 보르다 투표법 또한 예외가 아니었다. 예상대로 후보의 순위에 따라 가점을 부여하는 방식은 논쟁을 불러왔다. 특히 보르다의 주장에 심각하게 의문을 제기한 사람은 보르다보다 열 살이나 어린 귀족이었다. 그의 이름은 마리-장-앙투안 니콜라스 드 카리타, 바로 콩도르세 후작이다.

1743년에 리버몽에서 태어난 콩도르세는 유서 깊은 귀족 집안의 후손이었다. 기마대 지휘관이었던 아버지는 콩도르세가 태어난 지 5주도 안 되었을 때 군사훈련을 받던 중 사망했다. 지나칠 정도로 신앙이 깊었던 어머니는 콩도르세를 양육하면서 아무런 정식교육도 시키지 않았다. 성모 마리아에 대한 깊은 헌신의 표시로, 그리고 어린 소년의 순수함을 표현하기 위해, 콩도르세는 아홉 살이 될 때까지 오직 하얀 옷만 입어야 했다. 어머니는 어린 콩도르세에게 하얀 옷만 입히는 것이 자신과 아들의 영생을 보장해줄 거라고 믿었다.

하지만 그때쯤 주교였던 삼촌이 콩도르세의 인생에 개입하게 된다. 종교와 헌신이 나쁘지는 않았지만, 성직자였던 삼촌조차 콩도르세의 어머니가 지나치다고 생각했다. 삼촌은 가정교사를 고용해서 콩도르세가 동년배 아이들의 교육수준을 따라잡게 했고, 그런 뒤에는 프랑스 북부에 위치한 랭스예수회학교로 진학시켰다. 당시 예수회학교는 유럽에서 가장 뛰어난 교육기관으로 여겨졌다. 하지만 오늘날의 관점에서 보면 이른바 건전한 교육환경을 제공하지는 않았다. 교육은 주로 암기와 체벌을 통해 이뤄졌다. 게다가 수도사와 학생 사이에는 동성애가 만연했다. 이런 경험은 콩도르세가 평생 동안 교회를 증오하게 되는 계기가 된다. 어쨌든 콩도르세는 일류교육을 받았다.

어린 콩도르세가 뛰어난 지적 능력을 타고났다는 건 얼마 지나지 않아 분명해졌고, 그의 삼촌은 콩도르세를 파리의 나바르대학으로 보내서 학업을 이어가게 했다. 대학교 첫 해의 수업은 콩도르세가 매우 싫어하는 철학으로 이뤄져 있었다. 하지만 두 번째 해부터 배운 교과목에서 콩도르세는 매우 뛰어난 학업성과를 보였는데, 바로 수학이다. 콩도르세는 대학을 다니는 동안 백과전서파^{the encyclopedist}였던 장르 롱 달랑베르를 만나는 행운을 누린다.

유명한 수학자이자 물리학자였던 달랑베르 또한 매우 불우한 어린 시절을 보냈다. 혼외정사로 태어났고, 태어나자마자 교회 계단에 버려졌다. 달랑베르는 열여섯 살의 수줍음 많고 숫기 없는 콩도르세를 아꼈다. 콩도르세는 파리의 세속적인 환경이 마음에 들지 않았다. 사람들과 어울려 대화를 나누는 것도 어색해했고, 누군가가 말을 걸면 얼굴을 붉히곤 했다. 그럼에도 콩도르세는 달랑베르의 지인들이 모이는 살롱에서 늘 환영받는 손님이었는데, 아마도 살롱의 마담이었던 줄리 드 레스피나스의 환대도 받았을 것이다.

콩도르세가 수학자로 명성을 얻으려던 첫 번째 시도는 실패로 돌아갔다. 왜냐하면 그의 연구는 새로운 것이 아니었기 때문이다. 하지만 스물두 살이 되면서 적분학에 대한 저술을 발표했고, 곧 찬사를 받았다. 그렇게 콩도르세는 과학자의 삶을 시작하게 된다. 4년 후, 콩도르세는 달랑베르의 추천으로 과학아카데미 회원이 된다. 콩도르세는 더 많은 논문을 썼고, 그중 한 논문에 대해 동시대의 뛰어난 수학자였던 조제프 루이 라그랑주는 "여러 권의 책으로 다뤄질 수 있는, 절묘하고도 유익한 아이디어로 가득하다."라며 찬사를 보냈다. 그로부터 4년이 더 흘러 콩도르세는 과학아카데미의 종신직 서기에 임명되었다. 그 직책을 맡게 된 이유는 달랑베르와 프랑수아-마리 아루에$^{François-Marie Arouet}$라는 사람의 조언을 따랐기 때문인데, 바로 볼테르^{Voltaire}다.

콩도르세보다 연배가 높았던 두 사람은 이 직책에 필요한 가장 중요한 기술을 연마하라고 조언했다. 그 기술은 바로 작고한 과학아카데미 회원들의 추도문을 작성하는 것이었다. 실제로 서기가 작성한 추도문에는 죽은 과학자의 업적뿐 아니라 모든 과학영역에 대한 내용이 담겨 있었다. 따라서 추도문은 오늘날 우리가 신문에서 흔히 접하는 부고기사라기보다는 과학의 한 시대에 대한 자세한 역사적 기록에 더 가까웠다. 사실 콩도르세는 문학에도 매우 능통했고, 1782년에는 프랑스 작가에게 주어지는 최고의 영예인 아카데미 프랑세즈로 선발되기도 했다. 이 또한 그의 멘토였던 달랑베르의 추천 덕분이었다.

콩도르세는 한창 수학연구를 하던 중 왕정의 고위관료였던 안 로베르 자크 튀르고$^{Anne Robert Jacques Turgot}$를 만나게 된다. 뛰어난 경제학자였던 튀르고는 당시 프랑스에 거주하던 애덤 스미스^{Adam Smith}에게 큰 영향을 끼친 인물이었는데, 애덤 스미스가 『국부론』에 포함시킨 사상 중에서 일부는 튀르고로부터 나왔다고 해도 과언이 아니다. 국왕 루이 16세는 1774년에 튀르고를 재무장관으로 임명했다. 튀르고는 믿을 만한 사람을 찾다가 친구였던 콩도르세를 조폐공사 감찰관으로 임명했다[흥미로운 점은 바다 너머 영국에 살던 아이작 뉴턴(Isaac Newton)도 한때 비슷한 직책을 맡았었다는 점이다].

튀르고는 혁명이 머지 않았음을 알고 있었다. 따라서 개혁이 시급하며, 프랑스 경제에 경쟁과 자유시장 요소를 도입해야 한다는 걸 인식했다. 튀르고는 '무파산, 무증세, 무부채'를 주창하며 산업을 보다 효율적으로 변모시키려 노력했다. 성장산업을 장려했고, 밀에 대한 내국세를 폐지했으며, 정부지출을 줄이고, 왕궁의 지나친 낭비도 억제했다. 나아가 중세시대부터 상업과 산업을 옭아매온 길드 제도를 폐지했다. 당연히 기득권 세력들은 튀르고의 개혁을 탐탁하게 생각하지 않았고, 얼마 지나지 않아 튀르고는 거의 모든 프랑스 사람들을 적으로 돌리게 된다. 그렇지만 국왕의 신임을 받는 한 그의 거취는 안전했다. 그러다가 튀르고는 아주 중대한 실수를 범한다. 허리띠를 졸라매야 한다는 이유로 마리 앙투아네트가 총애하는 사람의 청탁을 거절한 것이다. 프랑스 궁중의 절대 불문율인 절대로 왕의 아내와 충돌을 일으키지 말라는 경고를 무시한 것과 다름없었다. 결국 튀르고는 이 일로 해임되고 만다.

튀르고의 뒤를 이어 스위스 출신 은행가 자크 네케르^{Jacques Necker}가 재무장관에 취임했다. 자크 네케르는 전임자의 정책을 모두 뒤집었는데, 이는 결국 프랑스혁명이 발발한 계기가 됐다. 콩도르세는 자신을 후원해주던 튀르고가 해임되자 자신 또한 사임을 고려했다. 하지만 왕은 이를 거부했고, 콩도르세는 이후 15년 동안 더 조폐공사에서 일했다. 한편 콩도르세는 수학, 경제학, 정치과학과 인권에 대한 박식한 논문도 지속적으로 저술했다.

콩도르세는 마흔셋에 자신보다 스무 살도 더 연하인 소피 드 그루시$^{Sophie de Grouchy}$와 열렬한 사랑에 빠지게 된다. 소피는 루이 15세의 시종이었던 드 그루시 후작의 장녀였고, 전해지는 바로는 당시 파리에서 가장 미인이었다고 한다. 콩도르세와 이 젊은 여인은 생각이 잘 맞았고 매우 잘 어울리는 한 쌍이었다. 둘은 1786년에 결혼했다. 당시 파리의 지식여성들이 그랬던 것처럼, 소피 또한 신혼집에 살롱을 운영했다. 살롱 이름은 '조폐공사$^{Hôtel des Monnaies}$'였다.

살롱에 자주 들르는 사람 중에는 미국인인 토머스 제퍼슨$^{Thomas Jefferson}$도 있었다. 소피는 살롱을 운영하는 것 이외에도 살롱 단골이었던 애덤 스미스의 저작을 프랑스어로 번역하느라 바빴다. 그녀는 또한 뛰어난 초상화가이기도 했는데, 후에 힘든 시기가 닥쳤을 때 그림 솜씨는 유일한 생계유지 수단이 된다. 부부는 결혼한 지 4년 만에 일라이자^{Eliza}라는 딸을 낳았다. 콩도르세는 자상한 남편이자 헌신적인 아버지였다.

과학아카데미의 수장이자 아카데미 프랑세즈의 회원이기도 했던 콩도르세는 당시 프랑스에서 가장 뛰어난 지성으로 여겨졌다. 그는 계몽시대의 진정한 지식인으로서 온갖 종류의 진보적 사상을 옹호했다. 경제적 자유, 개신교도와 유태인에 대한 관용, 법제 개혁, 공공교육, 노예제도 폐지, 인종평등을 주장했다. 예를 들어, 콩도르세는 여성의 권리에 대해 유창하게 설파했다.

"겨울마다 통풍을 겪고, 쉽게 감기에 걸리는 이들에게도 허용되는 권리를 왜 임신을 해야 하고 일시적인 출산의 고통을 겪어야 하는 존재인 여성들에게선 박탈한단 말인가?…… 여성들은 우아한 논쟁가들만큼이나 지식, 지혜, 논리적 사고력이 발달해 있건만, 여전히 사람들은 여성들이 이성적이지 못하다고 폄하한다. 이는 잘못된 생각이다."

1789년, 프랑스혁명이 발발하자 콩도르세는 가만히 두고만 볼 수 없었다. 그는 수학연구를 접어두고 혁명을 이끌었으며 1791년에는 국민의회의 파리 대표로 선출됐다. 콩도르세는 급진적인 산악파(몽타냐르, Montagnards)에도, 온건한 지롱드파에도 속하지 않았기에 여러 당파를 조율하고 극단적인 부류를 진정시키려 노력했다. 그는 국민의회에서 가장 합리적인 인물 중 하나였기에 새로 설립될 국가의 헌법초안 작성을 맡게 된다. 1년 뒤 국민의회가 국민공회로 대체되면서 콩도르세는 지롱드파 쪽으로 기울었다. 하지만 지롱드파는 이미 산악파에게 권력을 빼앗긴 후였다. 로베스피에르가 이끌던 산악파는 철권을 휘두르며 반대의견을 묵살했고 왕정을 폐지했으며 루이 16세를 재판에 회부했다. 콩도르세는 재판은 지지했지만 사형은 반대했다. 산악파는 그런 콩도르세가 마음에 들지 않았다. 콩도르세의 사형반대는 왕의 운명에도 그다지 도움이 되지 못했는데 결국 루이 16세는 1793년 1월 21일에 사형을 당하고 만다.

콩도르세는 청중을 사로잡는 연설가는 아니었다. 말솜씨는 어린 시절과 크게 차이가 없었다. 여전히 수줍음을 많이 탔으며 목소리에는 설득력이 부족했다. 결국 콩도르세는 국민공회에 헌법초안을 발표했으나 설득에 실패했다. 반대파인 쟈코뱅당에서 헌법초안을 발표했을 때에는, 자신의 초안을 흉내 낸 수준이라 판단한 콩도르세는 온 힘을 다해 반대파 측의 초안에 반대했다. 이로 인해 그는 반역자 낙인이 찍힌다. 이 불행한 사건에 대해서는 별첨에서 더 자세히 다루겠다.

콩도르세 후작은 프랑스혁명기에 배출된 가장 뛰어난 인물이었고, 정치가이자 헌법학자, 수학자, 작가로서 인류에 위대한 유산을 남겼다. 특히나 그의 중요한 수학 저작은 사회문제를 함께 다루고 있다. 그리고 정치가이면서 동시에 수학자였던 콩도르세가 남긴 가장 흥미로운 저술 중 하나가 바로 투표와 선거이론에 대한 내용이었다. 콩도르세의 이름은 지금까지도 사회문제에 관련해 그가 남긴 위대한 수수께끼와 함께 계속해서 회자되고 있는데 바로 '콩도르세의 역설'이다.

콩도르세의 역설은 다수결에 의한 결정에 뒤따르는 중대한 결점을 다룬다. 이는 앞에서 장-샤를 드 보르다에 대해 얘기하면서 넌지시 다룬 내용이다. 당시 사람들은 의견의 차이를 막론하고 어떤 식으로든 결정은 내려지고 관리는 선출되어야 한다고 믿었다. 그리고 그 방법은 바로 투표를 한 뒤 후보자 중에서 가장 많은 지지를 이끌어낸 이를 당선시키는 것이라고 믿었다. 사실 다수결은 민주주의의 핵심 중 하나다. 특히나 '1인 1표'의 원칙은 다수결이 늘 옳다는 전제에 근거한다. 하지만 콩도르세와 동시대를 살던 사람들과 오늘날의 우리를 모두 당혹하게 하는 건, 이런 전제가 기본적으로 틀렸다는 점이다. 콩도르세 후작은 다수의 의견이 늘 옳은 건 아니라는 점을 잘 보여줬다.

1785년, 콩도르세는 200장 분량의 소책자 「다수결에 대한 확률 분석을 다룬 논문」을 저술했다. 그는 이 작품을 튀르고에게 헌정하면서 튀르고로부터 정치과학이 수학만큼 정확하게 다뤄질 수 있다는 걸 배웠다고 적었다. 그리고 이 점을 증명하기 위해 콩도르세는 수학의 위력을 보여주는 방편으로 다수결 투표에 의한 결정에 수학이론을 적용했다. 다수결에 대한 수학적 분석은 시민이 지도자를 선출하는 것뿐만이 아니라 피고의 유죄나 무죄를 판단해야 하는 재판의 경우에도 적용된다고 콩도르세는 적었다.

콩도르세의 논문은 보르다가 과학아카데미에서 선거에 대해 연설한 지 15년 후, 그러니까 후보자의 순위에 따라 가점을 부여하는 선출방식에 대한 논문이 발표된 지 4년 후에 출간됐다. 콩도르세는 각 주에서 자신이 선거방식에 대해 관심을 가지게 된 계기가 보르다의 논문 덕분이었다고 언급했다.

다음 장에서 살펴보겠지만, 콩도르세와 보르다는 그다지 사이가 좋지 못했다. 하지만 둘은 한 가지 사안에 대해서는 의견이 일치했다. 둘 다 다수결에 대해 의구심을 품었다는 점이다. 다수결이 신의 뜻이나 절대진리를 밝혀준다고 믿었던 유이나 쿠사누스와는 달리, 이 두 프랑스인은 다수결이 다수의 의견이라고 해서 무조건 옳다고는 생각하지 않았다. 콩도르세는 사회가 다수결을 수용한 이유가 단지 편의성 때문이라고 확신했다. 다수의 의지에 개인의 의견을 복종시키는 건 사회의 조화와 침묵을 강요하기 위해서라고 생각했다. 권위는 힘이 있는 곳에 존재해야 했고, 힘은 결국 가장 많은 표를 받는 데서 나왔다. 따라서 공공선을 위해 소수의 의견은 다수의 의견에 희생되어야 했고, 그래야만 불평을 잠재울 수 있었다.

콩도르세는 자신의 생각을 뒷받침하기 위해 고대시대를 예로 들었다. 로마인과 그리스인은 진실을 추구하기보다는 실수를 피하는 걸 더 중시했다. 그리고 국가를 구성하는 여러 부족들의 관심사와 요구를 조화롭게 조절하려 노력했다. 따라서 결정을 내려야 할 때면, 정의인지 비정의인지, 옳은지 틀렸는지, 합리적인지 비합리적인지는 중요하지 않았다. 중요한 건 오로지 결정에 힘이 실려 있는지 여부였다. 그리고 힘은 결국 다수에서 나오기에, 다수결이라면 틀린 결정이라도 채택됐다. 고대시대에 결정을 내리면서 정의나 진실, 또는 논리를 따지는 건 국가의 권위에 불필요한 제한을 가했다. 따라서 오로지 힘만이 옳았던 것이다.

하지만 시간이 지나면서 사람들은 논리를 바탕으로 합리적인 결정을 내리는 방법을 원하게 된다. 오류가 적은 의사결정방식을 찾는 과정은 계몽시대 훨씬 전부터 시작됐다. 무지가 판치던 시대에도 다수결의 문제에 대한 인식은 존재했고, 특히나 법의 집행에서는 더욱 그러했다. 아마도 재판에서 가장 심각한 문제는 죄를 범하지 않은 사람을 유죄로 판결하는 것이리라. 따라서 중세시대에도 재판정이 진실을 더욱 잘 반영할 수 있도록 하려는 시도는 있었다. 프랑스인이 단순히 다수결로 피고의 유죄를 결정하는 것을 넘어서는 더 나은 방식을 요구한 이유도 재판관 한 명에 의해 판결이 뒤바뀔 수 있는 프랑스법정에 대한 불신으로부터 비롯됐다. 영국의 경우에는 배심원단의 결정은 만장일치여야만 했다. 가톨릭교회의 최종법원은 최종판결을 확정할 때 적어도 이전까지 세 번의 만장일치 판결이 있어야 한다고 요구했다(물론 마녀재판은 신중한 다수결은커녕 단순한 다수결 절차도 필요 없었다. 왜냐하면 마녀로 몰린 불쌍한 여인을 여러 방식으로 고문하는, 이미 그 효과가 검증된 방식을 통해 진실이 저절로 드러났기 때문이다).

콩도르세는 어떻게 수학적 사고가, 보다 자세하게 말하자면 확률이론이 판결에 적용될 수 있는지를 보여줬다. 그는 최다득표수를 높게 요구한다면 단순한 다수결보다 훨씬 오심이 적어진다고 지적했다. 즉 판결 시에 더 많은 표수를 요구할수록 무고한 사람이 유죄로 판결되는 확률 또한 더 낮아졌다. 그러자 의문점이 생겼다. 과연 이런 전제가 어디까지 사실일까? 또 다른 문제도 있었다. 다수결의 요구조건을 지나치게 높게 정할 경우, 죄를 지은 피고가 무죄로 풀려나는 경우가 생겨선 안 된다는 것이었다.

여기까지 콩도르세는 다수결의 장점이 단지 결정을 내리기 쉽다는 것뿐이라는 비판적인 시각을 보여줬다면, 이후부터는 다수결의 단점을 더욱 깊이 파고든다. 그는 논문을 시작하면서 수학자들에게 이 논문에서 다루는 수학적 분석이 매우 단순해서 그다지 흥미롭지 못할 거라며 양해를 구했다. 실제로 콩도르세의 논리를 이해하려면 오직 기본적인 연산지식만으로 충분했다.

콩도르세가 독자들에게 그 유명한 콩도르세의 역설을 소개한 건 논문의 61쪽에서였다. 그는 역설을 설명하기 위해 60명의 선거인들이 4명의 후보 중 한 명을 선출하는 과정을 예로 들었다. 여기에서는 보다 쉽게 설명하기 위해 선거인을 3명으로 줄인 예를 제시하겠다. 피터, 폴, 메리가 식후주食後酒를 구매하기 위한 결정을 내려야 한다고 가정해보자. 피터는 리몬첼로보다는 그라파를, 그라파보다는 아마레토를 더 선호한다. 폴은 아마레토보다는 리몬첼로를, 리몬첼로보다는 그라파를 더 선호한다. 마지막으로 메리는 그라파보다는 아마레토를, 아마레토보다는 리몬첼로를 더 선호한다.

피터: 아마레토 > 그라파 > 리몬첼로

폴: 그라파 > 리몬첼로 > 아마레토

메리: 리몬첼로 > 아마레토 > 그라파

셋은 하나같이 민주주의 정신을 중시했기에 다수결로 식후주를 결정하기로 한다. 셋은 투표를 했고, 그러자 모두의 선호도가 드러났다. 1차 투표에서는 다수(피터와 메리)가 그라파보다 아마레토를 더 선호했고, 2차 투표에서는 다수(피터와 폴)가 리몬첼로보다는 그라파를 더 선호했다. 두 번의 투표에서 결국 결론이 도출됐으니, 바로 아마레토 한 상자를 구매하는 것이다.

하지만 여기서 잠깐, 폴과 메리가 항의한다. 무슨 일이 일어난 걸까? 가장 합리적인 의사결정 방법 — 1인 1표 — 이 활용됐는데도 여전히 결과에 불복한단 말인가? 중간에서 갑자기 투표방법을 바꾸길 원하는 건가? 사실 폴과 메리의 항의는 정당했다. 둘은 아마레토를 구매하느니 차라리 리몬첼로를 구매하는 게 훨씬 낫다고 지적했다. 선호도에서 3등을 한 리몬첼로가 어떻게 아마레토보다 낫단 말인가? 여기 결정적인 이유가 있다. 만약 3명이 리몬첼로와 아마레토를 두고 3차 투표를 진행했다면, 다수(폴과 메리)는 리몬첼로를 선택했을 것이다. 그렇다면 다수인 2명의 의견대로 리몬첼로를 구매하면 그만이다. 안 그런가? 잠깐만, 만약 리몬첼로를 구매한다면 이번에는 피터와 폴 — 방금 전까지 아마레토가 싫다며 3차 투표를 주장했던 바로 그 폴 말이다 — 이 거칠게 항의할 것이다. 둘은 리몬첼로보다는 차라리 그라파가 더 낫다고 주장한다. 이게 바로 역설이다. 사실 개인의 입맛을 두고 옳고 그름을 논할 수는 없다. 또한 피터와 폴, 메리의 식후주에 대한 선호도 또한 매우 논리적이다. 따라서 어떤 식으로 투표를 하건 간에 결론은 동일하다. 리몬첼로보다는 그라파, 그라파보다는 아마레토, 아마레토보다는 리몬첼로, 리몬체로보다는 그라파, 그라파보다는 아마레토……. 이런 식으로 끊임없는 역설적 순환이 반복된다.

그렇다면 해결책은 무엇일까? 안타깝게도 해결책은 없다. 콩도르세의 역설에서 벗어날 방법은 없는 것이다. 무엇을 선택하든, 다수는 늘 다른 대안을 더 선호한다. 다수의 선호는 모든 후보를 상대로 반복되기에 역설이 성립하는 것이다. 다수가 리몬첼로보다는 그라파를, 그라파보다는 아마레토를 선호한다고 해서 무조건 다수가 리몬첼로보다 아마레토를 더 선호한다고는 할 수 없다. 이를 수학적 용어로 옮기면 '다수의견에는 이행성이 없다'는 뜻이다. 민주주의의 입장에서 보면 참으로 낭패가 아닐 수 없다.

콩도르세의 역설은 악용될 소지도 충분하다. 예를 들어, 이사회를 주재하는 사람은 투표하는 순서를 조작함으로써 교묘하게 결론에 영향을 끼칠 수 있다. 직원들에 대한 보상으로 사내에 카페테리아, 헬스클럽, 탁아소 중 하나를 만들려는 기업이 있다고 가정해보자. 결정을 내리기 위해 최고경영자는 인사담당 이사에게 이사회를 개최하라고 지시한다. 하지만 인사담당 이사는 지하실에서 땀 냄새가 풍기거나 아이들의 우는 소리가 회사에 울려 퍼지는 게 탐탁지 않다. 하지만 가끔씩 바쁜 스케줄을 쪼개 카페테리아에서 커피를 마시는 건 괜찮을 것 같다. 이사회가 열렸고, 처음 두 번의 투표에서 카페테리아가 1등을 차지했다. 투표에 앞서 이사회를 주재하는 인사담당 이사가 일부러 잡담을 나누고 투표와 관련된 논의를 의도적으로 질질 끄는 바람에 오전 시간이 다 흘러갔고 더 이상 투표를 할 시간은 없다.

"자, 회의는 이쯤에서 마칩시다."

영악한 인사담당 이사가 말한다.

"탁아소보다는 헬스클럽을, 그리고 헬스클럽보다는 카페테리아를 더 선호하는 것으로 결과가 나왔으니 다수가 카페테리아를 원하는 게 틀림없군요."

만약 카페테리아와 탁아소를 두고 투표를 한다면 탁아소가 이겼을지도 모른다는 생각은 아무도 하지 않는다. 이렇게 해서 인사담당 이사는 자신이 원하는 결론을 도출해낸다.

따라서 콩도르세가 이런 역설이 대단히 위험하다고 염려한 것도 충분한 근거가 있는 셈이다. 콩도르세는 무지몽매한 대중이 부패한 정치가나 선동가에 의해 호도될 수 있었기에 시민이 시민으로서 자신의 권리와 의무를 잘 알아야 한다고 믿었다. 만약 사회의 지식인들이 나서서 무지한 시민을 계몽하지 않는다면 독재가 창궐하리라. 그리고 콩도르세는 지식을 추구하고 조국에 봉사하는 데 헌신한 사람이었기에 시민의 계몽에 직접 나서게 된다.

시민 콩도르세(후작의 작위를 지닌 다는 건 당시 분위기에 맞지 않았고, 위험하기까지 했다)는 계몽을 위해 시민 시에예스, 시민 뒤아멜과 함께 「사회교육 저널」을 창간했다. 이 잡지는 시민대중에게 그들의 권리와 의무를 가르치는 내용을 담은 주간지였다. 잡지편집자들은 창간 취지에서 자유와 평등은 계몽된 시민의 가장 중요한 권리이지만, 만약 시민이 무지로 인해 이 권리를 제대로 지켜내지 못한다면 엄청난 피해를 야기할 수 있음을 결코 망각해선 안 된다고 주장했다. 나아가 잡지의 목적은 독자들에게 설교를 하기 위해서가 아니라 오히려 독자들이 스스로 생각하고 의견을 형성하게 하는 데 있다고 강조했다.

잡지는 1793년에 창간되어 매주 토요일마다 발간됐다. 편집자들은 모든 수익은 잡지가 인쇄되는 공간을 제공해준 국립농아기관에 기부하겠다고 약속했다(당시에는 청각장애인을 농아라고 칭했다). 창간호는 1793년 7월 1일에 발간됐고, 창간호에 실린 3건의 기사는 모두 콩도르세가 썼다. 창간호는 당시 새로 등장한 '혁명'이란 용어를 철학적으로 고찰한 뒤, 혁신적인 과세제도에 대한 논문을 게재했고, 마지막으로 8쪽에 걸쳐 우리가 관심을 가질 만한 논문으로 끝을 맺었다. 논문의 제목은 「선거에 관하여Sur les élections」였고, 콩도르세는 이 논문에서 선거에 대한 자신의 의견을 피력했다.

당시 프랑스 국민들은 국가의 운명을 좌우할 헌법을 제정할 참이었다. 그렇다면 프랑스 국민들은 합리적인 정부에 의해 통치될 것인가, 아니면 음모에 의한 정부에 의해 통치될 것인가? 모든 국민의 의지에 의해 통치될 것인가, 아니면 소수의 의지에 의해 통치될 것인가? 새롭게 얻게 될 자유는 평화로울 것인가, 아니면 불안할 것인가? 이런 질문에 대한 대답, 다시 말해 제대로 굴러가는 사회의 생존은 결국 대중의 선택이 얼마나 옳은지에 달려 있다고 콩도르세는 기술했다. 헌법 자체의 문제는 즉각적인 위협이 아니었다. 정직하고, 대중을 염려하는 사람—여권신장을 주장하는 콩도르세였지만 통치자에는 여성을 포함시키지는 않았다—들이 국가를 통치하는 한, 국가에 대한 어떤 위협이든 해결할 수 있는 기회는 있었다. 하지만 만약 부패한 정치인이 정권을 잡는다면 아무리 좋은 헌법이라고 할지라도 통치자의 야욕과 음모로 인해 국가는 위협 앞에서 허약한 성벽처럼 무너질 수밖에 없었다.

하지만 정직한 통치자라고 할지라도 다득표를 기준으로 선거나 의사결정을 한다면 두려운 악순환이 반복될 수 있었다. 따라서 만약 다수결이 답이 아니라면 해결책은 무엇일까? 콩도르세는 노심초사한 뒤에 결국 대안을 생각해냈다. 1758년에 발표한 논문에서처럼, 그는 기존 선거방식의 문제점을 피할 수 있는 가장 확실한 방법은 여러 다른 선출방식을 결합하고, 여기에 다시 확률이론을 적용하는 것이라고 제안했다. 그가 제시한 선거방식은 공교롭게도 이 책의 독자들에게는 꽤 친숙하게 들릴 것이다. 왜냐하면 콩도르세의 선거방식은 이미 500년 전에 라몬 유이가 제안했던 방식과 매우 유사하기 때문이다.

공직자를 선출할 때, 유권자는 일련의 판단과정을 거친다. 즉 모든 후보자들을 2명씩 짝을 지워 비교하고 2명의 후보자 중에서 특정 후보자에게 투표해야 하는 이유를 검토한 뒤 투표로 자신의 선택을 표명한다. 즉 이런 과정을 2명씩 짝을 지운 모든 후보자들을 대상으로 반복함으로써, 후보자들의 순위를 도출하고, 그중 가장 순위가 높은 후보가 유권자가 가장 선호하는 후보가 되는 것이다. 만약 모든 유권자들이 모든 후보들의 순위를 매기지 못할 경우 — 일부 후보자들 간에 차이를 못 느끼거나, 일부 후보자들에 대해 잘 모르는 경우 — 에는 선거결과는 국민의 진정한 선호도를 반영하지 못할 수도 있었다.

콩도르세는 이런 경우라 할지라도 절대로 유권자에게 잘 모르는 후보들의 순위를 매기도록 강요해선 안 된다고 조심스럽게 경고한다. 그보다는 투표 이전에 모든 유권자들이 잘 아는 적합한 후보자들을 추려내야 한다 — 이건 500년 전에 유이가 제안했던 것과 같다 — 고 제안한다. 일단 적합한 후보자들(여기에는 유권자들이 차이를 못 느끼는 후보들도 포함된다)의 목록이 추려지면, 유권자들은 이 후보들을 대상으로 순위를 매겨야 했다.

만약 유권자가 문득 자신이 찰스보다는 베르트람을, 베르트람보다는 알렉산더를, 하지만 동시에 알렉산더보다는 찰스를 더 선호한다는 걸 깨닫게 되면, 즉 콩도르세의 역설이 발생한다면, 이 3가지 판단 중에서 적어도 하나의 판단은 후보자 간의 상대적 강점을 잘못 평가한 것이 틀림없다고 콩도르세는 주장했다(콩도르세는 후보자에 대한 비교

우위 판단이 상식에 근거하기에 당연히 이행성이 존재한다고 암묵적으로 가정한 셈이다). 따라서 이럴 경우에 유권자는 자신의 선택을 다시 한 번 검토한 뒤 틀린 선택을 제외해야 했다. 다시 말해, 유권자는 자신의 판단을 모두 재검토한 뒤에 역설적 순환을 야기하게 된 판단을 찾아내고, 그런 뒤에는 가장 잘못된 것으로 보이는 판단을 제외하거나 뒤집어야 했다. 예를 들어보자. 한 유권자가 찰스보다는 베르트람을, 베르트람보다는 알렉산더를, 알렉산더보다는 찰스를 더 선호한다. 하지만 알렉산더보다 찰스를 선호하는 정도는 아주 근소한 차이이기에, 유권자는 그 선호도를 판단에서 제외할 수 있다. 따라서 이런 식으로 유권자는 모든 후보자에 대해 완전하게 순위를 매길 수 있다.

이런 과정이 모두 끝나면 투표가 시작됐다. 선거는 개별 유권자들이 매긴 순위를 합산하는 과정이었다. 콩도르세는 유권자들이 각 후보에 대한 순위를 매긴 후에는 함께 모여서 후보자들을 평가해야 한다고 제안한다. 각각의 후보자는 다른 후보자들과 2명씩 짝을 지어 일련의 양자대결을 펼친다. 그러면 유권자들은 두 후보를 상대로 투표를 해서 자신의 선호도를 표명하고, 양자대결에서 더 많은 표를 얻은 후보는 다른 후보보다 우월한 것으로 간주됐다. 모든 양자대결이 끝나고 나면 후보자들의 순위가 도출됐다. 따라서 양자대결에서 승리한 후보는 패배한 후보보다 더 순위가 높았고, 마지막 순위표에서 가장 높은 순위를 기록한 후보가 당선자가 됐다.

가장 이상적인 상황은 가장 뛰어난 후보가 다른 모든 후보들과의 양자대결에서 모두 승리하는, 이른바 확실한 당선자가 배출되는 경우였다. 이런 당선자는 '콩도르세의 승자'라고 불렸다(반대로 모든 양자대결에서 패배한 후보는 '콩도르세의 패자'라고 불렸다). 하지만 대체로 확실한

1위가 도출되는 경우는 드물기 때문에 상황은 이런 식으로 깔끔하게 정리되지 않는 게 일반적이다. 즉 이상적인 후보자이자 다른 모든 후보들보다 우월한 콩도르세의 승자가 존재하는 경우는 드물었고, 한 후보가 모든 양자대결에서 승리할 가능성도 매우 희박했다. 따라서 이런 경우에는 당연히 후보자들 간에 물고 물리는 상황이 발생했고, 콩도르세의 승자 또한 나올 수 없었다. 그렇다면 어떻게 해야 할까?

앞에서도 살펴봤지만, 콩도르세는 개별유권자가 후보자들 간에 선호도를 매기면서 콩도르세의 역설이 발생한다면, 그 이유는 유권자들이 상식에 어긋난 판단을 했기 때문이며, 따라서 판단을 번복해야 한다고 주장했었다. 하지만 한 유권자의 선호도와 선거인단 전체의 선호도 간에는 엄연히 중대한 차이가 있다. 그라파-아마레토-리몬첼로의 예에서 살펴봤듯이, 3명 이상의 유권자의 선호도를 합산할 경우, 각 개인의 선호도는 명확하지만, 막상 이 선호도를 합칠 경우에는 여전히 콩도르세의 역설이 발생할 수 있다. 따라서 콩도르세는 만약 최종투표과정에서 역설이 발생할 경우에는 개별유권자가 자신의 선호도를 다시 검토하는 것처럼 선거인단 전체도 동일한 방식으로 선호도를 다시 검토해서 문제를 해결해야 한다고 제안했다.

즉 양자대결 결과 중 적어도 1개의 결과를 제외해야만 했다. 하지만 어떤 결과를 제외할 것인가? 투표를 통해 도출된 선거인단의 선호도가 비합리적이라고 매도할 수는 없었다. 왜냐하면 결국 그 선호도도 다수결을 통해 표출된 것이기 때문이었다. 콩도르세는 이를 해결한 방법을 고안해냈다. 바로 표차가 가장 낮은 양자대결 결과를 제외하는 것이었다.

결론적으로 콩도르세가 제안한 선거방식은 13세기에 라몬 유이의 저술 덕분에 이미 우리가 잘 아는 2명씩 짝을 이룬 양자대결을 채택했다. 하지만 중대한 차이점이 있었다. 유이는 가장 많은 양자대결에서 승리한 후보가 당선자가 된다는 것으로 자신의 주장을 끝냈다. 반면 콩도르세는 1위부터 꼴찌까지 후보자들의 순위를 모두 재검토해서 역설적 순환이 있는지를 확인하는 과정까지 제안했다. 만약 순위가 1위인 후보가 특정 후보자와의 양자대결에서 선호도가 뒤지는 상황이 발생했다면, 이런 상황이 발생하게 된 원인이 되는 양자대결 결과는 제외되어야 했다. 따라서 결국 콩도르세의 선거방식에서는 유이의 선거방식에서와는 전혀 다른 당선자가 배출될 수 있었다.

이 차이를 살펴보기 위해 수도원장을 선출하는 과정을 분석해보자. 후보로는 11명이 나섰다. 그중 안젤로^{Angelo} 수도사가 줄리오^{Giulio} 수도사와의 양자대결을 제외한 다른 9명과의 양자대결에서 모두 승리함으로써 가장 좋은 결과를 얻었다. 따라서 그의 승점은 9점이다. 그다음으로 줄리오 수도사는 인노센초^{Innocenzo} 수도사, 그리고 또 한 명의 수도사와의 양자대결을 제외한 다른 8명과의 양자대결에서 모두 승리함으로써 승점 8점을 얻어 2위에 올랐다. 마지막으로 인노센초 수도사는 안젤로 수도사에게는 패했지만, 줄리오 수도사에게 승리했고, 추가로 여섯 번의 양자대결에서 더 승리함으로써 승점 7점을 얻어 3위에 올랐다. 결과로 표로 정리하면 〈표 6-1〉과 같다.

승점합계에 의하면, 라몬 유이의 방식에서는 안젤로 수도사가 수도원장으로 당선된다. 하지만 안젤로 수도사는 줄리오 수도사와의 양자대결에서 패배했다. 그리고 줄리오 수도사는 인노센초 수도사와의 양자대결에서 패배했고, 인노센초 수도사는 안젤로 수도사에게 패배했다. 따라서 콩도르세의 역설이 발생한다. 그렇다면 누가 수도원장으로

표 6-1 라몬 유이의 선거방식

	양자대결 결과				승점합계
	안젤로	줄리오	인노첸초		
안젤로	–	패	승	추가 8승	9점
줄리오	승	–	패	추가 7승	8점
인노첸초	패	승	–	추가 6승	7점

표 6-2 콩도르세의 선거방식

	양자대결 결과		
	안젤로	줄리오	인노첸초
안젤로		1 대 8로 패배	승리
줄리오	승리	–	4 대 5로 패배
인노첸초	2 대 7로 패배	승리	–

당선되어야 맞는 걸까?

콩도르세는 선거 결과를 보다 면밀히 들여다봐야 한다고 주장한다. 예를 들어, 안젤로 수도사는 줄리오와의 중요한 양자대결에서 8 대 1이라는 압도적인 표차로 패배했다고 가정해보자. 줄리오 수도사는 인노첸초 수도사와의 대결에서 5 대 4라는 근소한 차이로 패배했고, 마지막으로 인노첸초 수도사는 안젤로 수도사와의 대결에서 7대 2로 패배했다.

콩도르세가 제안한 방식에 의하면, 가장 표차가 근소했던 줄리오 수도사의 패배는 결과에서 제외되어야 한다. 이럴 경우 콩도르세의 역설은 깨지고, 줄리오 수도사가 신인 수도원장으로 당선된다.

만약 콩도르세의 역설이 여럿 발생한다면? 실제로 4명 이상의 후보자가 있는 경우에는 이런 경우가 종종 생기고, 따라서 모순도 더 많이 일어난다. 하지만 콩도르세는 이게 그다지 대단한 문제가 아니라고 봤다. 콩도르세는 만약 하나의 선호도 결과를 제외했는데도 여전히 모순이 발생한다면, 다수결의 결과가 적어도 두 번 이상 틀린 것으로 간주했다. 따라서 해결책은 모순이 사라지고 콩도르세의 승자가 배출될 때까지 가장 근소한 표차가 발생한 양자대결 결과를 계속해서 제외하는 것이었다. 즉 모순이 발생하게 된 양자대결 결과는 빠짐없이 재검토됐고, 그중에서 가장 표차가 적은 것부터 하나씩 차례로 결과에서 제외됐다.

콩도르세가 제안한 이 방식은 매우 좋은 방법인 것처럼 보인다. 그렇다면 왜 현실에서 이 방식을 활용하지 않는 것일까? 이 방식이 막상 활용하기가 쉽지 않기 때문이다. 예를 들어, 10명의 후보자가 있다면 총 마흔다섯 번의 양자대결 결과가 도출된다[첫 후보는 9명과 양자대결을 펼치고, 다음 후보는 8명과 양자대결을 펼치는 식으로 쭉 이어지기 때문이다. 일반적으로 후보자가 n명일 경우, 양자대결 횟수는 n(n-1)/2가 된다]. 45개의 양자대결 결과 중에서 모순을 발생시키는 양자대결 결과를 찾아내기란 사실 쉬운 일이 아니다. 게다가 더 큰 문제는 2개 이상의 모순된 결과가 동일한 득표수를 얻었을 경우다. 간단한 예를 들자면 식후주 구매의 문제가 그렇다. 이 경우 모든 양자대결은 2 대 1의 다수결로 결과가 도출됐다. 즉 3가지 결과 모두 표차가 같은 것이다. 그렇다면 이 중에서 어떤 결과를 제외해야 모순이 사라질까? 아마레토와 그라파의 결과를 제외해야 할까? 아니면 그라파와 리몬첼로? 그도 아니면 리몬첼로와 아마레토?

콩도르세가 제안한 선거방식은 매우 논리적인 방법처럼 보인다. 하지만 깊숙이 들여다보면 사실 무용지물이다. 물론 다른 모든 후보자들과의 양자대결에서 이긴 콩도르세의 승자는 모두가 가장 선호하는 당선자인 건 틀림없다. 후보자가 오직 2명인 경우라면, 결과는 논란의 여지가 전혀 없다. 양자대결의 승자가 무조건 콩도르세의 승자가 되는 것이다. 하지만 여기에 단 한 명의 후보자라도 더 끼어들면, 아마레토-그라파-리몬첼로의 예처럼 상황은 복잡해진다. 따라서 후보자의 수가 많을수록 콩도르세의 승자가 존재할 확률은 줄어드는 것이다. 게다가 후보자가 많아지면 양자대결의 횟수도 많아지기에, 사실 후보자의 수가 일정 수준을 넘어서면 콩도르세의 선거방식은 현실에서 활용하기가 거의 불가능해진다.

***

수세기에 걸쳐 활용된 다수결 선거방식에 결점이 존재한다는 사실은 분명하게 드러났다. 그와 더불어 한 개도 아닌 두 개의 새로운 선거방식이 대두됐고, 두 선거방식 모두 장점과 단점을 함께 지니고 있었다. 콩도르세의 양자대결방식에서는 열등한 후보가 절대 당선되지 않는다는 장점이 있었지만, 반대로 당선자가 반드시 배출된다는 보장이 없다는 단점도 존재했다. 보르다의 순위에 따른 가점부여방식은 유권자들의 진정한 선호도를 반영한다는 장점이 있었지만, 반대로 어떤 유권자들도 1위로 뽑지 않은 후보가 최종당선자가 될 수도 있다는 단점 또한 존재했다. 게다가 보르다 투표법과 콩도르세의 선거방식에 의해 배출된 당선자가 서로 다를 수도 있었다. 역설적인 상황도 빈번하게 발생할 수 있었고, 두 선거방식 중에서 어느 하나가 더 낫다고도 할 수 없었다. 그럼에도 불구하고 보르다와 콩도르세는 서로 자신의 방식이 낫다고 주장하면서 상대방의 방식을 깎아내리려 했다.

하지만 이런 모든 문제에도 불구하고, 두 학자는 크게 칭송받아야 마땅하며, 실제로도 둘의 업적은 크게 기려지고 있다. 파리 9구의 거리 중 하나는 콩도르세라 명명됐고, 3구에는 보르다 거리가 있다. 둘의 영예는 콩도르세 거리와 보르다 거리로 끝나지 않았다. 둘의 국제적인, 아니 어쩌면 우주까지 뻗어나간 명성을 기리기 위해 달의 분화구 중 2곳은 보르다와 콩도르세로 이름 지어졌다. 참고로 달에는 쿠사누스 분화구도 있다. 하지만 아직까지 라몬 유이 분화구는 존재하지 않는다.

콩도르세 후작

혁명세력에 의해 반역자로 낙인찍힌 콩도르세는 생명의 위협을 느꼈고, 결국 신앙심이 깊은 로즈 베르네[Rose Vernet] 부인의 집에 은신하게 된다. 포스와예 거리에 있던 저택에서 하숙생을 받아서 생계를 유지했던 로즈 베르네 미망인은 인격이 훌륭한 사람이었다. 오늘날까지 이름이 전해지는 이유도 그녀가 공포 정치 시대에 혁명세력에 쫓기던 도망자들을 숨겨주는 용기를 보여줬기 때문이다.

베르네 부인의 집에서 하숙하던 이들 중에서 콩도르세의 정체를 아는 건 단 둘뿐이었다. 한 명은 산악파였던 마르코즈였다. 그는 이 비밀을 우연히 알게 됐지만 이를 누설하지 않았고, 외부세계에서 어떤 일이 벌어지는지를 알려주기 위해 오히려 콩도르세에게 신문과 정보를 제공했다. 콩도르세의 정체를 알던 또 다른 하숙인은 베르네 부인의 사촌이자 수학자였던 M. 사례[M. Sarret]였다. 이 두 하숙인 이외에 콩도르세의 정체를 알았던 건 베르네 부인의 충직한 하녀였던 마농이었다. 비밀을 공유하고 조그만 숙소에서 함께 살다 보면 자연스레 사랑이 싹트기 마련이다. 그리고 일부 전하는 말에 의하면, 베르네 부인과 사례는 후에 결혼했다고 한다.

베르네 부인과 사례가 한창 사랑을 키우고 있을 무렵, 콩도르세는 매우 외로웠다. 은신처에서 그가 유일하게 접할 수 있는 사람들은 사례, 마르코즈, 베르네 부인뿐이었다. 가끔씩 아내 소피가 사랑하는 남편을 위해 방문하긴 했지만, 매우 위험했기에 방문이 잦지는 않았다. 게다가 콩도르세는 끔찍하게 아끼고 사랑하는 네 살배기 딸조차 볼 수 없었다. 그가 딸 일라이자에게 보낸 편지는 200년이 지난 지금도 심금을 울린다.

"이 편지를 읽을 때 네 상황이 어떨지는 나도 모르겠구나. 나는 이 편지를 먼 곳에서, 더 이상 내 운명에 연연하지 않은 채, 다만 너와 네 엄마만을 염려하면서 쓴다. 기억할 건 네가 처한 환경이 언제까지 계속될지 모른다는 점이다. 열심히 일하는 습관을 길러라. 그래야만 남의 도움 없이 자급자족할 수 있다. 노동은 네게 필요한 모든 것들을 제공해줄 것이다. 그렇다면 비록 가난할지언정 남에게 의존하는 삶은 피할 수 있을 거다. …… 사랑하는 딸아, 행복을 얻는 가장 좋은 방법 중 하나는 스스로를 존중하는 삶을 살아서 후에 인생을 돌아보면서 부끄러움이나 후회를 느끼지 않는 것이란다. 정직하지 못한 일을 저지르지 않고, 남에게 먼저 허물을 고칠 기회를 주지 않은 채 먼저 죄를 묻지 말거라. …… 만약 타인과의 교제에서 절망보다는 기쁨을, 비통함보다는 위안을 얻고 싶다면, 남에게 관대하고, 특히나 모든 교제의 기쁨을 망쳐놓는 독약과 같은 이기주의를 조심해라."

소피는 남편의 행방에 대한 사람들의 의심을 불러일으키지 않기 위해 콩도르세와 합의이혼을 했다. 당시 소피는 무일푼이었기에 초상화를 그려서 딸을 부양해야 했다. 사실 당시처럼 불안했던 시대는 오히려 초상화 사업을 하기에 유리했는데, 왜냐하면 많은 파리 시민이 미래에 어떤 일이 벌어질지 모른다는 생각에 자신의 초상화를 그려 가족이나 친척에게 남겨주려 했기 때문이다.

콩도르세는 춥고 외로운 겨울을 자신의 마지막 저서를 저술하면서 보낸다. 바로 『인간정신의 진보에 대한 역사적 고찰』이다. 콩도르세는 이 저서에서 야만시대부터 먼 훗날까지 인류가 진보하면서 계층과 국가에서 평등이 지배하고, 인간의 본성이 완벽해지는 과정을 그리고 있다. 그리고 이 저작은 콩도르세가 인류에 남긴 영원한 유산이 된다.

콩도르세는 베르네 부인의 하숙집에서 5개월을 머물고 나자 포스와예 거리(지금은 세르반도니 거리로 이름이 바뀌었다)에 있는 은신처가 발각됐다는 두려움이 빠지게 된다. 모르는 사내가 베르네 부인의 하숙집에 나타나 방을 빌리겠다고 한 것이다. 사내는 수상한 질문을 던진 후 사라졌다. 콩도르세는 은신처에 머무는 게 더 이상 안전하지 않다고 생각했다. 만약 그가 발견된다면 자신뿐만 아니라 베르네 부인마저 단두대에 세워질 것이었고, 아내 또한 죽음을 면치 못할 게 분명했다. 콩도르세는 결국 헌신적인 베르네 부인의 만류에도 불구하고 하숙집을 떠났다.

콩도르세는 평범한 시민의 옷차림을 하고 좋았던 시절에 친한 친구였던 아멜리와 장-밥티스트 쉬아르 Jean-Baptiste Suard 부부의 집으로 향했다. 파리 외곽에 있는 그 집이 당분간 피신처를 제공해줄 것이라 생각했다. 그곳까지 가는 여정은 매우 험난했다. 6일 전에 자신의 동료의원이었던 마쉬에르가 발각되어 심판에 회부된 후 사형에 처해졌던 도시경계검문소를 콩도르세 또한 통과해야만 했다.

콩도르세는 참으로 길고도 노곤한 길 ─콩도르세는 그때까지 거의 반년 동안이나 다리운동을 하지 못했었다─을 걸어 마침내 쉬아르 부부의 집에 당도했다. 하지만 문을 열어준 하녀로부터 주인 내외가 그날 아침에 파리로 떠났다는 말을 들었다. 홀로된 도망자 콩도르세는 이후 이틀을 음식도 먹지 못한 채 이곳저곳을 배회하며 노숙을 해야만 했다. 마침내 쉬아르 부부가 파리에서 돌아왔지만, 그들은 콩도르세를 집안으로 들이는 걸 두려워했다. 그도 그럴 것이, 당시 수배자에게 은신처를 제공하면 사형에 처해졌다. 게다가 그다지 신뢰할 수 없는 하녀가 면도를 하지 못해 수염이 덥수룩한 수상한 사내를 이미 자세히 눈여겨본 후였다. 쉬아르는 콩도르세에게 어떻게든 여권을 준비해주겠다고 약속했고 콩도르세는 쉬아르 부부의 집을 떠났다.

콩도르세는 동네 사람들 속에 몸을 숨기기 위해 여관에 방을 잡았다. 하지만 사람들은 콩도르세의 지나치게 고상한 몸가짐을 보고 그가 귀족이라는 사실을 눈치챘다. 실제로 콩도르세는 오믈렛을 주문하면서 '귀족들이 즐겨 먹는 양의 달걀' — 12개였던 것으로 전해진다 — 을 넣으라고 말했고, 그와 함께 완전히 정체가 발각되고 만다. 신분증이 없던 콩도르세는 신원을 밝히라는 사람들의 요구에 자신이 귀족의 시종이고 이름은 피에르 시몽이라고 말하며 위기를 모면하고자 했다. 하지만 사람들은 정체를 알 수 없는 이 수상한 사내의 신원이 밝혀질 때까지 감옥에 가두었다.

이틀 뒤 콩도르세는 감옥에서 죽은 채로 발견됐다. 사인은 밝혀지지 않았다. 자연사인가, 아니면 자살인가? 그것도 아니라면 혹시 파리에서 사형에 처하기에는 콩도르세가 너무나 대중들의 사랑을 받았기에 감옥에 있을 때 누군가가 몰래 살해한 것인가? 한 일화에 의하면, 콩도르세의 친구였던 의사가 오래전에 독물이 든 아주 조그만 약병을 준 적이 있고, 콩도르세는 그 약병을 반지 속에 숨겨뒀다고 한다. 콩도르세는 상황이 너무나 악화돼서 단두대를 면할 길이 없을 때 그 약병을 사용할 생각이었다. 그렇다면 콩도르세는 감옥에서 그 약병을 사용한 게 아닐까? 답은 영원히 미스터리로 남아 있다.

소피 또한 체포됐지만, 얼마 뒤 석방됐다. 그녀는 남편이 죽은 후에 28년을 더 살았다. 딸 일라이자는 열일곱 살에 아일랜드 출신의 장군이자 자신보다 스물일곱 살 연상인 아서 오코너$^{Arthur\ O'Connor}$와 결혼했다. 오코너는 아일랜드 독립전쟁에서 결코 맹렬하게 전투에 임했던 투사였다. 그는 영국군의 포로가 되어 5년을 감옥에서 보내다가 마침내 프랑스로 유배를 가는 데 동의했고, 프랑스로 건너온 후에는 나폴레옹의 수하에서 사단장으로 복무했다. 오코너와 일라이자는 파리 남쪽에 장원을 사서 그곳에서 3명의 아들을 키웠지만, 모두 비극적으로 죽고 만다(죽지 않고 프랑스 군대에서 장교로 복무했다는 얘기도 있다). 오코너는 퇴역한 뒤 정치와 사회문제를 다루는 매우 훌륭한 작가가 됐고, 심지어 콩도르세가 남긴 12권에 달하는 저서를 편집하는 데 일조했다.

Chapter 7

과반수 선거이론,
수학자 라플라스

1785년에 선거에 대한 논문을 쓴 콩도르세는 1781년에 보르다가 발표한 논문에 대해 이미 알고 있었던 것이 분명하다. 실제로 콩도르세 또한 논문 각주에서 보르다의 논문이 존재한다는 걸 친구들을 통해 알게 됐다고 가볍게 언급했다. 그런 뒤 약간 잘난 체하면서, 만약 친구들이 그 얘기를 안 해줬다면 보르다의 논문에 대해선 까맣게 몰랐을 거라고 덧붙였다. 하지만 콩도르세의 주장은 사실과는 거리가 멀다. 실제로 1781년 당시에 콩도르세는 과학아카데미의 종신서기였고, 따라서 과학아카데미가 발표하는 학술지의 편집을 담당하고 있었다. 따라서 콩도르세가 과학아카데미에서 발표한 보르다의 논문에 대해 몰랐을 리는 없었다. 아니 어쩌면, 보르다의 논문을 발표하기로 결정했던 당사자가 바로 콩도르세였을 가능성이 더 높다.

콩도르세는 보르다를 높게 평가하지 않았다. 심지어 보르다가 수학자로서 능력이 있다고도 생각하지 않았다. 콩도르세는 비록 보르다가 재능이 많은 건 사실이지만 공학, 선박 건조, 요새 건설 같은 수준 낮은 과학연구를 하는 이유가 수학자로서 자질이 부족하기 때문이라고 말했다. 콩도르세의 견해에 따르면, 보르다는 심지어 과학아카데미의 회원이 될 자격이 없었는데도 이 위대한 학자들의 모임에 낄 수 있었던 이유는 학식이나 연구성과가 뛰어나서가 아니라 국왕이 원했기 때문이라고 했다. 콩도르세는 친구에게 쓴 편지에서 보르다가 "말만 많고 유치한 실험에 시간을 허비하는 작자"라고 적었다.

그렇다면 프랑스 과학논문의 수호자를 자칭하는 콩도르세는 도대체 왜 보르다의 우수하지 못한 논문이 과학아카데미에서 출간되는 걸 용인했을까? 심지어 콩도르세는 보르다의 논문이 발표되는 것을 허락하는 것에만 머물지 않았다. 보르다의 논문에는 찬사로 가득한 서문이 달려 있었는데, 당시 관습에 의하면, 서문을 쓰는 건 편집자의 몫이었다. 결론적으로 보르다가 과학아카데미의 회원이 될 자격이 없다고 주장한 콩도르세는 그의 논문을 출간했을 뿐만 아니라 심지어 서문을 작성해서 보르다를 칭송하기까지 한 셈이다. 왜 그랬을까? 콩도르세는 보르다가 제안한 선거방식이 자신이 주장한 선거방식과 대립된다는 걸 몰랐을까? 그 의도가 어떻든 간에, 콩도르세는 보르다의 논문을 발표하는 걸 용인함으로써 자신의 선거이론 — 콩도르세의 주장에 의하면 보르다의 방식보다 더 우월한 방식 — 을 발표할 수 있었다.

콩도르세는 예를 들어가며 보르다 투표법의 문제점을 파고들었다. 보르다라는 이름조차 언급하지 않고, 그저 '유명한 수학자'라고 지칭하면서 보르다 투표법을 공격했다. 81명의 유권자들이 톰, 딕, 해리 중에 한 명을 선출한다고 가정해보자(이 예에서 언급되는 모든 숫자는 콩도르세의 예를 그대로 따랐고, 후보의 이름만 바꿨다). 후보에 대한 유권자들의 선호도는 다음과 같다.

30명의 유권자:	톰 > 딕 > 해리
1명의 유권자:	톰 > 해리 > 딕
10명의 유권자:	해리 > 톰 > 딕
29명의 유권자:	딕 > 톰 > 해리
10명의 유권자:	딕 > 해리 > 톰
1명의 유권자:	해리 > 딕 > 톰

콩도르세는 보르다 투표법에 따라 선호도 1위에게는 3점, 2위에게는 2점, 3위에게는 1점의 가점이 주어진다고 설명한다. 따라서 톰은 총 182점의 가점을 받았고, 딕은 190점, 해리는 114점의 가점을 받았다. 따라서 당선자는 딕이 된다. 하지만 과연 이 결과가 유권자들의 진정한 의사를 반영한 것일까? 보르다 투표법에서 중시하는 선호도를 보다 깊숙이 들여다보면 41명의 유권자는 딕보다 톰을 더 선호한 반면, 톰보다 딕을 더 선호한 유권자는 40명뿐이다. 콩도르세는 신이 나서 보르다 투표법에 의하면 유권자의 절반도 안 되는 숫자가 선호하는 후보인데도 불구하고 딕이 당선자가 된다고 지적한다. 그렇다면 당선자는 누가 되어야 옳을까?

콩도르세는 당연히 톰의 손을 들어준다. 그도 그럴 것이 여기서 콩도르세의 승자는 톰이기 때문이다. 콩도르세가 제시한 위의 예시는 절대로 지나치게 과장된, 억지로 꾸며낸 상황이 아니다. 그리고 이 예시는 양자대결방식에서는 다른 모든 후보자들을 이길 톰이 막상 보르다 투표법에서는 최종당선자가 되지 못할 수도 있다는 걸 증명해준다.

앞에서 이미 지적했듯, 보르다의 가점부여방식에는 또 다른 문제가 있다. 다시 한 번 이 문제를 되짚어보도록 하자. 여기 로럴과 하디 중에서 한 명을 선택해야 하는 5명의 유권자들이 있다. 3명은 로럴을 더 선호하고 2명은 하디를 더 선호한다.

3명의 유권자: 로럴 > 하디

2명의 유권자: 하디 > 로럴

로럴은 3명의 유권자로부터 2점씩을, 2명의 유권자로부터 1점씩을 획득해서 총 8점의 승점을 얻는다. 마찬가지 방식으로 하디는 총 7점의 승점을 얻어 선거에서 패하고 만다. 이 시점에서 구피라는 또 다른 후보가 선거에 출마했다고 가정해보자. 유권자들은 세 후보에 대해 다음과 같이 선호도를 매겼다.

3명의 유권자: 로럴 > 하디 > 구피

2명의 유권자: 하디 > 구피 > 로럴

이번에는 로럴은 11점을, 하디는 12점을, 구피는 7점을 받게 된다. 그리고 이전 선거에서 패자였던 하디가 승자가 된다. 구피는 당선될 가능성이 전혀 없는 후보인데도 불구하고, 그가 선거에 출마함으로써 선거결과가 뒤집힌 것이다. 즉 구피가 출마하지 않으면 로럴이 당선되고 구피가 출마하면 하디가 당선된다.

콩도르세의 논문이 발표됐을 때, 보르다는 군대에서 바쁜 나날을 보내고 있었고, 보르다가 콩도르세의 비판에 응수했는지도 알려지지 않고 있다. 실제로 굳이 반박할 필요도 없었다. 왜냐하면 보르다는 자신의 논문에서 이런 비판에 대해 미리 예상해뒀기 때문이다. 사실 보르다는 최초 논문에서 양자대결방식을 언급했었다. 하지만 그는 이 방식을 활용할 경우 양자대결 횟수가 너무 많아진다는 점 때문에 포기했는데, 이후 콩도르세가 똑같은 양자대결방식을 더 나은 선거방식으로 들고 나올 거라고는 미처 예상하지 못했을 것이다.

같은 시기에 과학아카데미는 회원선출방식을 재검토하고 있었다. 연금을 받는 회원이 사망할 때마다 공석을 메우기 위해 여러 후보들 중에서 새로운 회원을 뽑아야 했는데 이때 보르다 투표법의 도입이 검토됐다. 하지만 그러기에는 보르다 투표법의 단점이 너무나 명백했다. 즉 보르다 투표법에서는 단 한 명이라도 새로운 후보자가 나설 경우, 모든 후보자들의 득표수가 달라지고, 심지어 득표수가 매번 뒤바뀔 수 있었다. 보르다 투표법과 콩도르세의 선거방식을 두고 논쟁이 벌어졌고, 그때 선거이론의 또 다른 강자가 등장하게 된다. 바로 피에르시몽 라플라스다.

수학자 라플라스는 1749년에 노르망디의 보몽따노즈에서 태어났다. 그는 무게와 측정단위를 표준화하기 위해 보르다가 이끌던 위원회에 참여했던 인물이기도 하다. 라플라스의 아버지는 사업가였고, 어머니는 농사를 짓는 지주 집안 출신이었다. 라플라스는 베네딕트회 학교에서 수학했고, 이후 캉대학교에서 공부했다. 처음에는 신학을 공부하면서 성직자의 길을 걸으려 했지만, 2명의 스승에게 영향을 받아 수학에 대한 열정을 깨닫게 된다. 두 스승은 자신들의 능력으로는 더 이상 라플라스에게 가르쳐줄 것이 없다는 걸 알고는, 라플라스에게 당시 프랑스 전역의 재능 있는 젊은이들이 모두 모이던 파리로 유학을 권했다. 두 스승은 라플라스에게 달랑베르에게 보내는 추천서를 써줬고, 자신을 방문한 라플라스의 재능에 탄복한 저명한 과학자 달랑베르는 그에게 프랑스육군사관학교를 추천해줬다. 라플라스는 육군사관학교에서 파리 중산층 자녀들에게 기하학, 삼각법, 기초 미적분을 가르치게 된다.

그는 과학아카데미 회원들을 상대로 13편의 논문을 발표했다. 주제는 미분 방정식, 적분, 확률이론, 천체 역학, 열 이론에 이르기까지 다양했는데, 박식한 아카데미 회원들을 상대로 발표했던 이 주제들은 후에 그가 평생을 바쳐 연구한 분야이기도 하다. 달랑베르와 콩도르세는 그의 연구를 매우 높게 평가했다. 그런데도 라플라스는 두 번이나 과학아카데미 회원 선출에서 떨어졌고, 1973년이 되어서야 비로소 이 저명한 학술단체의 부회원이 되었다.

1784년에 라플라스는 포병대 졸업심사관으로 임명된다. 심사관으로 일하는 동안 코르시카 섬 출신의 열여섯 살된 사관생도를 심사한 뒤 졸업시켰는데, 그가 바로 나폴레옹 보나파르트^{Napoléon Bonaparte}다. 만약 라플라스가 나폴레옹에게 낙제를 줬다면, 역사가 어떻게 뒤바뀌었을지 한번 상상해보라! 이후 라플라스는 자신이 프랑스 최고의 수학자라고 믿게 됐고, 이런 생각을 다른 사람들에게 공공연하게 털어놓았다. 그의 주장이 틀렸다고는 할 수 없지만 아무튼 태도는 다른 이들의 환심을 얻지 못했다. 달랑베르와의 관계도 악화됐는데, 라플라스가 과거 자신의 후원자였던 달랑베르의 연구업적이 이미 한물갔다고 여겼기 때문이었다.

1793년 8월, 프랑스혁명 세력은 인간지식의 확장이 더 이상 소수 엘리트만의 전유물이 아니라는 주장을 들어 과학아카데미를 폐쇄했다. 일반대중의 계몽이 훨씬 더 중요하다고 생각했다. 하지만 1796년이 되면서 과학아카데미는 다시 활동을 시작했고, 당시 가장 중요했던 사안 중 하나는 새로운 회원을 어떻게 선출할 것인지였다. 결국 여러 단점에도 불구하고 보르다 투표법이 선택됐다. 이후 수년 동안 모두들 새로운 회원선출방식에 큰 불만이 없었다. 그러던 중 한 신입회원이 문제제기를 하게 된다. 일단 그 회원이 입을 열면, 다른 회원들은 무조건 경청해야만 했는데, 그가 바로 라플라스의 제자이자 장군이 된 나폴레옹이었기 때문이다. 사실 나폴레옹이 과학아카데미 회원들을 상대로 이러쿵저러쿵 떠드는 건 드문 일이었다. 알려진 바로는 나폴레옹이 자리에서 일어나 다른 회원들을 상대로 의견을 말한 건 이때가 유일했다고 한다.

나폴레옹의 지적은 타당한 점이 있었다. 사실 보르다 투표법의 문제점은 이미 5년 전에 라플라스가 제기한 적이 있었다. 그렇다면 라플라스와 나폴레옹은 보르다 투표법의 어떤 점이 마음에 들지 않았던 걸까? 둘은 '가점을 부여하는 방식'이 교묘한 선거조작, 이른바 '전략적 투표'를 가능하게 한다는 점을 깨달았다. 라플라스는 이미 1795년 봄에 당시 새로 설립된 프랑스고등사범학교에서 강의를 하면서 이 문제를 지적했다. 그의 강연내용은 글로 옮겨져 1812년에 책으로 발표됐고, 같은 해에 더 긴 논문을 써서 자신의 주장을 더욱 자세하게 설명했다.

라플라스는 고등사범학교에서 도합 열 번을 강의했다. 첫 강의는 매우 쉬운 내용을 다뤘다. 숫자는 어떻게 형성되고 어떤 식으로 적는가? 숫자를 어떻게 더하고 빼고 곱하고 나누는가. 사실 첫 강의는 지루하기 짝이 없었다. 굳이 특이한 점이 있다면 첫 강의에서 독일 수학자 라이프니츠가 2진수 — 오늘날에는 컴퓨터의 신호를 구성하는 비트로 잘 알려져 있다 — 를 처음 고안해냈다는 것을 언급했다는 점이다. 실제로 라이프니츠는 신을 나타내는 1과 '무無'를 의미하는 0으로 구성된 2진 법을 창시했다. 첫 강의를 끝낸 라플라스 교수는 이후 강의에서는 본론에 돌입했다. 고차방정식, 허수, 초월방정식, 대수기하학을 비롯한 많은 주제들을 빠르게 강의했다. 당연히 수학의 기초만 익혀서 교사 노릇이나 하며 생계를 유지하려 했던 학생들의 입장에서는 지나치게 어려운 개념들이었다. 마지막 열 번째 강의는 확률이론에 관한 내용을 다뤘다.

라플라스는 열 번째 강의에서 일단 시간이 더 허락된다면 다루고 싶은 주제들이 있다고 말했다. 미분방정식, 적분법, 역학, 천문학이 여기에 속했다. 하지만 강의 시간은 한정돼 있었으므로 라플라스는 학생들에게 조만간 발표될 자신의 저서를 참조하라고만 말했다. 아마도 학생들은 아무리 중요한 주제라고 해도 더 이상 어려운 개념을 배우지 않아도 되니 오히려 좋아했을 것이다.

그런 뒤 라플라스는 그날의 강의주제인 확률이론 — 17년 후에 라플라스는 이 주제를 논문으로 다루게 된다 — 을 소개했다. 라플라스는 확률이론이 그 자체로도 흥미롭지만, 사회의 여러 중대한 사안에 적용될 수 있다는 점에서 더욱 흥미롭다고 말했다. 그런 뒤 2시간에 걸쳐 확률이론의 기초에 대해 설명했다. 그리고 강의가 막바지에 이르자 확률이론을 적용할 수 있는 분야인 투표와 선거에 대해 강의했다.

라플라스는 의회 의원들의 의견이 제각각이라는 점을 고려할 때, 사실 의회의 의견을 정확히 알기는커녕 정의하기도 힘들다며, 기존의 의사결정 방법인 다수결방식에 공격을 가했다. 라플라스는 다수결이 문제가 있다는 점에서는 보르다, 콩도르세와 의견을 같이했다. 만약 복잡하거나 민감한 사안이거나 기존의 통념에 위배되는 사안일 경우에 진실은 다수가 아닌 소수의 의견에 존재할 수 있다. 실제로 의회의 구성원수가 많으면 많을수록 다수결에 의한 결정이 틀릴 가능성도 높아진다. 라플라스는 좋은 첫인상이 이후 시간이 지나면서 잘못된 걸로 드러나는 경우가 수없이 많다는 건 과학적으로 입증된 사실임을 학생들에게 상기시켰다. 즉 보기에는 진실이라고 해서 실제로도 늘 진실인 건 아니었다.

하지만 몇 가지 조건이 충족된다면 다수결도 신뢰할 수 있는 의사결정수단이 될 수 있었다. 만약 의회 구성원들이 교양이 있고 박식하며 상식적이라면 특정 사안에 대한 그들의 의견은 옳을 확률이 훨씬 높았다. 예를 들어보자. 만약 100명이 내일도 해가 떠오를 거라고 말한다면, 그들이 옳을 확률은 매우 높다. 따라서 투표를 통한 결정에서 첫 번째 원칙은 판사나 선거인이 자신이 결정할 사안에 대해 충분히 잘 이해해야 한다는 것이다. 그래야만 의회는 소속 구성원들이 충분히 판단할 수 있는 사안에 대해서만 결정을 내리거나, 투표를 할 수 있다. 이를 근거로 라플라스는 대중의 교육이 매우 중요하다고 결론 지었다. 나아가 국회의원들에게 정직성을 강요하고, 다루는 사안을 제대로 파악하도록 요구하는 것 또한 매우 중요하다고 주장했다. 판사나 유권자는 결정을 내릴 때에 반드시 진실, 정의, 인간성과 같은 사회적 대전제, 다시 말해 물리적 질서에서 없어선 안 될 중력처럼 사회적 질서에서 필수불가결한 요소들을 고려해야 했다.

그렇다면 어떤 선출방식이 바람직할까? 라플라스는 보르다 투표법의 복잡한 내용까지 자세히 설명한 뒤, 사실 보르다 투표법은 모든 유권자가 후보자의 자격에 따라 제대로 순위를 매긴다면 최상의 선거방식이라고 말했다. 라플라스는 앞에서 소개한 그라파, 리몬첼로, 아마레토의 예처럼 후보들에 대한 선호도가 동일한 경우를 염두에 두지 않은 채, 만약 모든 유권자가 진실하게 후보자들의 순위를 매긴다면 보르다 투표법은 매우 효과적이라고 주장했다. 하지만 유권자들도 사람이며 사람마다 욕심이 다르고 관심사도 다르기에 후보자의 적합성과는 전혀 상관없는 요소들이 후보자의 순위에 영향을 끼칠 수 있다고 덧붙였다. 특히나 유권자가 특정 후보자에게 일부러 최하위 순위를 줄 수도 있었는데, 그 후보를 가장 싫어해서라기보다는 가장 선호하는 후보의 강력한 경쟁자였기 때문이었다.

이 부분은 부연설명이 필요하다. 라플라스의 말을 빌리면, 보르다 투표법은 유권자가 가장 선호하는 후보의 가장 강력한 경쟁후보를 최하위 순위에 배치함으로써 선거결과에 영향을 끼칠 수 있었다. 다시 말해, 특정후보의 지지자들이 자신들이 지지하는 후보에게 위협이 되는 걸 막기 위해 강력한 경쟁후보에게 합당한 가점을 주지 않을 수 있었다. 이번 장 앞부분에서 든 예의 상황으로 돌아가면서, 톰의 지지자들은 혹시나 딕이 당선될까 봐 내심 딕이 해리보다는 더 낫다는 걸 알면서도 일부러 딕에게 가장 낮은 순위를 줄 수 있다. 이럴 경우, 해리는 30점의 가점을 추가로 더 얻어서 144점의 총점을 얻게 되지만 당선과는 여전히 거리가 멀다. 반면 딕의 총점은 당선점수인 190점에서 160점으로 낮아진다. 그리고 결국 총점이 182점으로 변하지 않는 톰이 당선되게 된다. 사실 이번 장에서 든 또 다른 예에서 하디의 지지자들이 별로 마음에 들지 않는 구피에게 로럴보다 더 높은 순위를 준 것도 이런 경우라고 할 수 있다.

따라서 전략적 투표의 핵심은 당선될 가능성이 없는 후보들을 지지하는 후보와 그의 가장 강력한 경쟁후보 사이의 순위에 배치하는 것이다. 따라서 전략적 투표는 좋은 후보자에게 일부러 합당한 가점을 부여하지 않는다는 점에서 보르다 투표법의 진정성을 훼손한다. 그 결과 그저 그런, 뒤떨어지는 후보자들이 최하위가 아닌 2등이나 3등으로 올라서게 된다. 따라서 그다지 뛰어나지 않은 후보들에게는 전략적 투표가 오히려 득이 된다고 라플라스는 말한다. 즉 그저 그런 후보들은 1등이 될 수는 없지만, 그렇다고 해서 꼴찌가 되는 것도 아니다. 만약 상당수의 유권자들은 전략적 투표를 하기로 마음만 먹으면 가장 선호하는 후보자를 당선시키는 건 어렵지 않았다. 다만 조심해야 할 점이 있었다. 만약 또 다른 후보를 선호하는 유권자들도 마찬가지로 전략적 투표를 할 경우, 최악의 결과가 도출될 수 있었기 때문이다. 즉 의도와는 달리, 그저 그런 후보인 구피가 당선될 수도 있었다. 그리고 이 점이 보르다 투표법의 가장 큰 문제였다. 라플라스는 실제로 지나치게 머리를 쓴 유권자들 때문에 이런 식으로 예기치 않은 선거결과가 나오는 경우가 왕왕 있었다고 말한다. 그런 뒤 보르다 투표법을 시도하는 기관들이 이후 보르다 투표법을 폐기한 이유도 이런 문제 때문이라고 결론지으며 강의를 마친다.

보르다 투표법에 대한 비판은 사실 라플라스 이전에 콩도르세도 제기했었다. 콩도르세는 1785년에 발표한 「다수결에 대한 확률분석 적용에 관한 논문^{Théorie analystique des probabilités}」에서 보르다 투표법은 음모에 의해 망가질 수 있다고 적었다. 만약 서로 다른 후보를 지지하는 두 유권자 집단이 전략적 투표를 할 경우, 오히려 자동적으로 뒤떨어지는 후보가 당선될 수 있었다. 사실 이런 식으로 선거를 조작하려는 이들이 존재할 수 있다는 점이 콩도르세가 다른 선거방식을 제안한 이유이기도 했다. 콩도르세는 보르다 투표법과는 달리 자신의 선거방식은 유권자들이 가장 선호하는 후보를 필연적으로 선출되게 한다고 주장했다. 글쎄, '필연적으로'라는 건 지나친 과장이다. 콩도르세의 선출방식에서 만약 누군가가 당선된다면, 그는 당연히 좋은 후보 중 하나다. 하지만 여기서 중요한 단어는 '만약'이다. 왜냐하면, 우리 모두 이미 알고 있듯, 콩도르세의 방식에서 콩도르세의 승자가 늘 도출되는 건 아니기 때문이다.

실수로 적합하지 못한 후보가 당선될 수 있다는 점 때문에라도 유권자들이 전략적 투표를 애써 피할 거라고 생각할지도 모르겠다. 아무튼 전략적 투표가 힘을 발휘하려면 상당히 많은 수의 유권자들이 힘을 합쳐야 하는데, 사실 이런 많은 유권자들을 규합하고 강제하는 건 쉬운 일이 아니다. 따라서 현실에서 구피 같은 잘못된 후보가 당선되는 경우는 매우 드물다. 하지만 라플라스는 수학자로서 어떠한 가능성도 배제할 수 없었기에 보르다 투표법이 틀렸다고 주장할 수밖에 없었다.

보르다를 위해 변명을 하자면, 보르다 자신도 은연중에 전략적 투표의 문제를 인식하고 있었다. 이를 입증해주는 것이 후보자가 최악의 시나리오에서도 얼마만큼의 득표수를 얻어야 당선이 보장되는지를 보르다가 계산했다는 점이다. 사실 최악의 경우는 유권자들이 전략적 투표를 할 때 발생한다. 예를 들어, 피터의 지지자들은 피터를 1위에, 그런 뒤 그의 가장 강력한 경쟁후보인 메리에게는 정직하게 2위의 순위를 부여했다. 하지만 그 밖의 모든 다른 유권자들은 전략적 투표를 해서 메리를 1위로 피터는 최하위로 순위를 부여했다고 가정해보자. 피터의 입장에서 이건 최악의 시나리오다. 보르다는 계산을 통해 후보자의 숫자가 n일 경우에 피터가 $1-1/n$ 표를 획득한다면 전략적 투표에 의해 전혀 영향을 받지 않는다는 걸 증명했다(제5장의 별첨을 참조하라). 다시 말해, 만약 이런 엄격한 조건—후보가 10명이라면 전체 투표수의 90%를 획득해야 한다—이 충족된다면, 보르다 투표법에 의한 당선자는 콩도르세의 승자와 동일한 인물이 될 수 있었다. 하지만 그보다 적은 표를 획득한다면, 여전히 전략적 투표의 문제점은 사라지지 않았다.

보르다는 자신의 선거방식에 대해 뭐라고 변명했을까? 여러 비난에 대해 보르다는 자신이 제안한 방식이 오로지 정직한 유권자들만을 고려해서 설계된 것이라고 주장했다. 그 말은 정직한 유권자들이라면 전략적 고려는 전혀 배제한 채 오로지 후보자들의 자질에 맞게 순위를 매길 거라는 말이다. 변명치고는 좀 궁색하다. 만약 모든 사람들이 정직하다면, 애당초 이 세상은 문제가 없을 테고 따라서 어떠한 안전장치도 필요하지 않을 것이니 말이다.

한편 라플라스는 보르다 투표법에 대해 어떤 개선점을 제안했을까? 미래의 교사들을 상대로 한 강의에서 라플라스는 개선방안에 대해선 전혀 언급하지 않았다. 하지만 후에 그는 매우 건설적인 대안을 제시했다. 그 대안은 1812년에 글로 작성됐지만, 실제로는 그보다 이전에 이미 고안된 게 분명하다. 라플라스가 제안한 대안은 기존의 다수결 투표였다. 차이가 있다면 약간 꼬아놓았다는 점이다. 라플라스가 제안한 다수결에서 특정 사안의 채택이나 당선자의 선출은 단순한 다수결에 의해 결정되지 않았다. 오히려 당선자가 배출되려면 과반수가 필요했다. 즉 당선되려면 적어도 전체표수의 절반에 1표를 더

한 득표수를 획득해야만 했다.

라플라스는 과반수방식의 명백한 장점이 다수의 유권자들이 선출하지 않은 후보가 당선될 수 없다는 점이라고 주장했다. 여기까지는 좋았다. 그리고 만약 선거에 2명의 후보가 출마했다면, 라플라스의 과반수 요건을 충족하는 당선자는 콩도르세의 승자이기도 하면서 동시에 보르다 투표법의 당선자와 동일했다. 여기까지도 괜찮았다. 하지만 만약 후보자가 3명이 넘는다면? 즉 앞에서 든 예처럼 톰, 딕, 해리 모두 과반수인 41표를 획득하지 못한 경우가 발생한다면?

자, 이쯤에서 3가지 선거방식을 정리해보자. 순위를 매기는 보르다 투표법은 전략적 투표에 취약했다. 콩도르세의 양자대결방식은 역설적 순환이 발생할 수 있었다. 라플라스의 과반수 선거는 승자가 아예 도출되지 않을 수 있었다. 결국 모든 게 원점으로 돌아온 것이다.

1795년까지만 해도 만족스런 선거방식은 없었기에 결국 과학아카데미는 여러 문제점에도 불구하고 신입회원 선출에 보르다 투표법을 활용하게 된다. 하지만 나폴레옹이 공개적으로 반대의사를 표시한 이상 더 이상 보르다 투표법을 유지할 수는 없는 노릇이었다. 그리고 고등사법학교 학생들 중 일부가 실제로 라플라스의 강의를 기억하고 있었던 게 분명했는데, 1804년에 과학아카데미는 보르다 투표법 대신 과반수 선거를 채택했기 때문이다. 이후로 신입회원이 되려면 적어도 과반수의 기존회원이 동의해야 했다. 과반수의 동의를 얻는 후보가 없을 경우라면? 그럴 경우에는 절반에 1을 더한 기존회원들이 동의하는 후보자가 나올 때까지 신입회원 자리는 공석으로 남았다.

라플라스의 과반수 요건은 과학아카데미 회원을 선출하는 데에는 크게 문제가 없었다. 하지만 국정을 책임지는 자리라면, 유권자들의 과반수가 동의하는 당선자가 나올 때까지 공석으로 비워둘 수는 없었다. 원칙적으로 과반수 요건은 절반에 1을 더한 유권자들이 한 후보를 선출하기로 동의할 때까지 지속적으로 재선거를 실시해야만 한다는 걸 의미했다. 라플라스는 이럴 경우 투표가 끊임없이 반복될 수 있다는 걸 알았고, 갑자기 이 완고한 수학자는 보다 현실타협적인 주장을 내놓게 된다. 경험에 의하면, 유권자들은 대체로 어서 빨리 선거를 끝내고 싶어 하는 경향이 있기에 결국 빠른 시간 내에 자연스럽게 한 후보를 과반수로 추대하게 된다고 라플라스는 주장했다. 수학법칙을 엄격하게 준수해야 하는 학자의 입에서 나온 주장치고는 설득력이 떨어지는 건 사실이다. 하지만 한편으론 라플라스 같은 위대한 수학자가 필요한 경우에는 엄격한 수학적 원칙을 약간 타협했다는 건 꽤나 흥미롭다.

현재 프랑스 국회의원 선거와 대통령 선거는 라플라스가 제안한 방식을 따르고 있다. 후보는 당선되려면 선거인단으로부터 과반수의 표를 득표해야 한다. 1차 선거에서 과반수 당선자가 나오지 않을 경우, 2주 뒤에 2차 선거가 열린다. 2차 선거는 1차 선거에서 1위와 2위를 차지한 후보자 2명만을 대상으로 실시된다. 사실 이건 라플라스가 애초에 제안한 방법과는 다르다. 하지만 실용적인 측면에서 본다면, 선거결과가 빨리 나온다는 건 사실이다. 2차 선거에서 두 후보 중 한 명은 당연히 과반수의 표를 받게 된다. 이런 방식으로 선출된 당선자는 자신이 보르다 투표법, 콩도르세의 선거방식, 그리고 라플라스의 과반수 요건을 모두 충족하는 당선자라를 사실에 자부심을 느낄 수 있다. 나아가 자신을 거부한 유권자들의 숫자가 절반에 못 미친다는 점도 자부할 수 있다. 즉 2차 선거에서 오로지 한 명의 후보자와 맞붙었다는 사실은 이미 까맣게 잊어버리게 되는 것이다.

라플라스는 투표와 선거방법에 대해 다룬 뒤, 이번에는 형사재판을 다루는 판사와 배심원들에 대해 논의했다. 라플라스는 확률이론을 활용해서 만약 피고의 유죄를 선고하는 데 배심원들 중 절반에 한 명을 더한 과반수의 유죄평결이 요구된다면, 그 평결이 우연히 도출된 것일 수 있기에 피고가 진정으로 유죄인지를 의심할 수밖에 없다고 주장했다. 반면에 배심원단에게 만장일치를 요구한다면, 유죄평결이 공정할 확률은 훨씬 높았다. 하지만 만장일치에도 문제가 존재했다. 이런 지나칠 정도로 엄격한 요건은 종종 아예 유죄선고를 도출하지 못할 수도 있었다. 다시 말해, 배심원단이 만장일치를 도출하지 못할 경우에 실제 죄를 지은 죄인이 석방돼서 사회에 위협을 가할 수 있었다.

라플라스는 절충안을 제시했다. 만약 사회가 유죄평결을 내리는 데 만장일치를 요구할 것이라면, 배심원단이나 판사들의 숫자를 작게 제한해야 했다(예를 들어, 배심원단의 수가 31명이라면 만장일치를 요구하기가 결코 쉽지 않다). 반대로 만약 사회가 배심원단의 숫자를 많게 유지하고 싶다면, 만장일치 요건을 폐지되어야 했고, 무죄추정과 범죄자를 석방하는 위험 간의 균형을 맞추기 위해 과반수 평결을 요구해야 했다. 당시에는 유죄평결을 위해선 8명의 배심원들 중 5명이 찬성해야 했다. 라플라스는 확률 계산에 의하면 12명의 배심원들 중에서 9명의 찬성하는 게 적절하다고 제안했다. 오늘날 배심원 제도를 활용하는 미국의 경우에는 만장일치를 요구한다. 영국은 12명 중 10명의 찬성을 요구하며 스코틀랜드는 15명 중에서 다수결을 요구한다.

다음 장으로 넘어가기에 앞서, 한 가지 더 언급하자면, 파리 5구에는 당연히 라플라스 거리가 있다. 심지어 외계에도 라플라스라는 이름을 딴 지역이 존재한다. 실제로 달에는 라플라스 곶(산마루처럼 융기된 곳)이 있으며, 소행성 4628번은 라플라스의 이름을 따와 명명됐다.

피에르시몽 드 라플라스

　라플라스는 열세 살에 열아홉 살 된 마리샤를로테 드 코르티 드 로망즈와 결혼했다. 부부는 아들과 딸을 낳았다. 공포 정치 시대에 라플라스는 가족을 데리고 파리를 벗어나 50킬로미터 떨어진 곳에 정착했다. 혁명세력들은 대체로 라플라스를 내버려뒀다. 하지만 단 한 번 라플라스를 찾아와 새롭게 제정할 달력에 대한 자문을 구한 적이 있었다. 새 달력은 9월 22일부터 24일 사이인 추분을 기점으로 시작됐고, 1주는 10일로, 다시 1개월은 3주로 구성됐으며, 총 열두 달이 있었다. 그리고 매년 말에 5일의 공휴일이 추가됐다. 이 달력은 산술적으로는 훨씬 편리했지만 불행히도 천문학적 측면에서는 맞지 않았다. 라플라스는 또한 새로운 달력에 윤년이 추가되어야 한다는 사실도 알았지만, 혁명세력들과 괜한 논쟁을 일으키지 않는 게 더 현명하다고 생각했다. 라플라스는 그 달력에 문제가 없다고 말했고 방문자들은 순순히 돌아갔다.

　혁명세력들이 과학아카데미를 폐쇄한 이후, 국민공회는 대중교육위원회(오늘날의 교육부)로 하여금 교원 대학을 설립하게 했고, 그로부터 1년 뒤 고등사범학교가 설립됐다. 라플라스, 그리고 그만큼 유명했던 조제프 루이 라그랑주는 수학교수로 고용됐다. 아마 오늘날의 많은 수학자들은 이 두 저명한 학자의 강의를 듣기 위해서라면 어떤 것도 포기할 것이다. 하지만 1,200명의 교사지망생들에게 둘의 강의는 너무나 어려웠고, 게다가 고등사범학교는 몇 개월 만에 문을 닫고 만다. 나폴레옹은 1808년에 고등사범학교를 다시 열었고, 오늘날 이 학교는 전 세계에서 가장 저명한 고등교육기관이다. 매년 치열한 작문 및 구두시험을 통과한 오직 소수의 학생들만이 입학하며, 졸업 후에는 대부분 선도적인 교수와 학자가 되어 전 세계로 퍼져 나간다.

라플라스는 고등사범학교 교수직을 잃었을 때 그다지 애석하지 않았다. 왜냐하면 이듬해에 과학아카데미가 다시 문을 열었기 때문이다. 라플라스는 과학아카데미에서 자신의 임무를 지속하는 것 이외에 추가로 파리 천문대와 경도대의 책임자로 임명됐다. 이 두 기관에서 라플라스가 남긴 성과는 그다지 뛰어나진 않았다. 일부 동료들은 라플라스가 실용적인 연구에는 그다지 관심이 없고, 오직 이론적인 관심사만을 쫓는다고 불평했다. 라플라스는 내무부 장관으로 복무하기도 했다. 하지만 그가 그 일을 맡기에 역부족이라는 평이 돌면서 단 몇 주 만에 임명은 철회됐다. 분명한 건 평생을 걸쳐 수학을 연구했고, 이론적으로 따지길 좋아하던 그의 성격이 관료로서는 맞지 않았다는 점이다. 사실 라플라스가 행정관료로서 결함이 있다는 걸 인식한 이는 다름 아닌 그의 제자 나폴레옹이었다.

"라플라스는 오로지 세부적인 것들에만 관심이 있고, 문제점만을 고민하며 '무한소無限小'의 개념을 행정업무에까지 도입했다."

아무튼 왕정이 복고되었을 때 라플라스는 여기저기 힘을 써서 후작 작위를 받았고 이로 인해 동료들의 지탄을 받게 된다. 라플라스는 1827년에 사망했다.

Chapter 8

선거이론을 다시 부흥시킨
수학자 찰스 럿위지 도지슨

- 『이상한 나라의 앨리스』의 동화작가이자 수학자가 쓴 선거논문

19세기가 시작될 무렵, 투표와 선거에 관한 이론은 여전히 미완성이었다. 다수결 투표는 유권자가 가장 선호하는 후보자를 제외하곤 다른 후보들에 대한 선호도를 제대로 반영하지 못했고, 실제로 1등을 제외한 다른 후보들에 대한 유권자들의 선호도를 반영할 경우 선거결과에 모순이 발생할 수 있었다. 보르다 투표법은 어떤 유권자로부터도 가장 선호되지 않는 후보자가 당선될 가능성이 있었고, 양자대결에서 다른 모든 후보자를 물리칠 콩도르세의 승자가 늘 존재한다는 보장도 없었다. 결론적으로 당시 선거이론은 더 이상 발전하지 못한 채 정체돼 있었다. 하지만 마침내 전혀 뜻밖의 인물이 등장하면서 선거이론은 다시 한 번 크게 발전하게 된다. 그는 어릴 적 본명이 찰스 럿위지 도지슨^{Charles Lutwidge dodgson}이었지만 가명을 사용하는 걸 더 좋아했다. 그는 찰스 럿위지라는 이름을 라틴어로 바꾼 뒤 철자를 뒤바꿨고 다시 영국식 이름으로 변형했다. 그렇게 얻은 이름이 루이스

캐럴$^{Lewis\ Carroll}$이다. 그렇다. 우리가 알고 있는 바로 그 『이상한 나라의 앨리스』의 작가다. 도지슨은 매우 창의적인 사람이었다. 다작 작가이자 사진의 선구자였으며, 뛰어난 수학자이기도 했다. 그 또한 투표와 선거에 대한 중요한 논문을 쓰기도 했다.

도지슨의 아버지는 영국성공회 성직자였다. 아버지는 옥스퍼드대학에서 고전과 수학을 공부했고, 두 과목 모두에서 1급 학사학위를 취득했다. 이후 옥스퍼드에서 수학강사가 됐지만 교원은 반드시 독신이어야 한다는 조항 때문에 결혼을 하면서 일을 그만두고 대신 사제복을 입게 된다. 도지슨 목사는 11명의 자녀 중에서 셋째인 아들 찰스가 태어난 1832년에 데어스베리에 있는 올세인츠 교회의 부목사가 됐다. 찰스 도지슨은 어린 시절 양친으로부터 교육을 받았다. 교육은 대부분 종교적인 글을 읽는 방식으로 진행됐다. 하지만 말더듬이었던 어린 도지슨은, 매우 호기심이 강해 글을 읽는 것보다는 아버지의 뒤를 이어 수학을 공부하고 싶었다. 열두 살이 되자 집에서 16킬로미터 떨어진 학교에 진학했고, 교장 선생님 집에서 기숙생활을 했다. 그는 수학에 뛰어난 자질을 보여 3년 뒤에는 영국 중부의 유명한 공립학교인 럭비스쿨에 진학하게 된다.

도지슨은 럭비스쿨을 졸업한 후 옥스퍼드대학에 입학했다. 하지만 옥스퍼드에서의 학창생활이 처음부터 좋았던 건 아니었다. 1850년 5월에 처음으로 옥스퍼드에 도착했을 때, 도지슨은 숙소를 구하지 못해 다시 집으로 돌아와야 했다. 반년 뒤에는 숙소를 구했지만 옥스퍼드에 도착한 지 이틀 만에 다시 집으로 향해야 했다. 어머니가 갑자기 돌아가셨기 때문이다. 옥스퍼드대학생활에 적응한 후에는 수학에서 아주 뛰어난 재능을 보이며 1등급 학위$^{first-class\ degree}$를 받았다. 반면 고전 분야에서는 신통치 않아 3등급 학위$^{\text{third-class degree}}$를 받았다. 도지슨의 성적은 매년 25파운드가 지급되는 장학금을 받기에 충분했고, 이 장학금은 연구비 명목으로 평생 동안 지급되었다. 그가 옥스퍼드에서 맡은 일 중에는 학생들을 지도하는 것도 포함돼 있었고, 실제로 1855년에 도지슨은 옥스퍼드에서 수학을 강의했다. 도지슨은 아버지와는 달리 성직자 서약을 하지 않았는데 성공회 교리를 믿지 않았기 때문이다.

옥스퍼드대학의 크라이스트처치칼리지 교수가 된 도지슨은 유클리드 기하학과 행렬식에 대해 몇 편의 논문을 썼지만 수학계에 그다지 큰 업적은 남기지 못했다. 오히려 도지슨이 수학계에 기여한 부분은 대체로 교습법 분야였다. 도지슨은 학생용 연습문제와 참고서를 썼고 수학퍼즐을 즐겨 풀곤 했다. 하지만 도지슨이 푼 문제들은 퍼즐이라고 하기에는 지나치게 수준이 높았다. 도지슨이 다룬 문제들은 「에듀케이셔널 타임스$^{\text{Educational Times}}$」라는, 19세기 후반부터 매월 발간된 수준 높은 잡지에서 나온 것들이었다. 그 잡지는 교육학, 장학금 제도, 교사 채용, 서평, 교과서 선전 등을 다뤘고 무엇보다 수학문제와 풀이를 제공했다. 잡지에서 다뤄진 수학문제들은 수준이 매우 높았다. 기고자 중에는 J. J. 실베스터$^{\text{J. J. Sylvester}}$, G. H. 하디$^{\text{G. H. Hardy}}$와 같은 굉장한 수학자들과 철학자 버트런드 러셀$^{\text{Bertrand Russell}}$도 있었다.

도지슨은 시간이 많아지자 취미를 갖기로 결심했다. 당시는 사진이 막 발명된 시기였고, 도지슨이 사진기를 처음 주문한 때도 사진이 발명된 지 20년밖에 안 된 1855년이었다. 그는 단기간에 매우 능숙한 사진사가 됐는데 문제는 피사체였다. 그는 어린 여자아이들을 사진에 담는 걸 매우 좋아했다. 그 자체만으로도 사람들의 눈총을 사기에 충분했는데 시간이 지나면서, 부모의 허락을 얻긴 했으나, 어린 소녀의 벌거벗은 모습을 사진에 담기 시작했다. 도지슨이 가장 좋아하던 모델은 크라이스트처치칼리지의 학장이자 저명한 학자였고, 유명한 『그리스어-영어 사전』을 공동저술한 헨리 리들^{Henry Liddell} 박사의 딸이었다. 도지슨의 사진으로 판단컨대, 앨리스 리들^{Alice Liddell}은 — 옷을 입은 모습이 — 실제로 매우 아름다운 열한 살짜리 소녀였다.

　어느 날 도지슨은 두 동료, 그리고 리들 가족과 함께 뱃놀이를 갔다. 앨리스와 자매들은 싫증이 나서 시간을 때우기 위해 도지슨에게 재미난 이야기를 들려달라고 졸랐다. 그리고 바로 그 순간 도지슨은 무척 재미나면서 동시에 매우 심오해서 오늘날의 아이는 물론 어른들까지 사로잡는 이야기를 지어내게 된다. 후에 도지슨은 리들 자매들에게 들려준 이야기를 글로 옮겨 적었고, 어린 앨리스에게 그 글을 선물로 줬다. 리들 가족의 친구 한 명이 리들의 집을 방문했다가 그 원고를 우연히 보았고, 도지슨에게 그 이야기를 책으로 내자고 제안했다. 그렇게 『이상한 나라의 앨리스』는 1865년에 책으로 출간됐고 지금까지도 사랑받는 베스트셀러가 되었다. 1872년에 발표된 후속작 『거울 나라의 앨리스』도 출간된 지 7주 만에 자그마치 1만 5,000부가 판매됐다.

　반면 도지슨은 수학자로서는 그다지 두각을 나타내지 못했다. 후세에까지 전해질 만한 수학적 결과물이 없었다. 그가 수학계에 기여한 업적은 사소한 것들이었다. 예를 들어, 도지슨의 남긴 업적 중에는 알고리즘 — 컴퓨터가 한참 뒤에야 발명되긴 했지만, 여기서는 아무튼 알고리즘이라고 부르기로 하자 — 의 발명이 있었다. 그 알고리즘은 2499년까지 매년 부활절 주일을 정확하게 계산해냈다. 사실 이 부분에서만큼은 도지슨이 19세기의 유명한 수학자이자 수학의 왕자로 불리는 독일 괴팅겐 출신의 카를 프리드리히 가우스^{Carl Friedrich Gauss} 보다 한발 앞섰다고 할 수 있다. 왜냐하면 가우스는 기껏해야 1999년까지만 부활절 주일을 정확히 계산해냈기 때문이다. 반면 도지슨의 알고리즘은 1954년만 제외하고는 정확하게 부활절 주일의 날짜를 계산해냈다. 왜 1954년의 날짜는 계산해내지 못했을까? 도지슨은 그 이유를 찾기 위해 애썼지만 결국 포기했고 "이 이상한 현상을 도무지 납득할 수 없다."라고 인정했다.

하지만 도지슨이 수학자로서 후세에 기여를 한 분야가 하나 있긴 하다. 바로 투표와 선거이론이다. 도지슨이 투표와 선거에 관심을 가진 계기는 몸담은 대학이 잘 되길 바라는 마음에서 비롯됐다. 도지슨은 가정을 꾸리지 않았다. 그래서 늘 바쁘게 크라이스트처치칼리지의 행정업무를 챙겼다. 공원을 크리켓 운동장으로 바꾸거나, 과학전공생들의 수업불참을 맹렬하게 반대하기도 했다. 한편 당시 학장이었던 헨리 리들 박사는 자주 학교건물을 개조하거나 변경해서 자신의 예술적 충동을 발산하려 했다. 도지슨은 학장의 눈 밖에 나는 것을 각오하면서까지 이를 막으려 했고, 학장의 건축학적 심미안은 늘 그에게 골칫거리였다.

교직원이 학생의 처우에 대해 막대한 영향력을 행사하는 관행은 사실 19세기 중반이 지나서야 바뀌었다. 그전까지만 해도 장학생 선발은 전적으로 학장과 교직원의 권한이었다. 따라서 장학금은 거의 대부분 교직원과 친척이거나 친한 집안의 자제에게 돌아갔다. 하지만 1855년에 헨리 리들이 속해 있던 영국왕립위원회는 이런 관행에 종지부를 찍었고 대학의 행정절차를 바꾸라고 권했다. 그러자 교육정책과 재정관리, 대학의 수입과 같은 사안들이 모두 이사회의 소관으로 넘어갔다. 이사회는 학장, 교직원, 학생으로 구성됐고, 특히 학생이 대다수를 차지했다. 당연히 교직원은 자신의 특권이 줄어드는 상황을 마음에 들어하지 않았다. 그리고 장학금을 성적에 따라 지급해야 한다는 말에 마침내 폭발하고 만다. 교직원들은 발끈하며 '단순한 지적 우월성'에 의거해 장학금을 수여하는 건 바람직하지 않다고 주장했다. 당시 옥스퍼드대학의 상황이 그랬다.

학장의 권한 또한 축소됐고, 크라이스트처치칼리지에 불어닥친 민주주의의 바람 때문에 매일 결정해야 할 사안들이 쇄도했다. 학장은 더 이상 예전처럼 즉흥적으로 어떤 과제를 추진할지, 누구의 손을 들어줄지 자기 마음대로 결정을 내릴 수 없게 됐다. 즉 모든 사안이 투표로 결정되어야 했다. 끊임없이 회의가 열렸고 사안은 모두 투표에 부쳐졌다. 누군가를 선출하거나 여러 사안 중 하나를 선택하는 데 있어서 공정한 투표방법을 찾는 것이 무척 중요해진 것이다.

도지슨은 1873년 말에 투표에 대한 첫 논문을 썼다. 논문을 쓴 이유는 당시에 프랜시스 패짓^{Francis Paget}을 대학원 장학생으로 선정하는 문제와 로버트 에드워드 베인스^{Robert Edward Baynes}를 리 교수의 물리학 부교수로 임명하는 문제에 대한 선거가 다가오고 있었기 때문이다. 특히나 물리학 부교수 임명은 도지슨이 매우 관심이 많았던 사안이었는데, 4년 전에는 부교수직이 생기는 것 자체를 반대했었다. 도지슨은 물리학 부교수직이 자신의 전문분야를 침해한다고 생각했다. 도지슨이 보기에 물리학은 결국 수학의 응용분야에 불과했다. 도지슨이 강경한 태도를 거둔 것도 리 교수의 부교수가 실험에만 관여할 거라는 확답을 듣고 나서였다.

위원회 회의는 12월 18일 목요일에 열릴 예정이었다. 위원회 모임이 열리기 일주일 전 금요일, 도지슨은 후보자 구두심사에 참석한 뒤이런저런 일을 처리하며 하루를 보냈다. 저녁이 되자 문득 조만간 실시될 선거에 대해 살펴보자는 생각이 들었다. 막상 자세히 들여다보니, 선거는 그가 생각했던 것보다 훨씬 복잡했다.

도지슨은 서둘러 「다양한 선거절차방식에 대한 논의」라는 논문을 썼다. 논문을 완성하는 데는 단 6일이 소요됐다. 도지슨은 동료들을 모두 회의실에 불러모은 후 자신의 의견을 피력했다. 위원회를 앞두고 논문이 인쇄됐고, 단 하루 만에 대학교 이사회 전원에게 배포됐다. 말을 더듬는 수학자 도지슨은 뛰어난 웅변가가 되지 못했고 교직원들을 설득할 만한 말솜씨도 없었다. 하지만 당시 크라이스트처치칼리지는 큰 변화를 겪고 있었다. 건물공사로 인해 대학재정은 고갈됐고 학교의 미래 또한 불확실했다. 따라서 이사회는 어떤 제안이든 합리적이기만 하다면, 심지어 경력이 짧은 교직원의 제안이라 할지라도 심각하게 재고할 의사가 있었다. 나아가 이사회는 아무리 제안의 내용이 복잡하더라도 그 장점을 충분히 파악할 만한 지적 능력이 있는 인물들로 구성돼 있었다.

도지슨은 기존의 투표방식에서 어떤 오류가 생길 수 있는지를 논의하는 걸로 논문을 시작했다. 다수결 투표를 먼저 다루면서, 다수결 투표에서는 가장 선호하는 후보자를 제외한 나머지 후보자들에 대한 유권자들의 선호도까지 따질 경우에 매우 비합리한 결과가 발생할 수 있다고 주장했다.

다음 예시는 4명의 후보자들을 상대로 11명의 유권자들이 투표를 한 결과다. 다수결방식에서는 후보 b가 당선자가 된다.

b > a > c > d

b > a > c > d

b > a > c > d

b > a > c > d

b > a > c > d

b > a > c > d

a > c > d > b

a > c > d > b

a > c > d > b

a > d > c > b

a > d > c > b

도지슨은 다수결방식이 상식에 완전히 위배된다고 주장했다. 왜냐하면 후보 a는 모든 유권자들로부터 1위, 또는 2위로 선호된 반면, 과반수를 획득한 후보 b는 5명의 유권자로부터 꼴찌로 뽑혔기 때문이었다.

"후보 a가 당선되는 게 더 합리적이지 않소?"

도지슨은 이사회를 상대로 물었다.

그런 뒤 도지슨은 이번에는 후보자들이 양자대결을 펼치는 방식에 대해 논했다. 양자대결에서 승리한 후보는 무작위로 선택된 또 다른 후보와 다시 양자대결을 펼쳤고, 결국 마지막에는 한 명의 후보만이 남았다. 사실 무작위로 양자대결을 펼칠 후보를 선택한다는 것을 제외하면, 이 방식은 라몬 유이가 제안한 세 번째 방식과 동일하다. 따라서 마찬가지 문제가 존재했고, 실제로 도지슨은 후보자들이 양자대결을 펼치는 순서에 따라 '매우 터무니없는 결과'가 도출될 수 있다고 지적했다. 논문에서 도지슨은 이 방식이 후보들의 양자대결 순서라는 우연적인 요소에 의해 결과가 결정되기에 전혀 신뢰할 수 없다고 썼다.

그다음으로 논의한 건 다단계 경선방식이었다. 매번 경선에서 유권자들은 선호하는 후보자를 선출한다. 가장 낮은 표를 얻은 후보는 탈락하며, 단 한 명의 후보, 즉 당선자가 나올 때까지 경선은 반복된다. 도지슨은 예를 들어가며, 이 방식은 모든 유권자들이 가장 인정할 만한 후보가 최초 경선에서 탈락해버리는 결과를 도출할 수 있다고 지적했다. 이 방식은 이 책에서 지금 처음 등장한 것이기에 도지슨이 든 예를 자세히 설명하겠다.

11명 유권자의 선호도가 다음과 같다고 가정해보자.

$b > a > c > d$

$b > a > c > d$

$b > a > c > d$

$c > a > b > d$

$c > a > b > d$

$c > a > b > d$

$d > a > c > b$

$d > a > c > b$

$a > b > d > c$

$a > c > d > b$

후보 a는 오직 2명의 유권자로부터 1위로 뽑혔다. 따라서 후보 a는 1차 경선에서 탈락하고 만다. 나머지 후보들은 다음 경선으로 진출하게 되고, 선호도 결과는 이제 다음과 같이 바뀐다.

b > d > c
b > c > d
b > d > c
c > b > d
c > b > d
c > b > d
d > c > b
d > c > b
d > b > c
b > d > c
c > d > b

이렇게 되자 (각각 4표를 획득한 후보 b와 c와는 달리) 오직 3표만을 획득한 후보 d가 다시 탈락하게 된다. 다시 경선이 진행되고, 결과는 다음과 같아진다.

b > c
b > c
b > c
c > b

c > b

c > b

c > b

c > b

b > c

b > c

c > b

　최종경선에서 후보 c는 6표를, 후보 b는 5표를 받았다. 따라서 당선자는 c가 된다. 자, 이제는 이 결과를 후보 4명이 모두 겨뤘던 1차 경선결과와 비교해보자. 1차 경선에서 11명의 유권자 중 8명은 c보다는 a를 더 선호한다고 밝혔다.

　마지막으로 도지슨은 '점수부여를 통한 선출방식'을 제안한다. 이 방식에서 개별 유권자는 후보에게 부여할 수 있는 정해진 점수를 갖는다. 그리고 가장 많은 점수를 획득한 후보가 당선자가 되는 방식이다. 이 방식은 제5장에서 소개한 보르다의 가점부여방식과 유사하지만 한 가지 차이점이 있다. 보르다 투표법에서는 가장 낮은 순위의 후보가 1점의 가점을 부여받고, 순위가 한 단계 올라갈수록 1점씩 더 부여했었다. 반면 도지슨의 방식은 유권자가 원할 경우 모든 점수를 단 한 명의 후보에게 부여하는 걸 허락했다. 예를 들어, 유권자는 2명의 후보자에게 점수를 반씩 나눠서 동일하게 부여할 수도 있고, 또는 가장 선호하는 후보자에게는 5점, 그다음 후보에게는 3점, 그리고 나머지 3명의 후보자에게는 1점씩만 줄 수도 있다. 그런데 바로 여기에 문제점이 있었다.

도지슨은 유권자들이 진정한 선호도에 따라 후보자들에게 점수를 부여할 경우, 이 방식은 매우 적절한 선거방식이라고 말한다. 하지만 유권자들 또한 이기적이고 기만적인 인간이기에, 결국 가장 선호하는 후보에게 모든 점수를 부여하고, 나머지 후보들에게는 전혀 점수를 주지 않을 거라고 주장한다. 따라서 점수를 부여하는 선출방식은 결국 다수결과 다를 바가 없었고, 마찬가지로 다수결의 단점도 고스란히 존재했다(도지슨은 덧붙여 후보가 출마하면 유권자들이 찬성표나 반대표를 던지는 방식도 언급했다. 하지만 다른 선거방식과 마찬가지로, 이 방식 또한 상식에 어긋난 결과를 가져올 수 있었다. 왜냐하면 다수의 유권자들이 선호하지 않는 후보가 당선될 수 있었기 때문이다).

지금 언급한 방식이 왠지 익숙하게 들리는가? 당연하다. 왜냐하면 도지슨의 논문에서 지금까지 다룬 방식들은 콩도르세 후작과 보르다가 이미 1세기 전에 제안하고 지적했던 내용과 거의 유사하기 때문이다. 그렇다면 도지슨이 표절을 한 것일까?

아니다. 도지슨은 결백하다. 그가 보르다와 콩도르세의 선거이론 논문을 읽어보지 않았다는 증거가 있다. 사실 '하지 않았다'를 입증하는 건 '했다'를 입증하는 것보다 훨씬 어렵다. 예를 들어, 고대 로마인들이 무선통신을 사용하지 않았다는 걸 어떻게 입증할 것인가? 하지만 도지슨의 경우에는 증거를 제시할 수 있다. 일단 도지슨은 선배 학자들의 글을 그다지 즐겨 읽지 않은 것으로 전해진다. 그는 문학작품을 제외하곤 그다지 책을 읽지 않았다. 하지만 도지슨이 논문을 작성할 당시에 이전에 선거에 대해 쓰인 글이 있는지를 먼저 찾았을 수도 있다. 만약 문헌을 찾으려했다면, 도지슨은 당연히 크라이스트처치칼리지의 도서관부터 살폈을 것이다. 그리고 이 존경할 만한 교육

기관의 장서에서 도지슨이 두 프랑스 선배학자들의 논문을 읽지 않았다는 증거가 발견된다. 당시 1781년에 발간된 「왕립과학아카데미의 역사」가 도서관에 소장돼 있었던 건 맞다. 하지만 보르다의 논문 「투표를 통한 선거에 대한 소론」이 있는 부분은 종이 윗부분이 절단돼 있지 않았다! 이 점을 보더라도 도지슨은 보르다의 논문을 읽지 않은 게 분명하다.

그렇다면 콩도르세의 「다수결에 대한 확률분석을 다룬 논문」은 어떨까? 이 소책자는 도서관에 아예 소장돼 있지 않았다. 만약 도지슨이 이 책을 구하려했다면 가장 가까운 보들리도서관을 찾았을 것이다. 옥스퍼드대학의 중앙도서관이었던 보들리도서관은 1602년에 설립됐고, 크라이스트처치칼리지 도서관에 비해 보관된 책의 숫자도 훨씬 많았으며, 무엇보다 콩도르세의 소책자가 소장돼 있었다. 그러나 여기서도 마찬가지로 선거를 다룬 부분은 종이 윗부분이 절단돼 있지 않았다. 물론 도지슨이 다른 곳에서 이 두 논문을 읽었을 수도 있다. 하지만 다른 도서관들이 도지슨의 집에서 꽤나 멀리 떨어져 있었다는 점을 고려할 때 그랬을 가능성은 매우 낮다. 도지슨이 보르다나 콩도르세의 논문을 읽지 않았다는 건 꽤 확실해졌다. 게다가 도지슨은 라몬 유이나 니콜라우스 쿠사누스에 대해 전혀 알지 못했다. 결론적으로 도지슨은 표절을 하지 않았다.

도지슨은 논문의 다음 장에서 혁신적인 방법을 소개한다. 후보자나 대안이 여럿일 경우, 유권자들에게 '무선출'이나 '무결정'이란 선택권을 부여하자고 주장했던 것이다. '무선출' 선택권이 없다면 유권자

---

* 오래전에 출간된 책들은 책 제작 시에 종이 윗부분을 절단하지 않아 책장이 서로 붙어 있는 경우가 많았다. 따라서 '윗부분이 절단돼 있지 않았다'는 말은 그 부분을 누군가가 읽어보지 않았다는 의미다.

들은 마음에 드는 후보가 없는 경우에도, 그 직책에 아무도 당선시키지 않고 공석으로 비워두는 게 나은 경우에도 무조건 한 명을 찍어야만 했다. 또는 대다수 유권자들이 마음에 드는 대안이 하나도 없는 경우일지라도, 만약 '무결정' 선택권이 주어지지 않는다면 유권자들은 결국 무조건 하나의 대안에 표를 던져야만 했다.

도지슨이 선거이론에 진정으로 크게 기여한 부분은 논문의 3장에 담긴 내용이다. 3장에서 도지슨은 점수를 부여하는 선거방식을 논의하면서 이 방식이 선거인단의 조작에 의해 영향을 받을 수 있다고 지적한다. 즉 우리가 이전 장에서 살펴본 '전략적 투표'의 문제를 제기한 것이다. 일단 도지슨은 가장 마음에 들지 않는 후보에게 점수를 전혀 주지 않고, 끝에서 두 번째 후보에게는 1점을, 끝에서 세 번째 후보에게는 2점을 주는 식으로 계속 선호도에 따라 높은 점수를 주는 방식을 주장했다. 따라서 만약 후보자가 n명이라면, 가장 순위가 높은 후보는 n−1점을 받게 되는 셈이다. 여기까지는 보르다 투표법과 다를 바가 없다.

하지만 도지슨은 여기서 멈추지 않고 개선안을 내놓았다. 특히 이전에는 간과됐던 상황, 그러니까 유권자들이 2명 이상의 후보자를 동일하게 선호하는 경우를 고려했다. 잠시 후 살펴보겠지만, 이 문제를 특별히 다룸으로써 도지슨은 전략적 투표의 문제도 동시에 해결했다.

도지슨이 제안한 방식에서, 유권자들은 선호도가 같은 후보자들을 한 '동일집단'으로 묶었다. 그렇다면 이 동일집단에 속한 후보자들에게는 몇 점이 부과됐을까? 전략적 투표의 경우라면 유권자들은 가장 선호하는 후보를 최상위에 올려놓은 후 n−1점을 부여했고, 다른 모든 후보들을 동일집단으로 묶어서 최하위로 놓은 뒤 0점을 부여하려 했을 것이다. 하지만 바로 이 대목에서 도지슨은 선거이론의 새로운 장을 연다. 그는 매우 창의적인 대안을 내놓았는데, 동일집단에 속한 후보자들에게 무조건 해당 순위에 부합하는 점수를 일괄적으로 부여하는 것이었다. 따라서 1위에 놓인 후보는 $n-1$점을, 2위 후보에는 $n-2$점을 부여하고, 그런 뒤 동일집단에 속한 3명의 후보들이 그 다음 순위에 놓인다면 3명의 후보 모두에게 $n-3$점을 주었다. 그런 뒤 다음 순위에 놓인 후보나 또 다른 동일집단에 속한 후보들에게는 $n-4$점을 주는 방식이었다. 따라서 만약 유권자가 한 명의 후보를 최상위에 두고 다른 모든 후보들을 동일집단으로 묶어 최하위로 두었을 경우, 이 집단에 속한 후보들에게는 모두 $n-2$점이 부여됐다. 이럴 경우 전략적 투표에 의한 선거결과 조작은 실패할 수밖에 없었고, 당연히 유권자들도 후보자들을 동일집단으로 묶어 최하위에 배치하는 걸 피할 수밖에 없었다.

1873년 12월 18일이 되면서 도지슨이 제안한 선거방식이 첫 시험대에 올랐다. 프랜시스 패짓은 기존 선거방식대로 별 문제없이 대학원 장학생으로 선정됐다. 하지만 물리학 부교수 선출에는 도지슨이 제안한 선거방식이 활용됐다. 선거결과는 박빙이었다. 베커가 48점을, 베인스가 47점을 받았다(또 다른 후보는 큰 점수 차이로 3위를 차지했다). 점수부여방식은 상대적으로 새로운 방식이었으므로, 사실상 무승부인 두 후보는 다시 다수결로 투표를 진행했다. 그런데 누구도 예상치 못한 결과가 나왔다. 제3의 후보가 없는 상황이 되자 점수부여방식에서 패한 베인스가 11표를 얻어 9표를 얻은 베커를 제치고 승리한 것이다. 결국 물리학 부교수로 선출된 사람은 베인스였다(베인스는 거의 반세기에 걸쳐 크라이스트처치칼리지에서 복무하면서 열과 열역학에 대한 교재를 저술했고 1919년에 은퇴한 후 1923년에 작고했다).

그건 도지슨이 의도했던 결과가 아니었다. 오히려 도지슨의 방식은 이런 역설적인 결과를 피하기 위해 설계된 것이었다. 도지슨은 실망감을 감추려 애쓰면서 그날 자신의 일기장에 점수부여 선거방식이 이 사회에서 활용됐다고만 적었다. 자신이 제안한 선거방식이 이사회 다수가 선호하는 후보자를 선출하지 못해 처참한 실패로 끝났다는 내용은 빼놓았다. 하지만 도지슨은 오히려 이를 계기로 선거방식에 대해 더 깊게 고민하게 되었다.

개선된 선거방식을 제안할 기회는 생각보다 빨리 찾아왔다. 물리학 부교수를 선출하기 위해 모인 이사회 회의에서 교내 종탑건설비용 산출위원회가 조직됐다. 위원회는 6명의 건축가에게 종탑설계도를 제출하라고 요청했고, 이후 여러 번 회의를 했지만 의견 차이가 심했다. 모두가 동의한 건 한시라도 빨리 결정을 내려야 한다는 것뿐이었다. 도지슨은 1년 전 크리스마스 연휴 때부터 의사결정방식에 대해 고심하고 있었다. 비록 그 생각은 완전히 정리되지 않은 상태였지만 학교 건물건축은 그가 매우 중시하는 사안이었고 종탑설계도 결정까지는 시간이 매우 촉박했다. 결국 도지슨은 선거방식에 대한 첫 논문을 발표한 지 반년 만에 위원회 앞에서 자신이 생각해낸 새로운 선거방식을 소개했다. 하지만 새 논문은 미완성이었고 발표 시기도 일렀다. 그런데도 도지슨은 새 논문에서 새로운 선거방식을 제안했다. 다만 새로운 방식이 왜 기존방식보다 더 좋은지에 대해선 굳이 설명하지 않았다. 그리고 명백한 문제가 도출될 경우에는 그 문제에 대한 해답을 제시하기보다는 그저 커다란 물음표로 놔두었다.

1874년 7월 13일에 발표된 논문의 제목은 「2가지 이상의 복수 사안 중 하나를 선택할 때 최상의 투표방법에 대한 제안」이었다. 민망하게도 이전에 제안했던 점수부여방식 투표에서 다수가 선호하던 물리학 부교수 후보 베인스가 탈락한 후였기에, 도지슨은 새로운 선거방식에 대해 간략하게만 설명했다. 도지슨을 위해 약간 변명을 한다면, 그는 이전에 제안했던 선거방식에 결점이 있었다는 걸 솔직하게 인정했다. 실제로 논문 머리말에 이렇게 적었다.

"나는 (이전에 제안했던) 선거방식을 더 이상 지지하지 않는다. ······ 물론 그 방식은 다른 선거방식만큼 유용하다. 즉 다른 선거방식이 실패할 경우, 내가 제안했던 방식이 유용할 수도 있다. 하지만 이런 경우가 자주 있지는 않을 것이다."

도지슨이 새롭게 제안한 선거방식에서는 일단 유권자들이 특정후보나 특정사안을 과반수로 지지하는지를 먼저 확인했다. 즉 유권자들에게 투표용지가 배포됐고, 유권자들은 그 쪽지에 지지하는 후보나 안건을 적었다. 당연히 유권자들에게는 '무선출'과 '무결정' 선택권도 부여됐다. 유권자들은 쪽지에 자신이 선택한 바를 적고 그 밑에 자신의 이름도 적었다. 이 단계에서 한 후보나 한 사안에 대해 과반수 지지가 도출되면 합의가 이뤄진 것으로 여겼고 그걸로 모든 투표절차는 종료됐다.

하지만 과반수 후보가 도출되지 않을 경우, 도지슨은 2명씩 짝을 지은 후보들을 상대로 투표를 해야 한다고 제안했다. 다른 모든 후보들과의 양자대결에서 승리한 후보는 절대승자가 됐다. 이 대목에서도 앞에서 이미 살펴본 내용들이 떠오를 것이다. 도지슨이 말한 절대승자는 결국 제6장에서 살펴본 콩도르세의 승자와 같은 개념이다. 당연히 도지슨은 모든 양자대결에서 유권자들로부터 더 많은 지지를 받는 단 한 명의 후보가 도출되길 바랐을 것이다. 하지만 앞에서도 살펴봤듯, 콩도르세의 승자가 늘 존재하는 건 아니다. 즉 비록 한 후보가 대부분의 다른 후보보다 유권자들에게 더 많은 지지를 받는다고 할지라도, 대부분의 후보들보다 지지를 덜 받는 한 후보와의 양자대결에서 여전히 패할 수도 있다.

그렇다면 도지슨은 절대승자가 없는 경우에 대해 어떤 제안을 했을까? 그에 대한 대답은 "아무것도 하지 말라."는 것이었다. 도지슨은 다만 만약 첫 번째 경선에서 과반수가 도출되지 않았고, 두 번째 경선에서도 절대승자가 나오지 않는다면, 적어도 유권자들의 의견이 비슷하게 나뉜다는 사실을 확인할 수 있다고만 언급했다. 도지슨은 이런 상황에서 명확한 해결책을 제시하지 못한다는 게 마음에 들지 않았고, 자신의 제안이 스스로의 기대에도 못 미친다고 생각했다. 그는 논문의 말미에서 이 상황을 교묘하게 한 문장으로 정리했다.

"당연히 이런 상황은 매우 곤란한 상황이라고 할 수 있다."

그런 뒤 소심하게 덧붙였다.

"이런 곤란한 상황은 내가 논문에서 제안한 방식을 적용할 경우 줄어들지는 않겠지만 적어도 더 증가하지는 않는다고 확신할 수 있다."

1874년 7월 18일, 크라이스트처치칼리지 이사회는 종탑디자인을 확정하기 위해 모였다. 회의는 5시간에 걸쳐 진행됐다. 건축설계안 제출을 요청받은 6명의 건축가 중에서 4명이 건축설계안을 제출했는데, 이사마다 좋아하는 설계안이 달랐다. 각 설계안을 동시에 투표에 부치자, 잭슨의 타워형 디자인은 9표를, 딘의 회랑형 디자인은 5표를, 보들리의 관문형 디자인은 2표를 받았다(네 번째 디자인은 투표가 시작되기 전에 제외됐다). 하지만 보들리에게 새로운 디자인을 맡기자는 걸 지지하는 표도 7표나 나왔다. 어떤 계획안도 과반수 동의를 얻지 못했기에, 이사회는 도지슨이 제안한 대로 계획안을 2개씩 짝지어 투표에 부쳤다. 그 결과 첫 투표에서 가장 많은 표를 얻은 잭슨의 디자인은, 9 대 17로 보들리에게 새로운 디자인을 맡기자는 대안에 패배하고 말았다.

종탑이 어떤 식으로 결론이 났는지는 전해지지 않는다. 하지만 종탑을 둘러싼 논란은 도지슨으로 하여금 의사결정 절차에 대해 더 깊게 연구하게 하는 촉매제가 됐다. 실제로 도지슨은 가장 실용적인 투표방식에 대해 책을 쓰기로 결심했다. 때마침 도지슨이 깊게 파고들 만한, 논란을 불러일으키는 새로운 사안이 대두됐다. 독일 출신의 동양학자이자 비교언어학 및 종교학 교수인 프리드리히 막스 뮐러^{Friedrich} ^{Max Müller}와 관련된 문제였다. 뮐러는 1851년 크라이스트처치칼리지에 합류했고, 산스크리트어와 인도 종교 및 철학에서 세계적인 권위자였다. 특히나 인도에서 명성이 자자했으며 저술 또한 상당한 관심을 끌었다. 또한 뮐러는 단 한 번도 인도를 방문하지 않으면서 인도의 정치상황에 매우 관심이 많았다. 뮐러가 저술한 교재는 지금도 학생들과 학자들 사이에서 필독서로 통한다(그렇다고 해서 모두가 그의 연구성과를 칭송한 건 아니다. 한 가톨릭 주교는 뮐러의 강의에 대해 "신의 계시에 대한 도전이자, 예수 그리스도와 기독교에 대한 반대운동"에 불과하다고 폄하했다).

뮐러는 쉰을 넘긴 무렵에 인생의 진로를 바꾸기로 결심했다. 28년을 대학강단에 서고 나자 강의는 남들도 자기만큼 잘한다는 생각에 더 이상 학생들을 가르치고 싶지 않았다. 대신 남은 평생을 동방의 경전을 번역하고 편집하면서 보내고 싶었다. 크라이스트처치칼리지는 그의 요청을 들어주지 않았다. 하지만 비엔나대학에서 뮐러에게 강의는 하지 않되 연구에만 전념할 수 있는 학과장직을 제안했다고 하자 크라이스트처치칼리지도 생각이 바뀌었다. 세계적인 명성을 지닌 학자를 다른 학교에 빼앗기고 싶지는 않아서 강의는 없애주되 기존 연봉의 절반만 지급하는 제안을 내놓았다. 연봉의 나머지 절반은 뮐러를 대신해 강의하는 교수에게 지급하기로 했다. 리들 학장은 이 제안을 지지했고, 이제 대학의 중요사안을 결정하는 총회는 결론을 내려야 했다.

도지슨은 이 제안에 격노했다. 뮐러를 대체할 부교수에게 연봉의 절반만 지급하는 건 불공정한 처사라고 생각했다. 게다가 이 모든 걸 자신의 적수인 리들 학장이 제안했다는 것 또한 마음에 들지 않았다. 도지슨은 격렬하게 반대하면서도 친구인 뮐러 교수에게 악감정이 있어서 이러는 건 아니라고 강조했다. 총회는 1876년 2월 15일에 열렸다. 도지슨은 제안에 반대하는 사람들이 혹시라도 반대표를 던졌다가 따돌림을 당할까 봐 두려워서 아예 투표에 참가하지 않을지도 모른다는 점을 염려했다. 그래서 총회가 열리는 건물의 입구에서 전단지를 나눠줬다. 그는 소설가적 상상력을 동원해서, 새로운 강사의 연봉을 절반만 지급하고, 나머지 절반을 뮐러에게 지급하는 것은 마치 자선행사에 참석한 사람이 연설에 너무나도 감명을 받아 동네 기부함에 들어 있는 돈을 꺼내 기부하는 것과 마찬가지라고 주장했다.

총회는 관련 없는 주제로 시작됐다. 총회 참석자들은 신임 산스크리트어 강사에게 연봉을 절반만 지급해도 될지를 논의하는 게 아니라 엉뚱하게도 뮐러에 대한 찬사를 늘어놓느라 바빴다. 이 일을 보도한 「타임스Times」에 의하면, 도지슨은 이 상황이 너무나 기가 막혀서 자리에서 일어나 동료들에게 제발 주제에 집중하자고 말했다고 한다.

정규 강사에게 절반의 연봉을 지급해야 될지에 대해선 의견이 분분했다. 하지만 리들 학장은 뛰어난 말솜씨로 논의를 유리하게 이끌었다. 그리고 결국 제안은 94표 대 35표로 통과됐다. 뮐러는 결국 더 이상 강의를 하지 않아도 됐고, 남은 평생을 힌두교, 불교, 도교, 유교, 조로아스터교, 자이나교, 이슬람교 경전에 바치게 된다. 뮐러는 모두 합쳐 49권의 책과 색인을 남겼고, 모두 옥스퍼드대학의 클래런던 출판사에서 출간됐다.

도지슨은 분통이 터졌다. 신임 비교언어학 및 산스크리트어 강사가 터무니없이 적은 보수를 받게 됐다는 것보다 리들 학장과의 대결에서 패했다는 게 원통했다. 투표방식 때문에 진 건 아니었지만 아무튼 도지슨은 총회의 투표절차를 다시 검토하는 데 전념했고, 일주일 만에 선거방식에 대한 세 번째 논문인 「2개 이상의 사안에 대한 투표방법」을 완성했다. 20세기 스코틀랜드 학자인 덩컨 블랙^{Duncan Black}의 말을 빌리자면, 이 논문은 "선거 및 의사결정 이론에서 (도지슨을) 콩도르세 바로 밑에 위치하게 한 논문"이었다.

그로부터 1년 6개월이 지난 1877년 12월에 도지슨은 친구들과 지인에게 논문을 나눠줬다. 편지를 동봉해서 논문을 보고난 뒤 의견을 말해달라고 요청했지만 답장을 받았는지는 확실하지 않다. 이 논문에서 도지슨은 선거에서 발생하는 역설에 대해 처음으로 언급했다. 다만 콩도르세의 이름은 언급하지 않은 채, 선거의 역설이 매우 흔한 일인 것처럼 다뤘다. 비록 도지슨이 이 프랑스인의 업적에 대해 잘 몰랐다고 하더라도, 어쩌면 콩도르세의 역설은 영국에서 이미 잘 알려진 개념이었을 수도 있다.

논문은 상식적인 내용에서부터 출발했다. 사전 여론조사에서 한 가지 사안(한 후보나 대안)이 과반수의 지지를 얻는 것으로 밝혀졌다면, 의장은 승자를 선언하고 회의를 마치면 그만이었다. 만약 과반수의 지지가 존재하지 않는다면, 의장은 선거인들에게 모든 후보들을 선호하는 순서대로 나열하라고 요구했고, 그런 뒤 2명씩 짝을 지어 양자대결을 펼쳤다. 만약 한 후보가 다른 모든 후보들과의 양자대결에서 선거인단의 다수결 지지를 얻을 경우에는 그가 승자가 됐고 회의는 그것으로 종료됐다.

여기까지는 도지슨이 이전 논문에서 다뤘던 내용과 동일하다. 그리고 이에 대한 도지슨의 반응도 이전과 큰 차이가 없다. 도지슨은 이번에도 마찬가지로 "이런 상황은 당연히 매우 곤란한 상황이다."라고 쓴 뒤, 약간 궁색하게 만약 이런 역설적인 상황이 발생할 경우에는 선거인들 간에 추가로 논의할 수 있는 기회가 주어져야 한다고 제안한다.

도지슨은 결국 시간이 지나면 이런 문제가 저절로 해결되기를 바란 것이 분명하다. 즉 한 명 이상의 선거인이 논쟁에 지쳐서 마음을 바꾸게 되면 역설적인 상황도 깨지게 되고 절대승자가 나오게 된다는 것이다.

하지만 본격적으로 도지슨의 뛰어난 이론이 시작되는 건 유권자들 간의 격렬한 논쟁에도 불구하고 당선자가 나오지 않는 경우였다. 실제로 세 번째 논문의 핵심이자, 투표이론 연구자들 사이에서 도지슨의 명성을 영원히 전해지게 한 내용은 선거에서 역설적인 상황을 어떻게 벗어날지에 대해 도지슨이 제안한 내용이었다.

어떤 면에서 역설적 상황을 만드는 후보자들은 사실 선호도가 동등하다고 볼 수 있다. 즉 역설적 순환이 발생하는 경우는 모든 후보가 적어도 한 번은 양자대결에서 다른 후보에게 패했을 때다. 즉 어느 후보도 절대적으로 우월하다고 할 수 없는 경우인 것이다. 하지만 도지슨은 이런 후보 중에서도 다른 후보보다, 특히 유권자의 선호도가 동등한 후보가 따로 존재한다는 사실을 알아냈다. 예를 들어, 유권자들이 알렉스, 밥, 칼, 딕을 대상으로 투표를 했고, 후보자끼리 물고 물리는 역설적 순환이 발생했다고 가정해보자(알렉스는 밥을 이겼고, 밥은 칼을 이겼고, 칼은 딕을 이겼고, 딕은 알렉스를 이겼다). 만약 한 명의 유권자가 마음을 바꿔서 칼보다 밥이 더 뛰어나다고 결정했고, 그로 인해 칼이 밥과의 양자대결에서 이긴다면, 당선자는 칼이 되어야 한다고 도지슨은 주장했다. 종합해서 말하자면, 이 말은 역설적인 상황을 벗어나기 위해 가장 적은 수의 유권자가 마음을 바꿔야 하는 후보가 결국 당선자가 되어야 한다는 의미다. 아래 예를 살펴보자.

11명의 유권자가 4명의 후보자 알렉스, 밥, 칼, 딕 중에서 한 명을 선출해야 한다. 유권자의 선호도는 다음과 같다.

유권자 1:	알렉스 > 딕 > 칼 > 밥
유권자 2:	알렉스 > 딕 > 칼 > 밥
유권자 3:	알렉스 > 밥 > 딕 > 칼
유권자 4:	알렉스 > 밥 > 딕 > 칼
유권자 5:	밥 > 칼 > 알렉스 > 딕
유권자 6:	밥 > 칼 > 알렉스 > 딕
유권자 7:	밥 > 딕 > 칼 > 알렉스
유권자 8:	칼 > 밥 > 딕 > 알렉스
유권자 9:	칼 > 밥 > 딕 > 알렉스

유권자 10:　　　칼 > 밥 > 딕 > 알렉스

유권자 11:　　　딕 > 칼 > 밥 > 알렉스

　전통적인 다수결 선거에서라면 알렉스는 4표를, 밥과 칼은 각각 3표씩을, 딕은 1표를 받았을 것이고, 당선자는 알렉스가 됐을 것이다. 하지만 11명의 유권자 중 7명은 알렉스보다는 밥을 선호한다. 나아가 밥보다는 칼을 선호하거나, 칼보다는 딕을 선호하거나, 딕보다는 알렉스를 선호하는 유권자들도 각각 6명씩이다. 따라서 선호도에 따른 후보자의 순위를 매겨보면 알렉스 > 딕 > 칼 > 밥 > 알렉스가 된다. 이렇게 되면 후보자끼리 물고 물리는 역설적 순환이 발생하고 결국 누구도 당선자가 되지 못한다.

　하지만 만약 유권자 11이 마음을 바꾸면 다시 말해 칼과 밥의 순서를 바꾸기로 결심을 뒤집는다면, 전체 선호도 순위는 밥 > 알렉스 > 딕 > 칼이 된다. 역설적인 상황은 해결되고, 밥은 이견이 없는 당선자가 된다. 또는 유권자 5가 밥과 칼의 순서를 바꾼다면, 이번에는 칼이 당선자가 된다. 하지만 알렉스나 딕이 당선자가 되려면 4명이 마음을 바꿔야 하므로 밥과 칼은 알렉스나 딕보다 당선권에 더욱 근접해 있는 셈이다.

　도지슨의 제안은 콩도르세의 승자에 가장 근접한 후보자를 골라내는 것과 마찬가지였다. 따라서 역설적 상황을 벗어나는 공식은 이렇다. 각각의 후보가 당선자가 되려면 최소 몇 번의 선호도 뒤바꿈이 행해져야 하는지를 계산하라. 그런 뒤 가장 적은 회수의 선호도 뒤바꿈이 필요한 사람을 당선자로 배출한다(여기에서 뒤바꿈이란 유권자의 선호도 중에서 순서가 가까운 두 후보 간에 순위를 뒤집는 것을 말한다). 후보자를 콩도르세의 승자로 바꾸는 데 필요한 최소한의 뒤바꿈 회수는 '도지슨 숫자Dodgson score'라고 불린다. 만약 진정한 콩도르세의 승자가 존재한다면, 이 후보의 도지슨 숫자는 0이다(즉 뒤바꿈이 필요 없다). 물론 도지슨 숫자가 똑같은 후보들이 존재하는 경우도 있다. 예시에서, 밥과 칼은 도지슨 숫자가 똑같이 1이다. 하지만 이 숫자는 알렉스와 딕스의 도지슨 숫자보다 적기에, 적어도 4명의 후보에서 2명으로 후보가 좁혀질 수 있다.

하지만 여전히 문제가 남아 있었다. 사실 도지슨의 승자를 가려내기란 쉬운 일이 아니었다. 그러려면 일단 어떤 유권자의 어떤 선호도가 뒤바뀌어야 할지를 먼저 찾아내야 했다. 게다가 만약 뒤바꿈이 너무 많이 허용된다면 어느 후보든 콩도르세의 승자가 될 수 있었다. 하지만 도지슨이 제안한 방식에서 핵심은 당선자가 되는 데 필요한 가장 적은 횟수의 뒤바꿈을 찾아내는 것이었다. 이건 매우 어려운 문제였고, 실제로 컴퓨터 과학자들이 도지슨의 세 번째 논문이 발표된 지 113년이 지난 후에야 비로소 해결책을 찾아낼 수 있었다.

1989년에 3명의 운영연구operations research* 교수 — 존 바르톨디John Bartholdi, 크레이그 토비Craig Tovey, 마이클 트릭Michael Trick — 는 도지슨이 제안한, 투표에서 역설적 상황을 벗어나는 법에 대해 자세히 살펴보기로 했다. 그 결과 만약 소수의 유권자와 소수의 후보자들만이 참여하는 선거일 경우에는 뒤바꿔야 할 선호도를 찾아내는 게 그다지 어렵지 않다는 결론을 얻었다. 하지만 유권자와 후보의 수가 증가하면, 필요

---

* 계량적·과학적 기법을 이용해 최적의 해답을 얻는 것을 목적으로 하는 시스템 운영 기법을 말한다. 운영연구는 제2차세계대전 중 군사작전을 위한 계산적 기초로서 미국의 학자들에 의해 제시되었으나, 전후 기업조직에서 각종 의사결정 계획에 이용되고, 정책개발을 위한 방법으로 연구·발전되었다.

한 뒤바꿈을 찾아내는 데 필요한 계산과정 또한 기하급수적으로 늘어났다.

컴퓨터 프로그램이, 필요한 뒤바꿈의 숫자를 찾아내기 위해 거치는 연산과정을 살펴보면 이 복잡성을 잘 이해할 수 있다. 특히나 우리가 주목해야 할 부분은 입력된 숫자가 증가함에 따라 연산처리 시간이 얼마나 증가하는가다. 예를 들어보자. 2개의 한 자리 숫자인 3과 7을 곱하는 건 딱 한 번의 연산이면 충분하다. 반면 2개의 두 자리 숫자인 76과 84를 곱하는 건 다섯 번의 연산이 필요하다. 즉 70 곱하기 80, 70 곱하기 4, 6 곱하기 80, 6 곱하기 4를 계산한 뒤 마지막으로 모든 숫자를 더해야 한다. 따라서 만약 다섯 자리 숫자 5개를 곱한다면 훨씬 많은 연산과정이 필요하다. 결론적으로, 빠른 컴퓨터라고 할지라도 입력되는 숫자가 커지면 처리시간 또한 더 길어진다. 중요한 건 얼마나 더 길어지는가다. 앞의 예처럼, n자리 숫자를 곱할 경우, 이를 계산하는 데 필요한 연산과정은 대략 n의 제곱에 비례하여 증가한다. 이처럼 입력된 숫자의 크기에 제곱으로 비례하게 연산시간이 증가하는 문제들은 이른바 'P-문제$^{P-problem}$'라고 불린다.

많은 문제들은 다항시간$^{P-time}$에서 풀리지 않는다. 그중 일부는 이른바 미정다항시간$^{NP-hard}$ 문제에 포함된다[NP는 미정(nondeterministic)된 다항식(polynomial)을 의미한다]. 이런 문제를 해결하는 데 필요한 연산처리시간은 입력된 값의 자릿수에 따라 기하급수적으로 증가한다. 즉 입력된 값의 자릿수가 일정 수준을 넘어서면, 미정다항시간 문제는 거의 해결이 불가능해진다. 바르톨디, 토비, 트릭 교수는 도지슨 숫자를 계산하는 게 미정다항시간 문제의 범주에 포함된다는 걸 증명했다. 그리고 그건 도지슨이 제안한 선거방식에 대한 사형선고나 다름

없었다.

　도지슨은 원래 세 번째 논문을 발표한 뒤에 투표와 선거에 대한 책을 집필하려 했었다. 하지만 그는 끝내 그 일에 착수하지 못했다. 사실 세 편의 논문을 제외하고 도지슨이 선거에 대해 쓴 글은 「세인트 제임스 가제트^{St. James' Gazette}」에 잔디코트에서 벌어지는 테니스 대회의 출전자들의 대진표를 어떻게 짜고, 순위를 어떻게 배정할지를 다룬 기고문이 유일하다. 비록 책을 집필하진 못했지만 도지슨은 다른 식으로 자신이 제안한 선거방식을 아주 잘 써먹었다. 예를 들어, 도지슨은 디너파티에서 친구들에게 좋아하는 순서대로 와인을 일렬로 줄 세우라고 한 뒤, 함께 어떤 와인병을 따야 할지를 결정하곤 했다.

　선거이론에 대한 논의는 이쯤에서 잠시 접어두고, 다음 장에서는 오래도록 민주주의의 딜레마였고, 지금까지도 민주주의 제도의 난제인 의석배정의 문제를 다루도록 하겠다.

찰스 럿위지 도지슨

도지슨은 크라이스트처치칼리지 학장의 딸이었던 열한 살 소녀 앨리스 리들에게 반해서 끊임없이 그 소녀와 함께 시간을 보내려 애썼다. 소녀를 좋아하는 도지슨의 노골적인 취향은 거의 1세기 반에 걸쳐 사람들의 의구심을 자아냈다. 그리고 1863년 7월 말의 어느 날, 모든 것을 바꿔놓은 사건이 벌어지게 된다. 하지만 이 책에서는 그 이야기를 깊게 다루지 않겠다. 그 의문에 쌓인 사건에 대해서는 진실은 알려지지 않은 채, 오직 추측만이 존재하기 때문이다. 아무튼 분명한 점은 도지슨과 앨리스가 함께 숲속을 산책하러 나갔다온 후 갑자기 둘의 사이가 완전히 깨졌다는 점이다. 과연 이 운명적인 산책에서 어떤 일이 벌어진 걸까? 그에 대한 답은 자그마치 13권에 걸쳐 자세하게 작성해둔 도지슨의 일기에서도 찾을 수 없다. 어쩌면 오히려 더 의심을 자아낸다고 하는 게 맞는 표현일 수도 있다. 왜냐하면 1863년 7월 27일부터 29일까지의 일기가 찢어진 채 사라졌기 때문이다. 게다가 누가 그 부분을 찢어버렸는지, 왜 그랬는지도 여전히 미스터리로 남아 있다. 그 부분을 찢어낸 사람이 도지슨일 가능성은 낮다. 왜냐하면 1898년 1월, 도지슨은 아무도 예기치 못할 정도로 갑작스럽게 폐렴으로 사망했기 때문이다. 따라서 아마도 도지슨의 가족 중 누군가가 이 엄청난 비밀이 밖으로 새어나가는 게 두려워 그 부분을 아예 없애버렸다고 볼 수 있다.

과연 산책길에서 어떤 일이 벌어졌는지에 대해선 의견이 분분하다. 서른한 살이었던 도지슨이 열한 살인 앨리스에게 청혼을 했다는 추측도 있고, 노골적인 소아성애 사건이 벌어졌다는 추측도 있다. 사실 사춘기도 채 안 된 어린 소녀에게 청혼을 한다는 것이 오늘날에는 절대 상상할 수 없는 일이지만, 빅토리아시대에는 덜 충격적인 일일 수도 있다. 실제로 빅토리아시대 때 법이 허락한 혼인 최저연령은 12세였다. 청혼이 그다지 터무니없는 일이 아니었다면, 어쩌면 이를 비밀로 한 이유는 리들 학장 부부가 당시 초보 수학교원이었던 도지슨이 앨리스의 배필로 적당하지 않다는 생각에 그를 거부했기 때문이 아닐까?

사실 강사였던 도지슨은 리들 부부가 생각하던 딸의 배필감은 아니었다. 게다가 옥스퍼드대학에는 도지슨보다 훨씬 나은 신랑감들이 넘쳐났다. 특히나 그중에는 빅토리아 여왕과 남편 앨버트 사이에서 태어난 레오폴드 왕자도 있었다. 레오폴드 왕자는 당시 크라이스트처치 칼리지에서 공부 중이었다. 오늘날 레오폴드 왕자가 누군지를 아는 사람은 없지만 루이스 캐럴은 모두가 안다. 하지만 당시에는 도지슨이 레오폴드 왕자만큼 좋은 신랑감이라고 생각한 사람은 아무도 없었다. 심지어 도지슨이 획득한 1급 수학 학위 또한 레오폴드 왕자가 받은 최우수 법률박사 학위에 감히 견줄 수조차 없었다. 어쩌면 일기에서 일부분이 찢겨져 없어진 이유도 도지슨이 학장 딸의 신랑감으로 부족했다는 안타까운 사연이 적혀 있었기 때문일 수도 있다. 한편 앨리스와 레오폴드 왕자는 실제로 연인관계가 됐지만 결혼에는 이르지 못했다. 이번에는 레오폴드 왕자의 집안에서 앨리스가 평민의 딸이라는 이유를 들어 반대한 것이다. 리들 가족의 입장에서는 자업자득인 셈이다.

아무튼 도지슨이 앨리스에게 청혼을 했을 때, 화가 난 리들 부부는 도지슨이 더 이상 딸과 어울리는 걸 금지했다. 거절된 도지슨도 가만히 당하지만은 않았다. 도지슨은 리들 가족을 비난하는 독설로 가득한 소책자를 발표했다. 하지만 과연 도지슨이 앨리스에게 청혼, 또는 그보다 더한 짓을 했다는 게 사실일까? 이에 대한 의견은 엇갈린다. 혹자는 도지슨이 정말로 좋아했던 사람이 앨리스가 아닌 앨리스의 보모였다고 주장한다. 도지슨은 이 루머에 대해 일기에서 피켓 양은 그다지 매력적이지 못하다며 부인했다.

하지만 1세기 후, 그러니까 1990년대 중반에 도지슨과 리들 가문 간의 비밀을 밝혀줄 실마리가 드러나게 된다. 한 영화감독이 루이스 캐럴을 소재로 한 영화의 시나리오를 쓰기 위해 자료를 조사하는 과정에서 오래된 기록들 속에 잠자고 있던 쪽지를 발견한 것이다. 쪽지는 일기장에서 찢어진 부분인 것으로 밝혀졌고, 그 내용을 보니 그날 도지슨이 함께 산책을 한 사람은 앨리스가 아닌 앨리스의 언니였던 로리나^{Lorina}였다. 로리나는 당시 열네 살이었고 나이에 비해 매우 성숙했다. 오늘날 열네 살은 열한 살과 별 차이가 없지만 빅토리아시대 때 로리나 나이의 소녀들은 성숙한 처녀로 간주됐다. 도지슨이 두 딸 중에서 누구를 쫓아다녔든 간에, 이미 두 딸의 결혼계획을 세워둔 리들 부인의 입장에서는 어이없긴 마찬가지였다. 리들 부인은 도지슨이 더 이상 딸들과 만나지 못하도록 막았다. 어쩌면 찢겨진 일기에 담겨 있었던 것도 이 내용이었을 것이다.

도지슨을 억압된 소아성애자가 아닌 위험한 바람둥이로 보는 시각도 있다. 도지슨이 어린 소녀들을 좋아한 건 눈속임용에 불과했다는 것이다. 일례로 도지슨이 (너무나 끔찍하게도) 다름 아닌 리들 학장의 부인과 내연관계였다는 주장도 있다. 그나마 도지슨의 정신상태에 대한 보다 점잖은 평가는 도지슨이 내면적으로는 성장하지 못하여, 평생 겉만 어른이고 속은 아이인 채로 살았다는 주장이다.

앨리스는 학생보다는 크리켓 선수로 더 유명했던 레지널드 하그리브스^{Reginald Hargreaves}와 결혼했다. 결혼식은 웨스트민스터 성당에서 열렸고, 그 지역에서 꽤나 중요한 행사로 치러졌다. 부부는 3명의 아들을 낳았는데, 둘째 아이의 이름은 레오폴드였다(한편 후에 올버니 공작이 된 레오폴드 왕자는 딸의 이름을 앨리스로 지었다). 아들 중 둘은 제1차세계대전에서 사망했다. 앨리스는 유일하게 살아남은 아들과 살면서 생활이 궁핍해지자 도지슨의 원고를 소더비 경매장에 내놓았다. 앨리스가 희망했던 원고의 낙찰가격은 4,000파운드였지만 그 원고는 당시로선 엄청나게 높은 금액이었던 1만 5,400파운드에 낙찰됐다. 1932년, 도지슨 탄생 100주년에 80세의 앨리스는 콜롬비아대학으로부터 명예 문학박사 학위를 수여받았고 그로부터 2년 후에 사망했다.

Chapter 9

전 세계 국회를 괴롭힌
의원배정방식

- 앨라배마 역설, 새로운 주의 역설, 인구 역설

지금까지 투표와 선거에 대한 약간은 지루한 이론을 살펴봤다. 지금부터는 민주절차와 관련된 또 다른 수학적 난제에 대해 이야기하려고 한다. 이 문제는 전 세계 민주주의의 골칫거리라고 할 수 있는데, 다름 아닌 국회 의석수를 배정하는 방식이다. 사실 지역이나 정당에서 배출한 일정수의 후보를 입법기관으로 보내는 방식이 공정하고 공평하기를 바라는 건 모든 국민이 마찬가지다. 하지만 불행히도 이번 장에서 제기될 질문들은 지도자 선출과정에서 발생하는 여러 문제들과 역설 만큼이나 성가시고, 복잡하며, 때로는 상식에 위배되기도 한다.

***

"의회는 국민들이 2년에 한 번씩 선출한 의원들로 구성된다. ……
의원의 숫자는 결코 국민 3만 명당 한 명을 넘어선 안 된다."

1787년 9월 17일에 제정된 미국헌법에는 이렇게 적혀 있다. 미국 건국의 아버지들은 미연방에 가입한 주별로 유권자수를 최소 3만 명씩 나눠서 의석수를 배정했다. 미국헌법은 또한 이렇게 규정한다.

"각 주는 최소한 한 명의 의원을 갖는다."

다른 국가들은 의석수 배정과 관련해 다른 방법을 채택했다. 예를 들어, 스위스헌법은 미국헌법보다는 입법기관에 대해 보다 자세하게 규정했다. 149조를 보면 이렇다.

"국회는 국민대표 200명으로 구성된다. 의석은 주의 인구수에 따라 배정한다."

이처럼 스위스의 헌법은 의석수에 대해 훨씬 구체적이지만 겉보기와는 달리 훨씬 문제가 많다.

이처럼 크기를 막론하고 여러 주로 구성된 연방국가는 주마다 각기 다른 의석수를 배정해야만 한다. 물론 각 주는 가급적이면 최대한 많은 의석수를 배정받아서 최대한 많은 의원을 두길 원한다. 따라서 의석수를 배정하는 방식은 공정하고 투명해야 하며 동시에 잡음이 없어야 한다.

미국헌법이 의원 한 명당 최소 3만 명의 유권자를 요구하면서 동시에 모든 주에는 적어도 한 명의 의원이 있어야 한다고 못 박아둔 이유는 인구수가 많은 주에게 권력이 편중되는 걸 막기 위함이었다. 따라서 인구수가 1만 5,000명인 작은 주라고 할지라도 적어도 한 명의 대표를 가질 수 있었던 반면, 그보다 인구수가 10배가 큰 주라고 할지라도 대표의 수는 최대 5배이거나 그보다 적었다.

하지만 미국헌법의 조항에는 임의로 해석될 여지가 꽤 많다. 전체 의석수가 명시돼 있지 않았으므로, 전체 의원 수는 매번 크게 달라질 가능성이 있다. 예를 들어, 전체 유권자 수가 2억 8,000만 명일 경우, 만약 5만 명당 한 명으로 의석수를 배정한다면 의원수는 5,600명이 되고, 반면 50만 명당 한 명으로 배정한다면 560명이 된다. 5,600명이든 560명이든 둘 다 헌법에는 부합되며, 따라서 헌법을 개정해야 할 필요도 없다. 다만 이렇게 많은 의원을 모두 수용하려면 의사당 건물은 뜯어고쳐야 하리라.

3개 주로 출발해서 수 세기에 걸쳐 25개 주로 늘어난 스위스 연방은 정확한 시계로 유명한 만큼이나 의석수 배정도 정확했다. 스위스 헌법에는 주마다 배출되는 의원 한 명당 2만 명의 주민이 있어야 한다고 명시했다. 정확히 2만 명이다. 따라서 대략 인구가 220만 명이었던 1848년에 스위스 국회의 의원수는 111명이었다. 이후 인구증가에 따라 의원수도 점차 늘어나면서 1928년에는 의석수가 198석이 됐다. 결국 의원수가 더 증가하는 것을 막기 위해, 의원 한 명당 요구되는 주민수는 1931년에는 2만 2,000명, 1950년에는 2만 4,000명으로 늘어났다. 하지만 정확성을 추구하는 스위스는 수년에 한 번씩 의석수를 줄이거나 늘리는 일이 짜증스러웠다. 그리고 마침내 1962년에 의석수를 200석으로 고정했다.

하지만 스위스헌법의 상세한 규정은 오히려 문제를 야기했다. 헌법에 의석수 배정방식이 명백하게 규정되지 않은 채 그저 어떻게 해야 한다고만 되어 있었던 것이다. 그보다 더 심각한 것은 그나마 이 조항조차 현실에서는 적용하기가 힘들었다는 것이다. 즉 현실과는 맞지 않았다. 그 숫자가 얼마가 됐든 간에 의석수를 정확하게 주민수로 나누어 배정한다는 건 아주 단순한 이유 때문에 불가능했다. 다시 말해, 주에서 배출하는 의원의 수는 3.7명이나 16.2명처럼 소수가 될 수 없다. 헌법에서 정해둔 200개의 의석수는 주의 인구수에 따라 정확하게 배정될 수 없었던 것이다. 이는 수세기에 걸쳐 미국, 스위스를 비롯한 여러 국가를 괴롭혀온 문제이기도 하다. 즉 인구수에 정확히 비례하게 의석수를 배정할 경우, 의석수가 소수로 쪼개지는 것이다. 하지만 소수로 쪼개진 부분 또한 의석이 배정되어야 한다. 그렇다면 이 문제를 해결할 수 있을까?

아마도 대부분 사람들은 즉각적으로 의석수를 반올림해서 정수로 만들면 된다고 생각할 것이다. 하지만 이 또한 해결책이 되지 못한다. 〈표 9-1〉을 보자.

표 9-1 총 1,000명이 거주하는 3개 주 연합에 100개의 의석을 배정하는 경우

가상의 주	인구수	비율	'실제' 의석수	반올림한 의석수
루이지배머	506	50.6%	50.6	51
칼리오밍	307	30.7%	30.7	31
테네몬트	187	18.7%	18.7	19
합계	1,000	100.0%	100.0	101

의회에는 오직 100개의 의석만이 있지만, 의석수를 반올림할 경우 3개 주의 의석을 모두 합하면 의석수는 총 101개가 된다.

먼저 미국의 사례부터 자세히 들여다보도록 하자. 의석수에 대한 미국헌법의 규정은 구체적이지 않아서 곧 이견이 제기됐다. 미국헌법 제정자들은 의회가 부패되는 것을 방지하기 위해서라도 가급적이면 의석수를 크게 늘리고 싶어했다(실제로 의원수가 적을수록 부패에 더 취약하다). 버몬트주와 켄터키주가 연방에 소속된 후 실시된 1790년 인구조사에 의하면, 당시 미국의 인구수는 361만 5,920명이었다. 헌법에

명시된 3만 명을 기준으로 나누면 의석수는 120석이 된다. 1대 재무장관이었던 알렉산더 해밀턴$^{Alexander\ Hamilton}$은 개별 주에 의석수를 배정하는 데 있어 2단계 의석배정 절차를 제안했다. 1단계에서는 소수점 아래를 버린 숫자에 따라 주별로 의석수가 배정됐다. 2단계에서는 소수점 아래 버림을 한 숫자의 크기에 따라 남은 의석수를 배분했다.

1단계에서 주별 의석수를 계산해서 버림을 하여 112개의 의석수가 배정됐다. 그리고 2단계에서 의회는 1792년 3월 26일에 소수점 아래 버림을 한 숫자가 가장 큰 8개 주에 각각 1개 의석씩을 추가로 부여하는 법안을 제출했다. 일례로, 유권자수가 23만 6,841명이었던 코네티컷주는 산술적으로는 7.895의석(236,841÷30,000)을 배분받게 됐다. 코네티컷주는 1단계에서 7석을 배정받았고, 버림을 한 숫자(0.895석)가 가장 큰 8개 주에 속했기에 때문에 2단계에서 추가로 1석을 더 배정받아서 총 8석을 배정받았다.

조지 워싱턴 대통령은 제출된 법안에 서명하기 전에 먼저 측근들에게 자문을 구했다. 측근 중에는 토머스 제퍼슨도 있었다. 제퍼슨이 한때 프랑스 대사였으며 콩도르세의 아내 소피가 운영하던 살롱에 자주 출입했다는 사실은 제6장에서 말했다. 이후 제퍼슨은 미국독립선언문을 작성했고 워싱턴 대통령 시절 국무장관을 역임했으며 미국 3대 대통령이 되었다.

제퍼슨은 이 법안이 조금도 마음에 들지 않았다. 제퍼슨은 버지니아주 출신이었는데 버지니아주는 의석수가 가장 많았는데도 2단계에서 1개 의석이 추가로 배정되는 8개 주에는 들지 못했다. 제퍼슨과 같은 버지니아주 출신이자 법무장관이었던 에드먼드 랜돌프^{Edmund} ^{Randolph} 또한 이 법안을 반대했다. 법안을 찬성하는 측에는 알렉산더

표 9 - 2 주민 3만 명당 1개 의석씩 총 120개 의석 배정하는 경우

주	인구수	'실제' 의석수	의석배정	
			1단계 의석수	2단계 의석수
코네티컷*	236,841	7,895	7	8
델라웨어*	55,540	1,851	1	2
조지아	70,835	2,361	2	2
켄터키	68,705	2,290	2	2
메릴랜드	278,514	9,284	9	9
매사추세츠*	475,327	15,844	15	16
뉴햄프셔*	141,822	4,727	4	5
뉴저지	179,570	5,986	5	6
뉴욕	331,589	11,053	11	11
노스캐롤라이나*	353,523	11,784	11	12
펜실베이니아	432,879	14,419	14	14
로드아일랜드	68,446	2,282	2	2
사우스캐롤라이나*	206,236	6,875	6	7
버몬트*	85,533	2,851	2	3
버지니아	630,560	21,019	21	21
합계	3,615,920	120,531	112	120

* 1790년 인구조사.
* 2단계에서 추가의석을 배정받는 주.

해밀턴과 전쟁장관이었던 헨리 녹스^{Henry Knox} 장군이 있었다. 양측은 법안 채택을 둘러싸고 설전을 벌였다. 녹스는 버림한 숫자가 0.844로 2단계에서 추가의석을 배정받을 수 있는 매사추세츠주 출신이었다. 따라서 이 논쟁에서 이득을 따지지 않은 사람은 자신이 주장한 방식

에 의하면 0.053 의석을 잃게 되는 뉴욕주 출신의 해밀턴이 유일했다.

사실 법안을 반대한 측도 헌법에 의거한 정당한 사유가 있었다. 약삭빠른 랜돌프가 주장한 것처럼, 2단계에서 반올림을 해서 추가로 1개 의석을 더 얻게 되는 주들은 하나같이 주민 3만 명당 1개 의석이라는 규정을 어기는 셈이었고 이는 헌법에 위배됐다. 예를 들어, 뉴햄프셔주는 2만 6,364명당 1개 의석을 배정받았다(141,822÷5). 워싱턴 대통령은 결정을 주저했다. 이미 날짜는 4월 4일이었고 이틀 후면 대통령의 서명이 없어도 법안은 자동적으로 통과된다.

4월 5일이 됐다. 그날은 대통령이 거부권을 행사할 수 있는 마지막 날이었고, 워싱턴은 결정을 내려야만 했다. 워싱턴은 아침 일찍부터 국무장관 제퍼슨을 집무실로 불렀다. 대통령은 화가 나 있었다. 의견이 양분된 이유가 의석배정방식이 문제가 있어서라기보다는 북부 주과 남부 주가 대립하는 것처럼 보였기 때문이다. 대통령은 어느 한쪽의 손을 들어주고 싶지 않았다. 제퍼슨은 이를 눈치채고는 속으로 기뻐하면서 대통령에게 걱정하시지 말라고 말했다. 결국 의회에 전달될 대통령의 서안이 작성됐다. 서안에는 대통령이 거부권을 행사한다는 내용이 담겨 있었다.

"본인은 양원에서 통과된 법안을 고심했고 …… 다시 이 법안을 되돌려 보내는 바이다."

워싱턴 대통령은 의회에 보내는 서한에서 거부권을 행사한 이유를 설명하며 "이 법안에 의하면 8개 주에 3만 명당 1석이 넘는 의석을 배정하게 되므로"라고 썼다. 사실 이는 미국 역사상 최초의 거부권 행사였으며 조지 워싱턴이 행사한 2개의 거부권 중 하나였다. 참고로 조지 워싱턴은 버지니아주 출신이다.

결국 논의는 다시 원점으로 돌아갔다. 4월 10일, 의회는 거부된 법안을 폐기하고 토머스 제퍼슨이 제안한 의석배정방식을 채택했다. 토머스의 방식에서는 먼저 적합한 전체 의석수가 정해졌다. 버림을 했을 경우 앞에서 정한 의석수에 정확하게 맞는 의석수가 산출될 수 있는 비율을 결정했다. 따라서 이 방식의 골자는 의석수에 맞게 의석 1개당 요구되는 주민수를 조절하는 것이었다. 앞에서 이미 살펴봤듯이, 제퍼슨방식에서 의석 1개당 요구 주민수를 3만 명으로 정한다면, 전체 의석수는 112개가 된다. 하지만 애초에 전체 의석수를 120개로 정한다면 의석 1개당 요구 주민수는 2만 8,356명이 되어야 한다(사실 이 경우 2만 8,356부터 2만 8,511명 사이에 있는 어떤 숫자라도 동일한 결과를 가져올 수 있다). 하지만 이 숫자에는 뭔가 꺼림칙한 부분이 있었다. 비록 평균으로 본다면, 이 숫자는 미국 전체인구를 두고 볼 경우 헌법이 요구하는 3만 명당 1개 의석이라는 요건을 충족(전체 360만 명의 유권자에서 120석)하긴 했지만, 일부 주의 경우에는 이 요건을 위배했다. 게다가 사실 워싱턴 대통령이 첫 법안을 거부한 근거도 일부 주에서 의석 1개당 요구 주민수가 3만 명보다 적어선 안 된다는 헌법의 요건을 위배했기 때문이 아닌가? 의회는 이 문제를 피하기 위해 전체 의석수를 105개로 정했다. 정해진 의석수를 충족하려면 의석 1개당 3만 3,000명의 주민이라면 충분했다. 이제 모든 문제가 해결된 것처럼 보였다.

제퍼슨은 이 방식을 '약수방식divisor method'이라고 불렀다. 이 방식은 1830년까지 50년 동안 활용됐다. 한편 그 사이에 미국 연방은 15개 주에서 24개 주로 늘었고, 인구도 1,200만 명까지 증가했다. 늘어난 인구수에 맞춰 의석수도 104개에서 240개로 늘어났다. 하지만 원칙은 바뀌지 않았다. 먼저 전체 의석수를 정한 뒤, 그에 맞게 의석 1개당 요구 주민수를 조절해서 소수점 아래는 버림하는 식이었다.

하지만 모두가 이 방식을 마음에 들어했던 건 아니다. 특히 인구가 적은 주의 불만은 커져갔다. 이런 주들은 의석배정방식에 뭔가 잘못된 점이 있다는 걸 눈치챘다. 버지니아처럼 큰 주들은 늘 더 많은 의석수를 획득하는 것 같았다. 얼마 지나지 않아(1790년에는 버지니아에 유리했지만 그 밖의 경우에는 공정한 것처럼 보였던) 제퍼슨방식이 작은 주에게는 불리하다는 게 분명하게 드러났다. 예를 들어, 실제 의석수가 1.61, 1.78, 1.68, 1.52였던 델라웨어주는 네 번 모두 소수점 아래 숫자를 버림해야 했던 반면, 실제 의석수가 9.63, 16.66, 26.20, 32.50, 38.59였던 뉴욕주는 다섯 번 모두 소수점 아래 숫자를 올림했다.

이런 일이 벌어지는 이유는 3.5를 3으로 버림하는 것이 30.5를 30으로 버림하는 것보다 실질적으로 의석을 잃는 비율이 훨씬 크기 때문이다. 따라서 작은 주들의 경우에는 결국 의석 1개당 요구 주민수가 훨씬 컸다.

제퍼슨방식이 작은 주들에게 불리했던 이유는 또 있었다. 이는 보다 더 미묘한 수학적 문제다. 일단 숫자로 예를 들어보자(〈표 9-4〉에 기재된 실제 의석수 26.20과 1.68은 위에서 언급한 뉴욕주와 델라웨어주의 사례를 그대로 옮겼다).

〈표 9-4〉에서 볼 수 있듯, 뉴웨어주는 델라욕주보다 소수점 아래 버림한 숫자가 더 작은데도 불구하고 추가의석을 배정받는다(0.20 대 0.68). 이런 명백하게 잘못된 상황이 발생하는 이유는 약수가 10만에서 9만 7,000명으로 줄어들면서 이미 배정된 의석마다 요구되는 주민수가 적어지기 때문이다. 뉴웨어주에 이미 배정된 초기 의석수 26개는 약수가 작아지면 의석 1개당 요구 주민수가 3,000명씩 줄어들게

표 9-3 제퍼슨의 버림 방식 1

2개 주로 구성된 연방. 전체인구수 34만 명. 전체 의석수 33개. 제퍼슨의 버림 방식을 활용해서 33개 의석수를 도출하기 위해 필요한 의석 1개당 요구 주민수(약수)는 1만 명.

가상의 주	인구수	'실제' 의석수	의석수	비율
매사웨어	30,500	30.5	30	10,167
루이실베이니아	35,000	3.5	3	11,667
합계	340,000	34.0	33	10,303

표에서 볼 수 있듯, 작은 주는 큰 주에 비해 의석 1개당 요구 주민수가 약 15% 더 많다(11,667 대 10,167).

표 9-4 제퍼슨의 버림 방식 2

전체인구수 1,000만 명, 전체 의석수 100개. 의석 1개당 요구 주민수(약수)는 10만 명. 뉴웨어주와 델라욕주에는 28개 의석이 배정되어야 하며, 제퍼슨방식을 적용하기 위해서 약수를 10만 명에서 9만 7,000명으로 낮춤.

가상의 주	인구수	약수 10만 적용 시	초기 의석수	약수 9만 7,000 적용 시	의석수	비율
뉴웨어	2,620,000	26.20	26	27.01	27	97,037
델라욕	168,000	1.68	1	1.73	1	168,000
......		72			72	
합계	10,000,000		99		100	100,000

델라욕은 의석 1개당 74%가 더 많은 주민수가 요구된다.

되면서 이 큰 주에 스물일곱 번째 의석이 추가로 배정된다. 반면 작은 주인 델라욕주의 경우, 이미 배정된 초기 의석수가 1개이므로 약수가 작아져서 이득을 보는 경우도 딱 한 번뿐이다. 이 문제를 다른 시각에서 바라보면 약수가 감소하면 의석수는 3.1%가 증가한다. 따라서 델라욕주의 의석수는 1.68에서 1.73으로 증가할 뿐이지만 뉴웨어주의 의석수는 26.20에서 27.01로 증가하게 되면서 턱걸이로 1개 의석을 더 확보하게 되는 것이다. 결론적으로, 추가의석수를 확보하기 위해 뉴웨어주는 10만 명에 못 미치는 주민수가 필요하지만 델라욕주는 자그마치 16만 8,000명의 주민수가 필요한 셈이다.

당연히 이 모든 상황은 작은 주에게 불리하게 작용했고, 결국 작은 주들도 이 사실을 깨닫게 됐다. 작은 주들은 소수점 아래 의석수를 버림하는 방식 때문에 의회에서 그들의 목소리를 대변하는 의원의 숫자가 상대적으로 줄어든다고 불평했다. 합당한 지적이었다. 즉 소수점 아래 의석에 속한 유권자의 목소리가 사실상 의회에서 배제되는 셈이었다. 작은 주들은 그들을 변호해줄 사람을 찾아냈다. 바로 존 퀸시 애덤스^{John Quincy Adams}다. 전직 대통령이자 노련한 정치가였던 애덤스는 매사추세츠주 출신이었다. 당시 매사추세츠주는 연방에서 두 번째로 큰 주였기에 사실 애덤스가 작은 주들에 대변하는 데 사심이 있었다고는 할 수 없다. 애덤스는 단지 제퍼슨방식이 많은 유권자들의 권리를 박탈한다는 사실에 깊이 상심했고, 그 때문에 작은 주의 대변자가 됐다. 애덤스는 수많은 밤을 뜬눈으로 고심하며 보낸 후에 마침내 작은 주들에게 불리하지 않은 의석배정방식을 찾아냈다.

애덤스는 이 문제의 해결책을 먼 곳에서 찾지 않았다. 오히려 제퍼슨방식을 지지하되 단지 약간만 변형하기로 했다. 즉 초기 의석수를 산출한 뒤 소수점 아래를 버림하기보다는 올림하기로 한 것이다. 애덤스가 보기에 이 방식은 헌법정신에도 더 부합했다. 왜냐하면 소수점 아래를 올림해서 1석을 추가로 배정한다면 모든 국민들의 목소리가 의회에서 충분히 대변되고도 남았기 때문이다. 물론 애덤스의 방식은 큰 주보다는 작은 주에게 더 유리했다. 하지만 애덤스는 오랫동

표 9-5 애덤스의 올림 방식

전체인구수 1,000만 명. 전체 의석수 100개. 의석 1개당 요구 주민수(약수)는 10만 명. 뉴웨어주와 델라욕주에는 28개 의석이 배정되어야 하며, 애덤스의 방식을 적용하기 위해 약수를 10만 명에서 10만 4,000명으로 늘림.

인구수	약수 10만 명 적용	초기 의석수	약수 10만 4,000 적용	의석수	비율	뉴웨어
	2,668,000	26.68	27	25.65	26	102,615
델라욕	120,000	1.20	2	1.15	2	60,000
……			72		72	
합계	10,000,000		101		100	100,000

델라욕주는 뉴웨어주보다 초기 의석수의 소수점 아래 부분이 더 작지만 여전히 1석을 추가로 더 배정받는다(0.20 대 0.68). 따라서 뉴웨어주는 의석 1개당 71% 더 많은 주민수가 요구된다.

안 작은 주들이 상대적으로 손해를 봐왔던 걸 감안한다면, 작은 주들에게 약간의 이득이 주어져도 상관없다고 생각했다.

이제 상황은 완전히 반전됐다. 약수가 10만 명에서 10만 4,000명으로 늘어나면서 의석 1개당 요구 주민수도 더 증가했다. 뉴웨어주의 경우에는 이미 배정된 27개 의석마다 4,000명의 주민이 추가로 더 요구됐지만 당연히 추가할 인구가 없으므로 결국 의석수는 26개로 줄어든다. 반면 델라욕주는 남는 주민수가 있으므로 올림해서 2개 의석을 확보하게 된다. 최종적으로 델라욕주는 의석 1개당 6만 명의 주민이 필요한 반면, 큰 주인 뉴웨어주는 의석 1개당 10만 명이 넘는 주민이 필요한 셈이 된다.

당연히 이번에는 큰 주들이 반발했다. 큰 주는 작은 주에게 보상조치가 주어지는 것 따위에는 전혀 관심이 없었다. 자신들의 목소리가 크니 자기 뜻대로 관철시켰다. 결국 애덤스가 제안한 이른바 '최소 약수방식'은 의회에서 논의만 되었을 뿐 발효가 되지는 않았다.

"나는 버드나무 밑에 하프를 내려놓았다."

애덤스는 더 이상의 논쟁을 포기하면서 회고록에 이렇게 적었다.

의원들이 각자의 사심을 버리고 상식적인 선에서 모두가 인정하는 의석배정방식을 채택하게 된 건 대니얼 웹스터^{Daniel Webster} 상원의원의 말솜씨 덕분이었다. 웹스터는 미국 상원 역사상 가장 언변이 좋은 의원이었다. 원래 변호사였던 웹스터는 뉴햄프셔 주의회로부터 다트머스대학의 독립을 변호하면서 명성을 얻었다. 그는 숨 막힐 정도로 말을 잘하는 달변가였고, 그의 연설은 오늘날까지도 수사학의 정수로 여겨지고 있다. 웹스터가 상원에서 연설을 할 때면, 빈자리를 찾을 수 없을 만큼 사람들이 몰려들었다. 먼 곳에서부터 그의 연설을 듣기 위해 일부러 사람들이 찾아왔고, 그가 연단에 서는 순간 모두 숨을 죽였다. 전해지는 바로는, 그가 연설을 마치면 제아무리 감정이 메마른 사내라도 눈물을 흘렸다고 한다.

그의 뛰어난 연설 솜씨를 고려할 때, 웹스터가 제안한 의석배정방식이 너무나 단순했다는 건 사실 약간 놀랍다. 웹스터는 또 다시 제퍼슨방식을 제안했다. 다만 차이가 있다면, 이번에는 큰 주와 작은 주, 양측에 약간씩 변형을 가했다. 웹스터방식은 실제 의석수를 반올림하거나 버림으로써 가장 가까운 정수로 만들 수 있는 요구 주민수를 찾는 것이었다. 이후 '분수중시방식'이라고 불리게 된 이 방식은 공평하지는 못했지만, 적어도 어느 한쪽에 딱히 유리하지도 않았다. 즉 때로는 큰 주들에 유리했고, 때로는 작은 주들에 유리했다. 1787년부터 상원과 하원으로 분리된 미국 의회는 1842년에 웹스터방식을 채택했다.

이 합리적인 방식은 딱 10년 동안만 활용됐다. 지나치게 상식적이

표 9-6 웹스터의 가장 가까운 정수로의 반올림-버림 방식

2개 주로 구성된 연방. 전체인구수 33만 명. 전체 의석수 33개. 33개 의석수를 도출하기 위해 필요한 의석 1개당 요구 주민수(약수)는 1만 명.

(1)

가상의 주	인구수	'실제' 의석수	의석수	비율
콜로라스카	304,000	30.4	30	10,133
네브라도	26,000	2.6	3	8,667
합계	330,000	33.0	33	

(2)

가상의 주	인구수	'실제' 의석수	의석수	비율
오레간소	296,000	29.6	30	9,867
알칸손	34,000	3.4	3	11,333
합계	330,000	33.0	33	

때로는 (1)번 경우처럼 작은 주의 의석 1개당 요구 주민수가 더 작아 유리하기도 하고, 때로는 (2)번 경우처럼 큰 주의 의석 1개당 요구 주민수가 더 작아 유리하기도 하다.

어서 그랬을 수도 있지만, 사실 얼마 지나지 않아 또 다시 볼멘소리가 터져 나왔다. 1850년, 해당년도 인구조사 결과에 따른 의석배정방식을 두고 논쟁이 벌어지기도 전에 오하이오주 상원의원 새뮤얼 빈튼Samuel Vinton이 나섰다. 그는 10년마다 반복적으로 인구조사 후에 벌어지는 불평과 논쟁을 종식시키려 했다. 빈튼은 새로운 의석배정방식을 제안했다. 빈튼이 제안한 방식에서는 먼저 실제 의석수가 계산된 후에 소수점 아래 숫자를 버린 다음 주별로 의석이 배정됐다. 그런 뒤남은 의석은 소수점 아래 숫자의 크기에 따라 배분됐다.

그런데 이 제안은 전혀 새롭지 않았다. 이 방식은 반세기 전 해밀

턴이 제안한 방식과 같았다. 조지 워싱턴 대통령이 거부권을 행사했던 바로 그 방식이었던 것이다. 하지만 명칭만 바꾼 이 방식이 1792년에 벌어졌던 논쟁을 불식시켰다. 이후 '빈튼방식'이라고 알려진 이 방식은 의회에서 법률로도 제정됐다(해밀턴이 만약 1804년의 결투에서 죽지 않고 살아 있었다면 아마도 자신의 방식이 다시 채택된 것을 매우 기뻐했을 것이다). 의회는 또한 모두를 기쁘게 하기 위해 의석수를 233석에서 234석으로 늘렸다. 234석은 해밀턴방식과 빈튼방식 모두 동의한 숫자다.

미국 인구는 지속적으로 증가했고 의석수도 계속해서 늘어났다. 1860년에 의석수는 10년 전의 234석에서 241석으로 늘어났고, 1870년이 되자 283석으로 고정됐는데, 이 숫자 또한 해밀턴방식과 웹스터방식 모두에서 도출된 숫자였다. 하지만 정치적 반목으로 인해 이후 의석수는 292개로 늘어났다. 그러자 다시 불평이 터졌는데, 이 숫자가 해밀턴방식과 웹스터방식에 부합하지 않았기 때문이다.

그러다가 엄청난 일이 벌어졌다. 1880년 인구조사 결과가 나오자 모든 이들이 의석수를 늘리길 원한 것이다. 차기 의석수 배정을 둘러싼 의회 내의 논쟁에 필요한 근거자료를 제공하기 위해, 인구조사국의 서기장 C. W. 시튼$^{C. W. Seaton}$은 일단 계산을 해보았다. 1880년 인구조사 결과를 바탕으로 빈튼방식을 따를 경우에는 적절한 의석수가 275석에서 350석 사이라는 걸 계산해냈다. 275석부터 299석까지는 큰 문제가 없었다. 즉 추가적으로 의석수를 1개씩 늘릴 때마다 운 좋은 주에 그 의석이 배정됐다. 하지만 300석에서 전혀 예상치 못한 결과가 도출됐다. 앨라배마주 의원수가 8명에서 7명으로 오히려 한 명 줄어들고, 대신 일리노이주와 텍사스주는 1석씩을 더 배정받았다. 시튼은 어안이 벙벙했다. 의원들도 어리둥절해졌다. 어떻게 이런 일이 벌어진단 말인가? 이 현상이 바로 '앨라배마 역설^{Alabama Paradox}'이다.

숫자를 자세히 들여다보면 이런 역설이 발생하는 이유를 이해할 수 있다. 전체 의석수가 299석에서 300석으로 증가할 경우, 주별 '실제' 의석수는 평균적으로 1%의 3분의 1씩 늘어난다. 하지만 텍사스주와 일리노이주는 애당초 인구가 많기에 실제 의석수가 똑같이 1%의 3분의

표 9-7 앨라배마 역설

(1) 배정될 전체 의석수가 299석인 경우.
총인구수는 4,971만 3,370명. 적절한 의석 1개당 요구 주민수(약수)는 16만 5,120명.

	앨라배마	텍사스	일리노이
인구수	1,262,505	1,591,749	3,077,871
'실제' 의석수	7.646	9.640	18.640
1단계 의석수	7	9	18
소수점 아래 의석수	0.646	0.640	0.640
추가의석수	1	0	0
총 의석수	8	9	18

(2) 배정될 의석수가 300석인 경우. 적절한 약수는 16만 4,580명.

	앨라배마	텍사스	일리노이
인구수	1,262,505	1,591,749	3,077,871
'실제' 의석수	7.671	9.672	18.701
1단계 의석수	7	9	18
소수점 아래 의석수	0.671	0.672	0.701
추가의석수	0	1	1
총 의석수	7	10	19

앨라배마주는 1석을 잃고, 텍사스주와 일리노이주는 1석씩을 더 얻는다.

1의 비율로 증가한다고 하더라도 증가분은 더 커질 수밖에 없다. 따라서 앨라배마주의 경우에는 실제 의석수가 고작 0.025석이 (7.646에서 7.671로 증가)증가하지만, 텍사스주의 경우에는 0.032석(9.640에서 9.672로 증가), 일리노이주는 0.061석(18.640에서 18.701로 증가)이 증가하게 된다. 그 결과 텍사스주와 일리노이주 같은 큰 주가 앨라배마를 제치고 추가로 의석을 확보하게 되는 셈이다.

사실 이런 현상은 이미 10년 전에 먼저 지적됐다. 로드아일랜드주는 1790년부터 계속해서 2석을 배정받았었다. 하지만 1860년 인구조사 이후에는 전체 241석 중에서 고작 1석만을 배정받았다. 10년 후 인구수와 함께 의석수도 증가했으니 로드아일랜드주는 의석수가 2개로 늘어나리라 기대했다. 계산을 해보자. 의석수가 270개로 늘어난다면 로드아일랜드주의 의석수도 2개가 될 수 있었다. 하지만 만약 의석수가 280개로 증가한다면, 로드아일랜드는 또 다시 1석만 차지해야 했다. 따라서 앨라배마 역설은 사실 1870년에 벌어진 '로드아일랜드 역설'이라고 불렸어야 옳다. 아무튼 당시 전체 의석수는 292석으로 결정됐고, 결국 로드아일랜드주는 또 다시 1개 의석을 잃어야만 했으며 그 문제는 이후 10년 동안 잊었다.

하지만 1880년이 되면서 의회는 혼란에 빠졌다. 모두가 만족해하던 해밀턴-빈튼방식이 위기에 봉착한 것이다. 긴장감은 높아졌고, 한 의원이 다른 의원을 두고 "의회가 빤히 지켜보는 앞에서 통계라는 뜬구름 잡는 내용으로 모두를 기만하는 전형적인 범죄를 저지르고 있다."라며 비난하는 광경마저 펼쳐졌다. 의회는 웹스터방식을 지지하는 의원들과 해밀턴방식을 지지하는 의원들이 격하게 대립하는 것을 피하기 위해 사안을 해결하기보다는 오히려 의석수를 325개로 늘리기로 결정했다. 의석수가 325개가 되자 의원들은 양분되어 싸울 필요가 없었다. 왜냐하면 325석이면 웹스터방식이나 해밀턴방식 모두에서 문제소지가 없었고, 따라서 이 문제를 적어도 10년 후로 미뤄둘 수 있었기 때문이다. 어쩌면 10년의 기간 중에 전혀 다른 의석배정방식을 찾아낼 수도 있었다. 또는 10년 뒤에는 웹스터와 해밀턴방식 모두에서 일치되는 의석수가 도출될 수도 있었다. 아니면 10년 후라면 현재 의원들이 모두 의회를 떠났기에 앨라배마 역설에 대한 고민을 후배 의원들한테 미룰 수도 있었다.

이 예상은 맞았다. 1890년이 되자 10년 전과 마찬가지로, 단지 의석수를 356석으로 늘림으로써 양측은 다시 한 번 타협했다. 356석은 웹스터방식과 해밀턴방식 모두에서 문제가 없었다. 즉 어떤 주도 10년 전보다 더 적은 의석수를 배정받는 경우가 발생하지 않았던 것이다. 하지만 다시 10년이 지났고 더 이상 운은 따르지 않았다. 1901년, 의석수 결정을 위해 인구조사국에서 준비한 자료는 350석에서 400석 사이를 제안했다. 이렇게 되자 메인주의 의석수는 3개와 4개를 오갔고, 콜로라도주는 다른 모든 경우에는 3석을 배정받은 반면, 전체 의석수가 357개일 경우에는 2석을 배정받았다. 12차 인구조사와 관련되어 구성된 특별의원회 위원장은 콜로라도주와 메인주의 편이 아니었다. 그는 전체 의석수를 357개로 확정하자고 제안했다. 그러자 여기저기서 불평이 터져 나왔고 또 다시 의회 분위기는 험악해졌다.

이보다 더 안 좋은 소식도 있었다. 의원들은 해밀턴방식에 더 심각한 문제가 있음을 눈치채지 못했다. 당시 미국 인구수는 지속적으로 증가하고 있었으니 의석수도 늘어나야 했다. 의석수를 고정해둔다면 문제는 사라질까?

천만의 말씀. 예를 들어보자. 1900년에 버지니아주와 메인주의 인구는 각각 185만 4,184명과 69만 4,466명이었다. 이듬해에 버지니아주의 인구는 1만 9,767명(1.06%)이 증가했고, 메인주는 4,684명(0.7%)이 증가했다. 만약 1개 의석이 버지니아주나 메인주 중 어느 한 주에 배정되어야 한다면, 아마도 대부분은 버지니아주에게 배정되는 게 옳다고 생각할 것이다. 하지만 현실은 전혀 달랐다. 남은 의석을 소수점 아래 숫자가 가장 큰 주에게 우선 배정하는 해밀턴방식에 의하면, 놀랍게도 추가로 1석을 얻게 되는 건 메인주였다. 결국 버지니아주는 1석을 잃게 됐다. 숫자로 이 내용을 살펴보자.

표 9-8 인구 역설

	1900년 인구수	의석		1901년 인구수	의석	
		실제	올림 또는 버림		실제	올림 또는 버림
버지니아	1,854,184	9.599*	10	1,873,951	9.509	9
메인	694,466	3.595	3	699,114	3.548*	4
합계	74,562,608		386	76,069,522		386

*는 소수점 아래 다섯 자리 숫자가 커서 올림.

미국 전체인구는 7,456만 2,608명에서 7,606만 9,522명으로 증가했고, 1900년의 의석 1개당 요구 주민수는 19만 3,167명, 1901년은 19만 7,071명이다. 버지니아주의 인구는 1만 ,767명이 증가한 반면, 메인의 인구는 고작 4,648명 증가에 그쳤다. 그런데도 불구하고, 만약 1901년에 의회가 새로 구성됐다면, 버지니아주는 메인에게 1개 의석을 양보해야 했을 것이다(1901년의 인구증가분은 1900년부터 1910년까지의 인구증가분을 토대로 산출했다. 1901년에는 별도의 인구조사가 시행되지 않았다).

이후로 이런 문제는 '인구 역설 Population Paradox'이라고 불리게 된다. 인구 역설이 발생하는 이유는 약수가 바뀌었기 때문이다. 1900년의 경우, 메인은 버지니아주보다 소수점 아래 숫자(0.595)가 더 작았기 때문에 추가의석을 배정받지 못했다. 하지만 1년 뒤인 1901년에는 오히려 버지니아주의 소수점 아래 숫자(0.509)가 더 작았고, 덕분에 메인이 추가로 의석을 확보하게 된다(그 이유는 미국 전체인구의 증가분이 두 주의 증가분보다 더 크기 때문이다).

그렇다면 인구 역설이 앨라배마 역설보다 더 위협적인 이유는 무엇일까? 사실 앨라배마 역설은 의석수가 증가할 때 발생하는 문제이기에 만약 의회가 의석수를 그대로 유지한다면 충분히 피할 수 있었다. 반면 인구 역설은 인구의 증가 자체를 막을 도리가 없기에 결국 어떤 경우에도 피할 수 없는 문제였다.

결국 의회는 이번에는 입장을 분명히 해서 해밀턴방식을 버리고 대신 웹스터방식을 채택했다. 적어도 웹스터방식을 활용하면 앨라배마 역설과 인구 역설은 피할 수 있었다. 의회는 또한 의석을 잃는 주가 없게 하기 위해 의석수도 386석으로 늘렸다(사실 1901년에 활용된 의석배정방식이 해밀턴방식인지, 아니면 웹스터방식인지는 분명하지 않다. 왜냐하면 당시 의회가 사전에 예측한 인구조사 수치를 활용했는지, 아니면 인구조사국에서 발표한 최종수치를 활용했는지에 따라 해밀턴방식도 웹스터방식 둘 다 활용이 가능했기 때문이다).

문제는 이게 다가 아니었다. 또 다른 역설이 호시탐탐 모습을 드러낼 기회를 노리고 있었다. 1907년, 오클라호마주가 연방에 가입했다. 당시 의석수는 386석이었고, 이미 몇 차례 시행착오를 겪은 의원들은 어떻게 해야 불만 없이 의석수를 배정할 수 있는지를 알고 있다고 자신했다. 오클라호마주의 인구는 약 100만 명이었고, 그에 합당한 의석수는 5석이었다. 따라서 의회는 기존 의석수에 그저 5석만 추가하면 될 거라고 믿었다. 추가된 5개 의석은 오클라호마주에 배정되면

됐고 그러면 아무런 문제가 없을 거라고 믿었다.

하지만 오산이었다. 5개 의석이 추가됐고, 391개의 전체 의석을 해밀턴방식으로 배정하자 모두가 예상했던 대로 5석은 모두 오클라호마주에 돌아갔다. 하지만 이상한 일이 벌어졌다. 뉴욕주가 1석을 잃었고, 메인주가 대신 그 1석을 가져간 것이다. 정말로 분통 터지는 상황이었다. 모든 게 제대로 됐다고 생각한 순간, 예상치 못한 일이 벌어진 것이다. 이런 상황은 '새로운 주의 역설New State Paradox'이라고 불렸다. 왜 자꾸 이런 상황이 벌어지는지 살펴보자.

표 9-9 새로운 주의 역설

	오클라호마 가입 전 인구수	의석		오클라호마 가입 후 인구수	의석	
		실제	올림 또는 내림		실제	올림 또는 버림
뉴욕	7,264,183	37,606*	38	7,264,183	37,589	37
메인	694,466	3,595	3	694,466	3,594*	4
오클라호마				1000000	5,175	5
합계	74,562,608		386	75,565,608		391

*는 소수점 아래 다섯 자리의 숫자가 커서 올림됨.

오클라호마주에게 돌아간 5개 의석을 추가한 뒤, 오히려 뉴욕주는 메인주에게 1석을 내주게 되었다.

뉴욕주와 메인주의 인구가 전혀 변하지 않았는데도 불구하고, 게다가 오클라호마는 정확히 5석이 배정됐음에도 다른 주의 의석이 영향을 받은 셈이다. 그 이유는 오클라호마의 인구수가 연방 전체의 인구수에 더해지면서, 뉴욕주와 메인주를 비롯한 다른 모든 주들의 소수점 아래 의석수는 크기가 줄어들었기 때문이다. 하지만 가장 인구가 많은 뉴욕은 상대적으로 작은 주들에 비해 소수점 아래 의석수가 감소한 정도가 더 컸다. 결국 메인주의 소수점 아래 의석수가 뉴욕주의 소수점 아래 의석수를 살짝 넘어서게 되면서, 결국 1석이 메인주에게 돌아간 것이다.

한편 미국 대선선거인단에 포함되는 주별 선거인단의 수는 주별 상하원 의원 수에 비례한다. 따라서 의석배정의 문제는 결국 대선에도 영향을 끼친다. 2000년에 조지 W. 부시 ^{George W. Bush} 는 앨 고어 ^{Al Gore} 를 선거인단 수에서 271 대 266으로 앞섬으로써 대선에서 승리했다 (이 방식에 대해서는 다음 장에서 살펴볼 것이다). 하지만 만약 1990년 인구조사 이후 의석배정이 제퍼슨방식에 따라 이뤄졌다면 오히려 고어가 271표를 획득해서 대통령이 됐을 것이다.

각각의 의석배정방식이 누구에게 유리하고 불리한지 표로 살펴보면서 이번 장을 마치겠다.

표 9 - 10 의석배정방식 비교표

방식	해밀턴	제퍼슨	애덤스	웹스터
유리	큰 주	큰 주	작은 주	없음
엘라배마 역설	유	무	무	무
인구 역설	유	무	무	무
새로운 주의 역설	유	무	무	무

가장 합리적인 의석배정방식은 웹스터방식으로 보인다. 반면 지금까지 알려진 모든 역설이 발생하는 해밀턴방식은 유독 틀린 방식인 것처럼 보인다. 하지만 해밀턴방식은 '이를 보완하는 특징'을 지니고 있다. 바

로 큰 주에게 유리하다는 것이다. 따라서 큰 주들은 이후에도 지속적으로 웹스터방식보다는 해밀턴방식을 밀어붙일 것이 분명하다(해밀턴방식에는 또 다른 장점도 존재한다. 그 내용은 제12장에서 살펴보도록 하자).

Chapter 10

아이비리그 교수들의 공방전

– 웹스터 - 윌콕스방식을 지지한 코넬학파,
헌팅턴 - 힐방식을 지지한 하버드학파

의석배정방식을 둘러싼 힘겨운 문제 때문에 지치고 의기소침해진
정치인들은 해결책 ─ 수학적인 해법이라기보다는 정치적인 해법 ─을 찾다
가 끝내 전문가의 도움을 청했다. 월터 F. 윌콕스^{Walter F. Willcox}는 코넬대
학 사회과학 및 통계학 교수였고, 1900년 인구조사에 참여했다가 후
에 인구조사국의 인구통계 책임자가 된다. 그는 의석배정을 둘러싼
논쟁을 정치적 영역에서 과학적 영역으로 끌어올린 위인이다.

　인구조사국은 설립된 지 얼마 되지 않은 기구였다. 1790년에 시행
된 첫 인구조사는 미국연방보안국의 주도하에 실시됐고, 이후 100년
동안 인구조사는 정기적이 아니라 필요에 따라 그때그때 시행되곤 했
다. 인구조사 결과가 발표되면, 인구조사기관은 다음 인구조사 때까
지 폐지됐다. 19세기 말에는 상설기관의 필요성이 대두됐다. 윌콕스
는 인구조사국의 설립에 대해 이렇게 설명했다.

　"윌리엄 R. 메리엄이 매우 영리하게 의회를 설득했다. 일단 미녀 직

원들로 조직을 꾸렸고, 그들은 적어도 결혼하기 전까지는 워싱턴에 머물며 인구조사국에서 계속 근무하고 싶어했다. 내가 듣기론 이 미녀들이 의회에 상당한 압박을 가했고 …… 결국 인구조사국이 상설기관이 된 이유는 과학적 이유 때문이라기보다는 미녀 직원들이 뿔뿔이 흩어지는 걸 막기 위해서였다."

1902년 의회는 법안을 통과시켜 인구조사국을 상설조직으로 만들었다.

윌콕스는 코넬대학에서 사회학을 최초로 개설한 인물이다. 1861년 매사추세츠주 리딩에서 태어난 후 애머스트대학에서 학부를 마쳤고, 콜롬비아대학에서 법학박사와 철학박사 학위를 받았다. 윌콕스는 또한 독일 베를린대학에서 1년간 수학했고 박사학위를 받은 후에는 코넬대학의 교직원으로 합류해서 이후 40년간 재직했다(윌콕스를 비롯해 이번 장에서 등장하는 인물들에 대한 자세한 내용은 별첨을 참조하길 바란다).

20세기에 접어든 후, 20세기 최초의 인구조사가 1910년에 실시됐다. 조사 결과 10년 전보다 인구가 20% 증가한 것으로 나타났다. 10년 전 7,500만 명이 채 안 됐던 미국의 전체인구수는 9,100만을 넘어섰다. 높은 출산율과 이민자수 증가, 오클라호마주의 연방가입으로 인한 인구증가 이외에 또 다른 변화도 있었다. 미국 내 인구분포가 변한 것이다. 가난한 농부들이 돈을 벌기 위해 도시로 모여들었고, 그 결과 시골 지역에서 도시 지역으로의 이주가 심화됐다. 이러한 현실은 의회 구성에도 반영되어야 했다. 그러려면 어떤 의석배정방식을 활용해야 할까? 시골지역 주에서 그들의 정치적 영향력이 줄어드는 상황을 넋 놓고 보고만 있을 리 없었다. 결국 부유한 지주들과 가난한 농부들은 기이한 형태의 연합을 이뤄 자신의 정치적 권리를 유지하기 위해 싸웠다.

그전에 먼저 당시에는 어떤 의석배정방식이 쓰였는지부터 살펴보자.

윌콕스는 여러 의석배정방식을 검토한 후 웹스터의 '분수중시방식 major fractions'이 가장 적합하다고 확신했다(여기서 웹스터방식을 다시 짧게 설명하면, 소수점 아래 자리를 가장 가까운 정수로 올림하거나 버림했을 때 원하는 전체 의석수가 도출되도록 약수를 조절하는 방식이다). 웹스터방식은 어떤 역설도 발생하지 않았고, 큰 주나 작은 주 모두에게 특별히 유리하지도 않았다. 의회는 윌콕스의 논리를 받아들여서 점차 웹스터-윌콕스 방식으로 기울게 됐다. 하지만 인구수가 네 번째로 많은 오하이오주와 스물두 번째로 많은 미시시피주는 이 방식을 전혀 좋아하지 않았는데, 두 주 모두 기존의 해밀턴방식을 적용하면 추가로 의석을 배정받기 때문이다(해밀턴방식에서는 서른네 번째로 큰 주인 메인주와 다섯 번째로 큰 주인 아이다호주가 각각 의석을 잃어야 했다). 따라서 의회는 찬성하는 측과 반대하는 측을 모두 만족시키기 위해 웹스터방식을 채택하면서 동시에 의석수를 386석에서 433석으로 늘렸다(애리조나와 뉴멕시코가 연방에 가입할 경우를 위해 추가로 1석씩을 따로 남겨뒀다). 이 방식은 1912년에 처음 채택되었고 오늘날까지 의석수는 435석으로 유지되고 있다. 의석수가 435석이 되자, 오하이오주와 미시시피주는 이전 인구조사 때 배정받았던 의석수를 그대로 유지할 수 있었고, 어떤 주도 의석을 잃지 않았다. 의석수가 증가하면서 각 의원의 발언권이 11%씩 감소한 사실은 아무도 신경 쓰지 않았다(386/433−1= −11%).

하지만 의회는 불안감을 떨칠 수가 없었다. 인구 역설과 새로운 주의 역설에서 유독 메인주에만 이상한 상황이 벌어졌지만 다른 주들 또한 안심하지 못했다. 오하이오주와 미시시피주, 메인주와 아이다호주, 앨라배마주와 뉴욕주, 또는 버지니아주에서 벌어진 현상이 언제든 다른 주를 덮칠 가능성이 있었다. 따라서 1920년에 예정된 차기 의석배정에서는 이전과는 다른 새로운 방식이 필요했고, 결국 새로운 방식이 도출됐다. 새로운 방식을 고안한 사람은 인구조사국에서 윌콕스와 함께 일하던 동료이자 조사결과 검토부서의 통계 담당자였던 조지프 A. 힐[Joseph A. Hill]이었다.

힐은 가장 공정한 의석배정방식을 찾던 중 한 명의 의원을 선출하는 데 필요한 일련의 요소들이 핵심변수라는 걸 알아냈다. 공명정대한 의석배정이 이뤄지려면 주별로 변수의 차이가 최소화돼야 했다. 예를 들어, 만약 어떤 주는 한 명의 의원을 의회에 보내는 데 20만 명의 주민이 필요하고, 또 다른 주는 오직 19만 명의 주민만이 필요하다면, 상대적 차이는 5%였다. 힐은 이런 상대적 차이를 최소화하는 방식으로 의석이 배정되어야 한다고 생각했다. 아래 표는 힐이 제안한 의석배정방식이 어떤 식으로 계산되는지를 보여준다.

표 10 - 1 힐방식
전체인구수는 400만 명, 배정될 의석수는 20개. 의석 1개당 요구 주민수 = 20만 명.

주	인구수	'실제' 의석수	대안 1			대안 2		
			배정된 의석수	의석 1개당 요구 주민수	차이	배정된 의석수	의석 1개당 요구 주민수	차이
A	3,300,000	16.5	16	206,250	17.8%	17	194,117	20.2%
B	700,000	3.5	4	175,000		3	233,333	
합계	4,000,000	20.0	20			20		

힐방식에서는 상대적 차이가 더 작은 대안 1(17.8%)이 대안 2(20.2%)보다 더 낫다.

〈표 10-1〉에서 가장 가까운 정수로의 올림이나 버림을 하는 웹스 터방식이라면 과연 어떤 식으로 적용될까? 답을 먼저 말하자면 적용 되지 않는다. 즉 2개 주의 소수점 아래 의석수가 정확히 0.5일 경우, 웹스터방식은 어떤 주의 의석이 반올림되거나 버림되어야 할지를 정 확히 명시하지 않았다. 동점상황이 되는 것이다.

힐의 방식은 하버드대학의 수학 및 역학 교수인 에드워드 V. 헌팅 턴^{Edward V. Huntington}의 관심을 끌었다. 사실 헌팅턴은 취미 삼아 의석배 정방식을 연구하고 있었다. 헌팅턴 교수는 힐과 하버드대학 학부시절 때부터 알고 지내던 사이였다. 헌팅턴은 모든 의석배정방식을 연구한 뒤 힐의 제안을 강력하게 지지했다. 그는 힐의 방식을 '동일비율방식' 이라고 불렀다. 나중에는 헌팅턴-힐(H-H)방식으로 알려지게 된다.

헌팅턴은 힐의 주장을 체계화했다. 만약 한 주의 의석을 줄여서 다 른 주로 배정하는 경우가 발생하지 않는다면 당연히 불공평함은 줄 어들 수밖에 없고, 따라서 이런 의석배정방식은 그 자체로 나쁜 점이 없다고 주장했다. 물론 그 전에 먼저 불공평함이 정확히 무엇을 의미 하는지부터 정의되어야 했다. 헌팅턴은 힐과 마찬가지로 불공평함이 의석 1개당 요구 주민수의 비율차이라고 정의했다. 따라서 비율차이 를 최소화하는 의석배정방식이 최상의 방식이었다.

다시 한 번 설명하자면, 웹스터-윌콕스(W-W)방식은 소수점 아래 의석수를 올림하거나 버림할 경우 총 435석이 도출되는 적절한 약수 (의석 1개당 요구 주민수)를 도출하는 방식이다(1석 이하가 배정되는 경우에 는 무조건 올림했다). 반면 H-H방식은 일단 약수를 도출한 뒤, 소수점 아래 의석수를 올림하거나 버림해서 주별 요구 주민수의 상대적 차이 가 최소화되도록 하는 방식이다. 다른 학문적 논쟁과 마찬가지로, 이 두 방식을 둘러싼 논쟁도 치열했다. 많은 학자들이 어느 한쪽을 지지하게 되면서, 양측 지지자들은 각각 '코넬학파[W-W]'와 '하버드학파[H-H]'로 알려지게 됐다.

어느 것이 더 나은 방식인지를 밝혀내는 과정은 수학적 측면에서 우월성을 따지는 문제를 넘어서서 어떤 방식이 더 의회를 설득하기 쉽냐는 문제로까지 이어졌다. 하버드학파 방식은 사실 적용하기가 쉽지 않았다. 주별 요구 주민수의 비율차이를 최소화하려면 일단 약수를 여러 개 시험해야 했다. 나아가 약수마다 2개 주의 의석수를 재배정할 경우에 실제로 의석 1개당 요구 주민수의 상대적 차이가 줄어드는지도 일일이 확인해야 했다. 그나마 다행인 건 H-H방식을 적용하는 보다 손쉬운 방법이 있었다는 점이다.

이 방식을 설명하기에 앞서 먼저 살펴볼 내용이 있다. 두 정수의 정확히 중간에 존재하는 숫자, 다시 말해 소수점 이하가 정확히 0.5인 숫자를 올림하거나 버림하는 건 '산술평균에서 올림/버림하기'라고 불린다. 산술만으로 충분하기 때문이다. 예를 들어, 산술평균을 계산하려면 한 숫자를 다른 숫자에 더한 뒤 2로 나누면 그만이다[2와 18의 산술평균은 2에 18을 더한 20을 2로 나눈 10이다($\frac{2+18}{2}=10$)]. 그런데 기하평균이라는 것도 존재한다. 기하평균은 2개의 숫자를 서로 곱한 뒤 제곱근을 구하는 것이다. 예를 들어, 2와 18의 기하평균은 2에 18을 곱한 36의 제곱근인 6($=\sqrt{2\times18}$)이다. 2와 18의 산술평균은 10, 기하평균은 6인 것이다.

헌팅턴은 적당한 약수를 찾아낸 후 기하평균값에서 올림하거나 버림하면 의석 1개당 요구 주민수의 주별 차이를 최소화하는 의석수를 도출할 수 있다고 주장했다. 이는 뒤집어 얘기하면, H-H방식에서 요구하는 숫자를 정확히 계산해낼 수 있다는 말이다.

따라서 H-H방식은 3과 4, 또는 17과 18 사이의 정확한 중간값에서 올림하거나 버림하지 않고, $3.4641(=\sqrt{3\times4})$, 또는 $17.4928(=\sqrt{17\times18})$에서 올림하거나 버림해야 했다. 사실 산술평균과 기하평균의 차이는 연속된 두 정수 사이에서는 그 차이가 크지 않다. 하지만 의석배정에 활용될 경우, 이 조그만 차이는 추가로 의석을 얻느냐, 못 얻느냐의 차이를 가를 만큼이나 결정적이었다.

사실 기하평균값에서 올림/버림하는 방법은 H-H방식을 활용하기에 가장 쉬운 방법이었다. 하지만 과연 옳은 방법일까? 기하평균값에서 올림/버림하는 것이 의석 1개당 요구 주민수의 차이를 최소화하는 것과 무슨 상관이 있단 말인가? 나아가 기하평균값에서 올림/버림할 경우에도 똑같은 결론이 도출된다는 주장 또한 증명이 필요했다. 헌팅턴은 「미국수학학회 학술지」에서 그 근거를 제시했다. 논문은 헌팅턴이 8년에 걸친 일곱 번의 강연 내용을 토대로 했고, 1928년에 처음 발표되었다(헌팅턴의 증명내용을 여기에 옮긴다면 논의의 중심에서 벗어날 수 있기에 별첨에 따로 수록했다). 따라서 헌팅턴은 힐의 주장을 체계화했을 뿐만 아니라 힐의 방식을 더 쉽게 적용할 수 있는 방법까지 고안해냈고 여기에 수학적인 근거까지 더했다.

불행히도 기하평균값에서 올림하거나 버림하면 H-H방식과 동일한 결과가 나온다는 발견은 한쪽으론 중대한 문제점도 함께 들춰냈다. 기하평균방식은 처음에는 공정한 방식 — 의석 1개당 요구 주민수의 주별 차이를 줄여야 한다는 주장에 누가 감히 이견을 제시하겠는가? — 처럼 보였지만 실제로는 작은 주들에게 더 유리했다. 예를 들어, 작은 주의 경우에는 1개 의석에서 2개 의석으로 올림되는데 고작 0.4142의석이 더 요구된 반면, 큰 주의 경우에는 31개 의석에서 32개 의석으로 올림되려면 0.4959의석 — 20% 더 많은 의석 — 이 필요했던 것이다($\sqrt{1 \times 2} = 1.4142$, $\sqrt{30 \times 31} = 30.4959$).

이는 실제 사실로 입증됐다. 코넬학파방식[W-W]과 비교했을 때, 하버드학파방식[H-H]은 1920년의 의석배정에서 상대적으로 작은 주인 버몬트주, 뉴멕시코주, 로드아일랜드주에 추가로 1개 의석씩을 더 부여한 반면, 상대적으로 큰 주인 뉴욕주, 노스캐롤라이나주, 버지니아주로부터는 1개 의석씩을 빼앗아갔다. 당연히 후자에 속한 주들은 H-H방식을 곱게 보지 않았다. 반대로 인구가 적은 주들은 W-W방식을 마음에 들어하지 않았다. W-W방식을 활용할 경우에는 H-H방식을 쓸 때보다 총 11개 의석을 잃어야 했기 때문이다.

코넬학파와 하버드학파 간의 논쟁은 끝없이 이어졌다. 하지만 결국 이 치열한 논쟁은 물거품으로 돌아가고 만다. 어떤 방식을 채택하든 모두 상대편의 완강한 반대에 부딪혔기 때문에 의회는 어떻게든 타협점을 찾으려 했다. 일단 오래 활용돼온 웹스터방식에 따라 435개 의석을 배정하려 했지만 양측의 합의를 도출할 수가 없었다. 그러자 의회는 이번에는 의석수를 483개로 늘림으로써 모든 주에 적어도 이전과 동일한 의석수를 보장하려 했다. 전체 의석수가 늘어나면서 개별 의원의 발언권이 11%가 줄어든다는 사실은 그다지 신경 쓰지 않았다. 하지만 이 법안은 끝내 상원을 통과하지 못했다.

다른 시도들도 그다지 효과가 없었다. 인구가 적은 시골지역 주들의 하원의원과 상원의원은 의석배정방식을 바꾸려는 모든 법안을 저지했고, 결국 기존 방식을 변경하려는 모든 시도는 실패로 돌아갔다. 의회는 교착상태에 빠졌고, 또 다시 의석배정방식에 대해 아무런 결론을 내리지 못하게 된다. 1921년, 헌법을 명백하게 위배하는 행위였건만 의석배정방식은 발효되지 않았다. 결국 의회 구성은 1910년 인구조사 때와 동일한 형태를 유지하게 된다. 시골지역 출신의 의원들은 그 결과를 환영했다. 의석배정방식을 변경해야 한다는 데에는 동의했지만, 적어도 향후 10년 동안 그 일을 막았다는 점에 만족했다.

하지만 장기적으로 볼 때 꼼수는 결코 해답이 되지 못했다. 1920년대가 막을 내리고 차기 인구조사 시기가 다가오면서 의석배정방식에 대한 결정 또한 시급해졌다. 의회의 입장에서는 이번에도 또 다시 헌법을 무시할 수는 없었고, 어떻게든 해결책을 찾아내야 했다. 코넬학파와 하버드학파의 논쟁은 이제 폭언이 오가고 개인적인 비난도 서슴지 않을 정도로 격화됐다. 힐은 냉정한 학자였지만 헌팅턴은 그렇지 않았다. 그는 호전적이고 격한 논쟁을 좋아해서 힐을 대신해 싸움에 나섰고 H-H방식을 온 힘을 다해 옹호했다.

헌팅턴은 하원의 인구조사위원회가 H-H방식을 수용하지 않는 이유가 '코넬대학의 월콕스 교수 때문'이라고 믿었다. 1928년 2월, 헌팅턴은 「사이언스」 저널을 통해 "월콕스방식은 그럴싸해 보이는 차트와 도표만 제시할 뿐 엉터리 주장"이라며, 인구조사위원회가 틀린 오해를 하는 것도 다 이 때문이라고 주장했다. 헌팅턴은 월콕스의 분수중시을 "한물간 방식"이며 "틀린 생각"이라며 폄하하고 자신의 방식은 "간단하고 직접적이며 흠잡을 데 없이 지적"이라며 장점을 설파했다.

헌팅턴의 장광설은 끝없이 이어졌다. 수학자와 통계학자가 W-W방식을 더 지지한다는 월콕스의 주장은 사실과 다르다며, 실제로 월콕스의 방식을 지지하는 사람들은 오로지 헌법학자와 정치경제학 교수뿐이라고 헌팅턴은 주장했다. 나아가 그들의 지지 또한 그저 잘못된 정보로 인한 것이라고 주장했다. 헌팅턴은 이와는 대조적으로 H-H방식은 "다수 과학자들의 동의를 이미 얻었으며" 어떤 식으로든 "학술단체의 인정을 받은 유일한 방식"이라고 주장했다. 헌팅턴은 이 학자들이 정확히 누구인지는 밝히지 않았다. 그저 윌콕스에게 W-W방식을 의회에서만 발표하지 말고, 정규 학술잡지에 발표하라고 요구했다. "그래야만 모든 학술단체들의 검증을 받을 수 있다."고 덧붙였다.

반년 뒤인 1928년 12월, 「사이언스」는 또 다시 '과학적인 동일비율방식'과 '비과학적인 분수중시방식'을 비교하는 헌팅턴의 논문을 게재했다. 헌팅턴은 후자에 대한 윌콕스의 주장이 "이미 알려진 수학적 사실과 모순되며" 의회 청문회에서 윌콕스가 범한 중대한 실수는 "이 문제를 연구하는 후학들에게 혼란을 가져다줄 것"이라고 열변을 토했다. 특히나 헌팅턴이 보기에 가장 짜증나는 건 "이런 잘못된 주장이 의회 녹취록에 기록되어 영원히 남게 됨으로써 의회가 과학적 방식의 소중한 가치를 오히려 깎아내리는 결과를 가져올 수 있다."는 것이었다.

한 발 더 나아가 헌팅턴은 "동일비율방식이 큰 주나 작은 주 어느 한쪽에게 유리하지 않다는 점이 수학적으로 입증됐다."라고 주장했다. 사실 이 주장은 약간 뜻밖이며 엄밀하게 말하자면 거짓말이다. 사실 헌팅턴은 이보다 수개월 전에 미국수학학회 저널을 통해 발표한 논문에서 기하평균값에서 올림하거나 버림하는 것이 H-H방식과 동일한 결과값을 도출한다고 주장했었다. 그리고 기하평균값에서 올림하거나 버림할 경우, 작은 주들에게 더 유리한 건 엄연한 사실이었다. 그렇다면 헌팅턴 교수는 이 사실을 모른 척한 걸까, 아니면 정말로 몰랐던 걸까?

두 방식 중 어떤 방식이 더 나은지를 확인하려면 전문기관에 의뢰

해서 사실관계를 확인한 후 독자적인 보고서를 내놓게 하는 것도 좋은 방법이었다. 실제로 윌콕스는 의회 청문회에서 이런 제안을 했다. 하지만 불행히도 양측의 주장을 중재할 수 있는 단체였던 미국정치과학협회는 이 문제에 얽히고 싶지 않았다. 미국정치과학협회의 서기는 학술단체 특유의 고고한 풍모를 과시하며 협회는 "이런 사안에 대해 관여하지 않는 게 옳다고 생각한다."라고 발표했다. 미국정치과학협회는 정치인들이 의사결정을 내리는 방식을 연구하고 비난하는 건 괜찮지만 특정 방식을 지지해서는 안 된다고 생각한 게 분명하다.

1929년 2월, 윌콕스는 처음으로 「사이언스」를 통해 논쟁에 참여했다. 그는 헌팅턴에 비하면 훨씬 점잖은 방식을 택했다. 헌팅턴을 개인적으로 공격하지 않고 논점에만 집중했다. 사실 당시 가장 큰 문제는 1911년에 처음 발효된 후 헌법을 어겨가면서까지 1921년에 다시 연장된 의석배정방식을 의회가 바꾸지 않는 한 향후 10년 동안, 다시 말해 1940년까지 이 방식이 지속될 수 있다는 점이었다. 윌콕스는 소수점 아래의 의석수를 두고 헌팅턴과 말다툼을 벌이기보다는 더 중대한 문제를 논하고 싶었다. 따라서 윌콕스의 목적은 가장 공정한, 또는 최상의 의석배정방식을 찾는 것이 아닌, 활용이 가능한, 그리고 무엇보다 의회가 수용할 수 있는 방식을 찾는 것이었다. 실제로 윌콕스는 자신의 목표를 명료하게 표현했다.

"어떤 의석배정방식이 의회에서 채택될 가능성이 가장 높을까?"

이런 관점에서 보면 W-W방식이 더 유리하다는 생각에, 윌콕스 또한 헌팅턴의 방식에 대해 약간의 험담을 늘어놓았다. 과연 일반사람들에게 설명하기 어려운, 나아가 "이전까지 한 번도 시험해보지 않은 새로운 방식"을 의회가 수용할 것인가? 윌콕스는 반문했다. 아니면 의회가 1911년부터 활용해왔던, 소수점 아래 숫자가 0.5 미만일 경우 버림하고, 0.5를 이상하면 올림하는, 더 이해하기 쉬운 방식을 수용할 것인가? 윌콕스는 독자에게 이전 의석배정방식에 대한 새로운 법안이 부결됐다는 점을 상기시키면서, 이번에도 동일한 실수가 벌어지는 걸 피해야 한다고 담담하게 적어나갔다.

"나는 내가 선호하는 방식을 기꺼이 포기할 수 있다. …… 의회나 국민이 수용할 가능성이 더 높은 방식이 있다면 말이다."

윌콕스는 잘 알려진 학술지를 통해 이론검증을 받으라는 헌팅턴의 요구에 대해서는 일축했다. 윌콕스의 연구는 학자들에게 흥미거리를 던져주기 위해서가 아니라 의회에 봉사하기 위해서 진행된 것이기 때문이었다.

"평범한 의원들, 또는 하원조사회의 판단이 학자들의 판단보다 훨씬 더 중요하다."

단 4주 만에 헌팅턴의 반격이 시작됐다. 「사이언스」의 '통가와 피지에서의 지질학 연구'와 '영사필름의 중요성'이라는 기사 사이에 헌팅턴의 짧은 기고문이 실린 것이다. 기고문에서 헌팅턴은 윌콕스가 논문에서 제기한 문제점을 일단 요약했다. 헌팅턴은 돋보기로 윌콕스의 논문을 샅샅이 살펴본 게 틀림없었다. 논문 속에 약간 애매모호한 문장을 트집 잡았다. 윌콕스는 논문에서 "주민수를 적절한 약수로 나눌 경우 일련의 몫이 나오고, 이를 다시 올림하거나 버림할 경우 주별 의석수를 도출할 수 있다."면서 "일련의 수를 모두 더할 경우 총 435석이 된다."라고 썼다. 윌콕스가 말한 '일련의 수'는 주별 의석수를 말한 것이었지만, 헌팅턴은 이를 의도적으로 '일련의 몫'으로 해석함으로써 윌콕스가 수학적 사실을 왜곡했다고 비난했고 윌콕스의 의석배정방식은 엉터리라고 주장했다. 그런 뒤 비열한 한 방을 날리며 기고문을 마쳤다.

"분수중시방식을 변론하려면 결국 이런 식으로 본질을 회피하는 논쟁을 들먹일 수밖에 없다."

윌콕스는 모욕을 가볍게 받아들이지 않았다. 의미가 애매모호한 문단을 복사해서 30명의 학부생에게 나눠준 후 이유에 대해선 설명하지 않은 채 의견을 물었다. 학생들 중 4분의 3이 '일련의 수'가 '일련의 의석수'를 의미한다고 생각했고, 오직 나머지 4분의 1만이 '일련의 몫'으로 해석했다. 윌콕스는 이 결과를 마치 대단한 과학적 발견이라고 되는 것처럼 1929년 3월호 「사이언스」에 발표했다.

"헌팅턴 교수의 위치에 있는 학자라는 사람이 어떻게 내 글을 그런 식으로 해석했는지 도무지 이해할 수가 없다."

그리고 논문 말미에 다음과 같이 적었다.

"지금까지 나는 헌팅턴 교수의 인신공격성 발언에 일절 대꾸하지 않았지만 이번 사건은 너무나도 명백한 음해이기에 예외적으로 반박한다."

1928년과 1929년 상반기 내내 논쟁은 치열하게 전개됐다. 어떤 면에서는 의회에서의 분쟁만큼이나 과학에서의 알력다툼도 치열할 수 있다는 걸 보여준 일화라고나 할까? 아무튼 헌팅턴은 1929년 5월에 다시 한 번 반격을 가했지만 의석배정방식을 둘러싼 논쟁은 더 이상 화제가 되지 못했다.

사실 1929년 초에 반목하는 정치인들이 의석배정방식에 대한 합의를 도출하지 못할 것이며, 학자들 또한 절대로 의견의 일치를 보지 못할 것임은 모두가 아는 사실이었다. 결국 의회는 사태가 심각해지는 것을 막기 위해 이를 해결할 수 있는 유일한 기관에 도움을 청했다. 그 기관은 다양한 분야의 전문가와 권위자로 구성됐고, 어떤 과학적 사안에 대해서도 중립적인 결론을 내려줄 수 있었으며, 정당이나 정부의 영향으로부터도 자유로웠다. 바로 미국국립과학아카데미다.

따라서 버몬트주 출신의 어니스트 깁슨^{Ernest Gibson} 의원이 "의석배정방식은 결국 수학의 문제"라며 "그렇다면 올바른 수학공식에 의해 증명될 수 있는 의석배정방식을 활용하지 않는 이유가 무엇인가?"라고 의문을 제기하자, 하원의장이었던 오하이오주 출신의 니컬러스 롱워스^{Nicholas Longworth} 의원은 국립과학아카데미에 의석배정방식을 결정해달라고 요청함으로써 논쟁을 종식하기로 결심했다.

에이브러햄 링컨^{Abraham Lincoln}이 1863년에 설립한 과학아카데미는 연방정부와 국민을 대상으로 과학과 기술발전이 정책결정에 끼치는 영향력에 대해 자문을 제공하는 기관이었다. 설립법령에 규정된 바대로, 과학아카데미는 정부가 요청할 경우 '과학과 인문학에 대한 모든 주제에 대해 조사하고, 검증하고, 실험하고, 보고해야' 할 의무가 있었다. 과학아카데미 회원들 — 대학교수, 연구소 학자, 민간기업 과학자 — 은 독립성을 보장받기 위해 정부의 틀에서 벗어나 독립적으로 과제에 착수했다. 과학아카데미의 역할은 정부의 입장에서 매우 필수적이었기에 시간이 지나면서 의회와 백악관은 여러 법령과 대통령령을 반복적으로 시행해서 과학아카데미의 독립성을 강화했다.

미국정치과학협회와는 대조적으로, 과학아카데미는 의회의 요청을 받아들였다. 최선의 의석배정방식을 결정하기 위한 위원회도 구성됐다. 최고의 학자로 구성된 위원회에는 3명의 수학자가 참가했다. 시카고대학의 길버트 A. 블리스^{Gilbert a. Bliss}, 예일대학의 어니스트 W. 브라운^{Ernest W. Brown}, 프린스턴대학의 루터 P. 아이젠하르트^{Luther P. Eisenhart}

가 위원회에 속했고, 의장은 볼티모어에 있는 존스홉킨스대학의 생물학자이자 유전학자인 레이먼드 펄^{Raymond Pearl}이 맡았다. 3명의 수학자가운데 생물학자인 펄이 끼어 있다는 게 뜻밖이긴 했지만 그는 통계학에 능숙했고 세계 최초로 런던유니버시티칼리지에서 통계학부를설립한 칼 피어슨^{Karl Pearson}과 영국에서 1년을 함께 지낸 적도 있었다. 시카고대학, 예일대학, 프린스턴대학, 존스홉킨스대학의 저명한 학자들이 의석배정방식을 검토한다는 점에 의원과 국민은 대단히 안도했다. 사실 그건 매우 기초적인 산술문제였을 뿐인데도 말이다.

위원회가 내놓은 보고서는 평범한 내용에서 출발했다. 만약 주별인구를 전체 인구로 나눠서 의석수를 도출한다면, 거의 대부분의 경우 의석수는 '예를 들자면 7.3처럼' 정수와 소수점 아래 숫자로 구성됐다(굳이 예를 든 이유는 가장 아둔한 사람들도 쉽게 보고서를 이해할 수 있게 하기 위해서였다). 만약 의원들에게 소수점 이하의 표결권을 허용한다면 문제는 간단하게 해결될 수 있다고 위원회는 적었다. 즉 모든 주는 전체 유권자수에 따른 정확한 의석수와 함께 더불어 소수점 아래숫자에 해당하는 표결권을 지닌 의석 ―사실 이건 대단히 기발한 생각이다―을 추가로 배정받을 수 있었다. 말하자면 후자는 불완전한 의석인 셈이다. 하지만 헌법은 소수점 아래 표결권을 허용하지 않았다. 따라서 이는 애당초 고려할 가치가 없었다.

위원회는 면도날처럼 날카롭게 문제를 분석했고, 결국 정수 부분만으로 의석배정방식을 해결하는 게 맞다고 결론지었다. 하지만 이 조건을 충족하려면, 의석배정방식의 수학적 본질이 크게 훼손되어야만 했다.

"응용수학에서는 문제에 대한 고유한 답이 없는 경우가 자주 있다. 그 이유 중 하나는 주어진 숫자가 수학적 해답의 도출이 가능한 특징을 애당초 지니지 못했기 때문이다. 이런 경우 해답은 수학적으로 가능한 여러 답 중에서 골라야만 하는데, 이때는 수학적이 아닌 다른 사유를 함께 고려해야 한다."

위원회는 수학적 해답이 아닌 다른 해답을 찾기 시작했다. 당시까지 알려진 모든 의석배정방식을 검토한 뒤, 그중 앨라배마 역설이 존재하는 방식은 제외했다. 그러자 5개 방식만이 남았다. 웹스터, 애덤스, 제퍼슨, 힐 등이 제안한 방식과 1920년대에 버몬트대학에서 물리학 및 수학교수를 역임했던 제임스 딘이 제안한 방식이었다. 책에서 제임스 딘[James Dean]의 방식을 언급하지 않은 이유는 이 방식이 1991년에 몬태나에서 소송문제 때를 제외하곤 단 한 번도 활용된 적이 없기 때문이다(딘방식은 미국 전체의 '의석 1개당 요구 주민수'의 값을 조절해서 주별 '의석 1개당 요구 주민수'가 이 값에 최대한 근접하게 하는 것이었다).

위원회는 주별로 요구되는 의석 1개당 요구 주민수의 차이를 최소화해야 한다는 데에는 동의했다. 따라서 처음에는 이를 반영한 H-H 방식으로 의견이 기울었다. 당연히 보고서는 동일비율방식이 의석 1개당 요구 주민수의 주별 차이를 최소화한다는 점에서 다른 방식보다 우월하다고 결론지었다.

"여러 다양한 방식을 검토한 후 위원회가 내린 결론은 수학적 근거를 바탕으로 할 때, 가장 좋은 의석배정방식은 동일비율방식이라는 점이다."

사실 위원회가 결론에 다다른 방식은 순환논법과 유사하다. 일단 위원회는 의석 1개당 요구 주민수의 주별 차이를 최소화하는 방안을 중시하기로 결정했고, 그런 뒤에는 이를 위해 설계된 방식을 선택한 것과 다름없다. 결국 위원회가 내린 결론은 대단한 결론이 아니었던 셈이다. 다만 위원회는 주별 요구 주민수의 차이를 최소화하려면 H-H가 아닌 다른 방식이 더 낫다고 인정했다. 그리고 만약 이 숫자를 뒤집어놓은, 다시 말해 주민수당 요구 의석수의 차이를 최소화하려면 이번에는 또 다른 방식이 더 낫다고 판단했다. "동일비율방식을 제외한 나머지 4개 방식도 그 자체로는 모순이 없으며 내용이 모호하지 않다."라고 보고서는 결론지었다.

다만 위원회는 자신들이 선택한 동일비율방식에 대해 추가적인 근거를 제시했다. 위원회가 다른 방식보다도 H-H방식을 더 선호한 이유는 "H-H방식이 큰 주나 작은 주 모두에 수학적으로 중립적인 입장을 취하기 때문"이었다. 그리고 보고서 맨 아래에는 4명의 서명이 박혀 있었다.

4명의 위원회 구성원들이 말한 '중립적'이란 말은 H-H방식이 큰 주나 작은 주 어느 한쪽으로 편향되지 않았다는 의미가 아니다. H-H 방식에서 활용되는 기하평균은 큰 주에 더 불리하다는 건 앞에서 이미 살펴봤다. 따라서 '중립적'이란 의미는 편향된 정도에 있어서 H-H 방식이 5개 방식 중에서 그나마 덜하다는 의미였다. 오늘날의 학자들은 위원회가 검토한 방식이 홀수였다는 게 다행이라고 말한다. 만약 짝수였다면 편향된 정도에서 가운데쯤에 위치한 방식을 결정하기가 매우 어려웠을 것이라는 말이다.

헌팅턴은 안도의 한숨을 내쉬었다. 동일비율방식이 위원회의 인증을 받은 셈이다. 헌팅턴은 「사이언스」를 통해 과학아카데미가 내린 결론을 자랑스럽게 요약했다.

"의석배정방식에 관한 수학적 문제를 둘러싼 모든 논란은 최근에 과학아카데미가 내놓은 보고서에 의해 종식됐다고 봐야 한다."

헌팅턴은 일단 이렇게 선언한 뒤, 윌콕스의 방식을 두고 "복잡하고 인위적"이라며 다시 비난했다.

"여전히 많은 의원들이 이미 잘못된 방식으로 결론이 난 이 방식에 집착하는 이유는 그들이 착각하고 있기 때문이다."

헌팅턴은 또 다시 비겁한 한 방을 날리면서 이번 기회를 빌미삼아 윌콕스가 말한 '일련의 수'가 주별 의석수가 아닌 '일련의 몫'이라는 주장을 반복했다. 하지만 이 모든 잘못도 "과학아카데미가 동일비율 방식이 분수중시방식보다 논리적으로 훨씬 우월하다는 사실을 확인해줬으므로" 이제는 중요하지 않다고 덧붙였다.

"동일비율방식이 과학아카데미의 승인을 받은 이유는 이 방식이 의석 1개당 요구 주민수의 주별 차이를 최소화하는 방식으로 의석을 배정하기 때문이다. 동일비율방식으로 의석을 배정할 경우, 한 주의 의석을 빼앗아 다른 주에 배정한다면 주별 의석 1개당 요구 주민수의 차이가 커지는 불합리가 발생한다는 점에서 사실 이 방식은 최상의 방식이다."

나아가 윌콕스의 방식은 "불필요할 정도로 복잡하다는 점에서 두 주 간의 분쟁이 생길 경우에 간단하고 직접적인 해결책을 제공해야 하는 현대적 이론과는 한참 거리가 멀다."라고 덧붙였다. 헌팅턴은 비난을 마치면서 최근 의회가 후회할 만한 실수를 거듭하고 있다고 적었다.

"이미 한물간 분수중시방식을 끝까지 고수하려는 현 의회의 정치적 의도는 결국 의석배정방식 개정에 심각한 해악을 끼쳤다."

아무튼 과학아카데미 위원회는 만장일치로 보고서를 발표했다. 이건 공식적으로는 사실이다. 하지만 보고서가 발표된 지 몇 년 후에 윌콕스는 의미심장한 말을 남겼다. 위원회 보고서가 만장일치로 채택되지 않았다고 넌지시 언급한 것이다. 어떻게 이런 일이 일어났을까? 위원회에 속했던 4명, 즉 블리스, 브라운, 아이젠하르트, 펄은 모두 보고서에 서명했다. 이 중 한 명이 다른 이들의 강압에 굴복했다는 말인가? 입에 올려서도 안 될, 즉각 묵살해버려야 할 주장이었다. 헌팅턴은 윌콕스의 주장에 기가 막혔다. 그는 분개하며 이렇게 적었다.

"보고서에 박힌 서명의 권위를 훼손하는 주장은 저명한 학자들에 대한 무례한 모독이다."

만장일치가 아니었다는 주장은 윌콕스만의 상상이었을까?

그렇지 않다. 실제로 과학아카데미의 보고서에는 어두운 비밀이 감춰져 있다. 사실 아무도 강요받은 사람은 없었다. 하지만 역사적 기록에도 남아 있지 않은 사실이 하나 있으니 원래 위원회에 다섯 번째 구성원이 있었다는 점이다. 바로 하버드대학의 수학자 윌리엄 포그 오스굿$^{William\ Fogg\ Osgood}$이다. 도대체 어떤 일이 있었던 걸까?

사실 오스굿은 블리스, 브라운, 아이젠하르트, 펄과 함께 위원회에 뽑혀 1차 보고서 작성까지 함께했다. 위원회가 오스굿의 하버드대학 동료인 헌팅턴 교수의 방식으로 결론을 내릴 것임은 이미 명백해보였다. 하지만 오스굿은 시간이 지나면서 점점 더 혼란스러워졌다. 헌팅턴방식이 우월하다는 증거가 부족하다고 느꼈다. 결국 오스굿은 다른 위원회 구성원들과의 협력에 대해 마음을 바꿨다. 그리고 1929년 1월 30일, 과학아카데미 서기에게 전보로 자신의 사임을 알렸다. 전보 내용은 다음과 같다.

지금까지 위원회는 본 사안과 상관없는 내용을 논의에 도입함
으로써 본질을 흐려왔고, 나는 새롭게 개정된 보고서의 내용에

동의할 수 없습니다. 이후 위원회의 향후 절차를 더 이상 방해하지 않기 위해 위원회로부터 사임하길 요청합니다.

이틀 후, 오스굿은 이번에는 위원회 의장인 펄에게 전보를 보내 보다 자세한 이유를 설명했다.

위원회에서 사임한 까닭은 나를 제외한 다른 4명의 위원들이 만장일치로 보고서를 채택할 수 있게 하기 위해서입니다. 내게 보내준 3차 보고서 초안에 대한 내 의견은 다음과 같습니다. 일단 나라면 다섯 번째 문단에 "현재 문제는 이 범주에 속하지 않는다."를 추가하거나 전체 문단을 삭제하겠습니다. 아홉 번째 문단의 경우에는 마지막 문장을 빼버리겠습니다. 우리가 처음 작성해서 볼티모어에서 만장일치로 채택해서 돌려보았던 그 보고서의 앞부분을 내가 지속적으로 지지했다는 걸 명심하기 바랍니다. 따라서 내가 동의하지 않는 부분은 과학아카데미 회장의 주도하에 새롭게 추가된 내용입니다. 이후 새로 추가된 내용은 보고서의 본질을 훼손합니다. 따라서 제 사임의사는 여전히 변함없습니다.

전보를 보낸 지 3일 후, 레이먼드 펄은 과학아카데미 회장에서 보내는 편지에서 다음과 같이 당시 상황을 설명했다.

이 보고서는 블리스, 브라운, 아이젠하르트, 펄까지 총 4명의 위원이 서명했습니다. 또 다른 위원인 윌리엄 F. 오스굿은 중도에 위원회에서 사임했고, 그 이유는 그가 회장님께 설명한 그대로입니다. 오스굿으로부터 사임의사가 변함없으며, 사임한 날짜부터 더 이상 위원회에 관여하고 싶지 않다는 전보를 받았습니다. 내 생각에는 오스굿의 사임을 받아들이는 것 이외에 달리 방도가 없습니다. 그러니 이 보고서는 서명한 4명의 위원들이 작성한 보고서로 생각하시면 좋겠습니다. 오스굿 교수가 사임한다니 나로서도 안타깝습니다. 나를 비롯해 다른 위원들도 최선을 다해 그를 설득했으며, 나아가 모든 위원들은 오스굿이 제기한 모든 이견에 대해 최대한 고려했다는 점을 알려드립니다.

윌콕스는 오스굿이 사임한 이유가 하버드 교수였던 오스굿이 코넬학파의 방식을 더 선호했기 때문이라고 믿을 만큼 어리석지 않았다. 오히려 반대로, 오스굿이 사임한 까닭은 H-H방식에 대한 위원회의 결론이 근거가 부족했기 때문이라고 생각했다. 오스굿은 과학아카데미 회장이 위원회가 내린 보고서의 결론에 지나치게 간섭해서 더 이상 그 결론에 동의할 수 없다고 주장했다. 따라서 실제로 오스굿이 지속적으로 위원회에 몸담았던들 윌콕스방식을 지지했을 것이라고는 보기 힘들었다.

이후로 한참 동안 윌콕스는 의석배정방식에 대해 함구했다. 그러다가 1941년이 되어서야 위원회 의장이었던 레이먼드 펄로부터 받은 편지를 공개했다. 편지에는 펄이 뒤늦게나마 윌콕스방식을 옹호하는 내용이 적혀 있었다.

"귀하의 업적을 진심으로 인정합니다. …… 내 생각에 분수중시방식을 주장하는 귀하의 노력은 국가에 진정한 도움이 된다고 생각합니다."

만약 의회가 과학아카데미가 발표한 보고서를 토대로 새로운 의석배정방식을 채택한다면, 20년 만에 새로운 의석배정방식이 발효되는 셈이었다. 하지만 모든 의원들이 이를 환영한 건 아니었다. 어떤 의석 배정방식을 채택하든 인구수가 감소한 시골지역 주들에게는 불리할 게 뻔했다. 따라서 이런 주들은 자신들의 이해관계를 위해 치열하게 싸울 각오가 돼 있었다. 시골지역 의원들이 또 다시 의석배정방식을 개정하려는 시도를 무산시킨다면, 현재의 의석배정방식이 향후 10년 동안 계속 유지될지도 몰랐다. 시골지역 출신의 상원의원들과 하원의 원들은 분수중시방식이 "불순하고 불공정하며 정의롭지 못한" 의석 배정방식이라며 "시골지역 주들을 잔인하고 무자비하게 깔아뭉개고 부숴버릴 것"이라며 격하게 반대했다. 그들의 W-W방식을 반대하는 것을 넘어서서 어떤 형태의 의석배정방식도 막아내려 했다.

하지만 극심한 반대에도 불구하고 1929년 여름, 의회는 대통령이 의회에 인구통계자료를 전달하고, 그와 함께 2가지 의석배정방식을 제출하라고 명기한 법안을 통과시켰다. 하나는 W-W방식, 또 다른 하나는 H-H방식이었다. 만약 의회가 두 방식 중에 하나를 선택하지 못할 경우, 1911년에 활용됐던 W-W방식이 자동적으로 채택되어야 했다.

하지만 그때 너무나 공교로운 사건이 일어났다. 인구통계자료가 합산된 후, 의석수를 계산해보자 W-W방식과 H-H방식이 동일한 결과를 내놓은 것이다. 따라서 의회는 어느 한 방식을 굳이 선택해야 할 필요가 없었고, 어느 누구도 불공정한 의석배정방식에 의해 깔아뭉개질 필요가 없었다. 결국 1931년에 만장일치로 새로운 의석배정방식이 발효됐다. 모든 사람들이 안도의 한숨을 내쉬었고, 의회는 골치 아픈 의석배정 문제와 관련해서 적어도 10년간은 마음을 놓을 수 있었다.

다시 10년이 지났다. 하지만 이번에는 행운이 따르지 않았다. 1940

년에 실시된 인구조사 내용이 발표되자 또 다시 소란이 일어났다. 프랭클린 D. 루스벨트^Franklin D. Roosevelt 대통령은 2가지 방식에 따라 결정된 의석수를 제안했고, 그중 46개 주는 어떤 방식을 활용하든 의석수가 동일했다. 하지만 아칸소주와 미시간주는 그렇지 못했다. H-H방식에서는 아칸소주가 7석, 미시간주가 17석을 확보한 반면, W-W방식에서는 아칸소주가 6석, 미시간주가 18석을 확보했다.

이는 충분한 논쟁거리가 됐다. 그리고 논쟁에 끼어든 건 오직 아칸소주와 미시간주만이 아니었다. 아칸소주는 근본적으로 민주당 계열이었고, 미시간주는 공화당을 지지했기에, 이로 인해 하원에서 대립구도가 발생했다. 갑자기 의석배정방식은 수학적 문제가 아닌 민주당이냐, 공화당이냐의 문제로 귀결됐다. 민주당은 H-H방식을 선호했고, 공화당은 W-W방식을 지지했다(이후 설명할 내용을 이해하려면 1941년 하원의 다수당은 민주당이었다는 걸 알아야 한다).

표 10-2 H-H방식과 W-W방식의 비교(1940년 인구조사)

(A) 헌팅턴-힐방식(동일비율중시)
전체 인구수는 720만 5,493명. 배정될 의석수는 24석. 의석 1개당 요구 주민수는 30만 229명.

주	인구수	'실제' 의석수	선택안 1			선택안 2		
			배정 의석수	의석 1개당 요구 주민수	차이	배정 의석수	의석 1개당 요구 주민수	차이
아칸소	1,949,387	6,493	6	324,898	11.26%	7	278,484	11.02%
미시간	5,256,106	17,507	18	292,006		17	309,183	
합계	7,205,493	24,000	24			24		

주별 요구 주민수의 상대적 차이가 선택안 1(11.26%)보다 선택안 2(11.02%)가 더 적기에 2안이 우월함.

(B) 웹스터－윌콕스방식(분수중시)

올림하거나 버림한 의석수가 24인 약수(의석 1개당 요구 주민수)를 찾아내서 3만 명으로 결정(실제로 29만 9,906명부터 30만 348명 사이의 숫자는 모두 동일한 결과가 도출됨).

	인구수	'실제' 의석수	올림 또는 버림한 의석수
아칸소	1,949,387	6.498	6(버림)
미시간	5,256,106	17.520	18(올림)
합계	7,205,493	24.018	24

1941년 2월 17일, 하원은 의석배정방식을 논의에 부쳤다. 하원 서기는 이전 해에 하원에서 통과시킨 결의안에 의거해서 1월 8일에 H-H방식과 W-W방식에 따라 도출된 2가지 의석배정방식을 상정했다. 만약 하원이 60일 이내에, 즉 3월 9일까지 결론을 내리지 못할 경우, 자동적으로 W-W방식이 발효된다. 따라서 민주당의 입장에서는 맹렬하게 H-H방식을 밀어붙이지 않으면 10년 동안 아칸소주의 일곱 번째 의석을 잃어버리고 만다.

이 논쟁에 불씨를 지핀 사람은 노스캐롤라이나주 출신 의원 J. 바야드 클라크 J. Bayard Clark였다. 그는 W-W방식을 선택할 경우, 아칸소주의 인구증가율이 더 빠른데도 불구하고 미시간주에게 오히려 의석을 빼앗긴다고 지적했다.

"고작 수학공식 하나 때문에 의회에서 불평등과 비정의가 벌어지는 걸 결코 좌시할 수는 없습니다."

클라크 의원은 수학을 불신하는 의원들의 감정에 호소했다(사실 의원들은 클라크의 말이 틀렸다는 사실에 그다지 연연하지 않았다. 1930년부터 1940년까지 아칸소주 인구는 5.1%가 증가한 반면, 미시간주 인구는 8.5%가 증가했다). 갑자기 텍사스주 출신의 조지프 W. 마틴 Joseph W. Martin이 끼어들었다.

"지금 우리는 이미 작년에 합의한 내용을 번복하려 하고 있습니다. 단 하나의 주에 유리하거나 불리하다고 해서 이미 내린 결정을 뒤집어야 합니까?"

클라크는 이 말에 꿈쩍도 않고, 다시 한 번 수학의 괴팍함을 강조하며 소리쳤다.

"의회는 절대로 고작 수학공식 하나 때문에 공정함을 잃어선 안 됩니다!"

연설에 지친 클라크가 물러나자, 이번에는 텍사스주 출신의 에드 고세트$^{Ed\ Gossett}$ 의원이 대신 나섰다. 그는 일단 동료의원들을 안심시켰다.

"복잡한 산수 문제를 파고들 필요도 없고, 여러 의석배정방식을 이해하기 위해 굳이 기하학 공식을 알아야 할 이유도 없습니다."

고세트 의원은 복잡한 수학공식에 대한 의원들의 거부감을 진정시키면서, 대신 국립과학아카데미의 의견을 받아들이자고 제안했다.

"과학적인 측면에서는 이미 결론이 났습니다. 바로 동일비율방식이 공정한 의석배정방식입니다."

따라서 H-H방식이 정당한 방식이었고 아칸소주는 당연히 일곱 번째 의석을 차지해야 했다.

미시간주가 가만히 있을 리가 없었다. 자신이 속한 주를 대변하기 위해 얼 C. 미처너$^{Earl\ C.\ Michener}$ 의원이 말을 꺼냈다.

"어떤 방식도 완벽하진 않습니다."

미처너 의원이 차분하게 말했다.

"그리고 전문가들의 의견이 일치하지 않는 건 매우 자주 일어나는 경우입니다."

미처너는 "모든 전문가들은 정의와 평등의 이름으로 의회가 자신의 방식을 채택해주길 진정으로 바란다."며 정답은 없다고 말했다. 이런 경우, 결과가 보장되지 않는 변화를 꾀하기보다는 이미 결정된 방식을 고수하는 게 낫다고 덧붙였다.

"과거의 경우를 보더라도 어떤 방식이 어느 주에 더 유리할지는 아무도 예측하지 못했습니다."

그런 뒤 핵심을 파고들었다.

"교수, 통계학자, 수학자 들은 이미 같은 의견을 내놓았습니다. 그리고 인구조사위원회와 의회는 이미 이 사안을 심사숙고한 뒤 분수중시방식이 어떤 상황에서든 더 낫다고 결론지었기에 그 방식을 채택한 겁니다."

미처너는 국립과학아카데미의 반론을 간단하게 일축했다.

다시 아칸소주의 차례였다.

"다른 의석배정방식을 활용한다고 해서 무슨 대단한 범죄를 저지르는 건 아닙니다."

아칸소주 대표인 데이비드 테리David Terry 의원이 말했다. 하원은 "인구수의 크기를 막론하고 큰 주든 작은 주든 연방에 속한 모든 주에게 평등하고 공정한, 그래서 10년마다 돌아오는 이 골치 아픈 문제를 해결할 수 있는" 의석배정방식을 반드시 찾아내야 한다고 주장했다. 그런 뒤 본론으로 들어갔다. 테리 의원은 단도직입적으로 정곡을 찔렀다.

"공화당 의원들은 이번 일을 계기로 어떻게든 하원을 수중에 넣으려 하는 겁니다."

이 말에 동료 민주당 의원들이 박수를 쳤다. 미시간주의원들이 갑자기 수군거리기 시작했고 그 광경을 본 아칸소주 의원 에스겔 개딩스^Ezekiel Gathings는 짐짓 놀란 척했다. 미시간주의원들이 갑자기 이 사안에 저리도 반대하는 이유가 뭘까? 인구조사위원회가 이 사안을 논의할 때 자신들의 입장을 대변하기 위해 그 자리에 참석조차 안 했던 자들이 아니던가? 제시 P. 울컷^Jesse P. Wolcott에게도 이 상황은 이해하기가 힘들었다. 미시간주 출신인 자신과 다른 동료의원들은 이미 모든 게 합의됐다고 믿었다. 위원회에 참석하지 않았던 이유도 그 때문이었다. 그렇다고 해서 개딩스가 그냥 넘어갈 리가 없었다. 사실 이 사안을 두고 논의 중이라는 건 모두가 이미 몇 주 전부터 알고 있었다. 개딩스는 미시간주의원들이 17석이든 18석이든 그다지 개의치 않는 게 분명하다고 판단했다.

"잠시만, 지금 당신은 우리가 뭣 때문에 이렇게 반대한다고 생각하는 겁니까?"

울컷 의원이 테리 의원의 말에 반박했다.

"우리는 그냥 할 일이 없어서 이렇게 이 자리에 앉아 있는 게 아닙니다. 미시간주는 18개 의석을 차지할 자격이 있고, 우리는 그 의석을 차지하기 위해 단호하게 투쟁할 겁니다."

논쟁은 가열됐고, 이번에는 아이오와주 출신의 프레드 C. 길크리스트^Fred C. Gilchrist 의원이 나서서 전혀 다른 의견을 주장했다. 그는 어떤 방식이 선택되든 상관없는데 그 이유는 아이오와주는 두 방식 모두에서 무조건 1석을 잃기 때문이라고 말했다. 그런 뒤 뜻밖의 말을 했다. 귀화하지 않은 이민자들, 다시 말해 외국인 체류자들을 논쟁에 끌어들인 것이다. 그는 미국 이민국에서 가져온 도표를 제시하면서, 미국에 체류 중인 500만 명의 외국인들 중 4분의 1은 뉴욕에, 그리고 또 다른 11%는 캘리포니아에 거주한다고 지적했다. 따라서 외국인 체류자 덕분에 뉴욕주에는 4개의 추가의석이, 캘리포니아주에는 2개의 추가의석이 배정된다고 말했다.

"왜 타국에서 태어났고, 심지어 미국시민이 될 의사조차 없는 사람이 의석을 배정하기 위한 주민수에 포함되어야 하는 겁니까?"

길크리스트는 이보다 더 심각한 문제가 있다며 덧붙였다.

"외국인 체류자들 중에는 미국을 위해 참전하길 거부하고 자신들의 조국 깃발 뒤에 숨은 이들도 있습니다. 그러면서도 미국에 머물면서 10달러나 12달러, 많게는 15달러의 일당을 챙겼습니다. 미국의 젊은 청년들이 직업을 포기하고 입대해서 하루에 1달러에서 1달러 20센트를 받으면서, 그중 수천 명은 조국으로 아예 돌아오지 못한 채 유럽의 전장에서 죽어가고 있는데 말입니다."

그런 뒤 길크리스트는 마음 깊숙이 담아뒀던 진짜 불만을 터트렸다.

"대부분의 외국인 체류자들은 도시에 거주합니다. 그로 인해 시골지역과 농촌지역은 합당한 의석수를 빼앗기고 있는 겁니다."

따라서 시골지역 주들은 외국인 체류자로 인해 이중으로 의석수에서 손해를 보고 있다고 길크리스트는 한탄했다. 그의 말대로라면, 외국인 체류자들은 미국 청년들의 일자리를 앗아갈 뿐만 아니라, 도시에 대량으로 정착함으로써 시골지역 주의 의회 내 발언권까지 약화시키고 있었다.

논의가 가열되면서 다른 의원들도 논쟁에 끼어들었다. 캘리포니아 출신의 리랜드 M. 포드$^{Leland\ M.\ Ford}$가 의견을 내놓자 미네소타주 출신의 아우구스트 H. 안레센$^{August\ H.\ Andresen}$ 또한 주장을 펼쳤다. 펜실베이니아주의 존 R. 킨저$^{John\ R.\ Kinzer}$가 의견을 주장하자, 이번에는 루이지

애나주의 A. 레너드 앨런^{A. Leonard Allen}이 나서서 반박했다. 네브래스카주의 칼 T. 커티스^{Carl T. Curtis} 의원을 비롯해 여러 의원들도 의견을 내놓았다. 논의는 끝없이 계속됐다. 당연히 모든 논의는 헛수고였다. 의석배정 문제를 둘러싼 논쟁은 결국 1석이 아칸소주에게 가느냐, 미시간주에게 가느냐의 문제로 귀착됐기에 딱히 어떤 방식이 더 좋은지 결론을 내릴 수가 없었다. 공정함과 평등을 호소하는 목소리는 설득력이 없었다. 수학적 정당성을 내세워도 소용없었다. 국립과학아카데미든, 브루킹스 연구소든, 인구조사국이든 간에 권위 있는 기관의 이름을 거들먹거려봐야 아무런 효과가 없었다. 어떤 방식을 선호하든 간에 누군가가 의견을 내놓으면 반대하는 측은 계속해서 그것을 반박하는 주장을 내놓았다.

때로는 정중한, 때로는 그렇지 못한 빈정거림이 오가는 동안, 학자들 사이에서도 다시 공방전이 벌어지기 시작했다. 학자들은 이번에는 1937년에 창간된 사회심리학, 또는 심리사회학을 집중적으로 다루는 학술지 「소시오메트리^{Sociometry}」의 지면에서 논쟁을 벌였다(이 학술지는 1977년까지 「소시오메트리」로 불리다가 이름을 「소셜 사이콜로지」로 바꿨다. 오늘날에는 「소셜 사이콜로지 쿼털리」로 불린다). 논쟁을 시작한 사람은 헌팅턴이었다. 헌팅턴은 '의석배정에서 수학의 역할'이란 기사를 게재했다. 기사 서문에는 편집자의 평이 실렸는데 "헌팅턴이 제안한 방식은 이번 호가 발간되는 현재 의회에 상정돼 있다."라고 적혀 있었다. 기사는 H-H방식의 수학적 정당성을 부여하려 애썼다. 헌팅턴은 수학적 정리_{定理}가 참도 거짓도 아니라고 주장한 뒤 H-H방식에 대해 설명했다. 아무도 그때까지 이런 수학적 정리가 존재한다는 사실조차 알지 못했지만, 아무튼 헌팅턴은 "이 정리가 참이라는 건 인구조사 자문위원회와 국립과학아카데미 위원회가 만장일치로 채택한 보고서에 의해 이미 입증됐다."라고 주장했다. 사실 이런 대단한 기관들이 헌팅턴방식을 지지했다면 그것만으로도 의회가 헌팅턴방식을 채택해야 하는 게 당연했다. 따라서 헌팅턴이 굳이 수학적 정리와 증명을 내세우면서 「소시오메트리」를 읽는 학자들의 자긍심에 호소하려 한 건 비겁한 행동이었다(재미난 점은 헌팅턴은 「소시오메트리」 독자들에게 수학적 권위를 내세워 호소하려 했다면, 반대로 J. 바야드 클라크 의원은 동료의원들의 수학에 대한 혐오에 호소했다는 점이다).

헌팅턴은 기사에서 가장 적합한 의석배정방식은 반드시 특정조건을 충족해야 한다면서 그 조건으로 자신이 늘 내세우는 질문을 던졌다.

"한 주에서 다른 주로 의석이 재배치될 경우 주별 요구 주민수의 불균형 비율이 최소화되는가?"

그리고 H-H방식은 수학적 정리로서 이 조건에 부합한다고 단언했다. 사실 이건 꽤 교활한 수작이다. 왜냐하면 이 모든 주장은 결국 가정에 의거한 순환논리에 불과하기 때문이다. 만약 헌팅턴이 내세운 조건을 적합한 의석배정방식의 기준으로 삼는다면, 적합한 의석배정방식은 당연히 H-H방식이 될 수밖에 없다. 하지만 이 조건을 수용하지 않는다면, 사실 어떤 방식이 적합한 방식인지는 정해진 바가 없게된다. 따라서 헌팅턴이 주장한 이 '수학적 정리'는 사실 어떤 의석배정방식이 더 나은지는 판명해주지 않는다.

헌팅턴은 자신의 주장에 내포된 명백한 모순을 감추기 위해 흑색선전에 의존했다.

"코넬대학 교수 윌콕스에게 영향을 받은 일부 정치가들은 의석배정이 순전히 정치적인 사안이라고 생각하기에 수학적 이론을 도입하는 것을 싫어한다."라며, "윌콕스 교수 또한 위에서 언급한 수학적 정리를 단박에 거부한다(보다 정확하게 말하자면, 의도적으로 무시한다)."라고 주장했다. 또한 H-H방식이 이해하기 어려운 반면에 W-W방식은 수학적 지식이 부족해도 이해하기 쉽다는 윌콕스의 주장은 의회에 대한 모독이라고 쏘아붙였다. "이런 주장은 미국 역사상 최초로 미국 하원이 곱셈과 나눗셈을 못한다고 비난한 것"이라고 헌팅턴은 주장했다.

윌콕스도 잠자코 있지만은 않았다. 당시 여든이 된 윌콕스 교수는 「소시오메트리」에서 이렇게 반박했다.

"그동안 나는 헌팅턴의 기사가 공공기록보관소에 잠자고 있었기에 그 주장을 무시해왔다. 하지만 이제 헌팅턴의 기사들은 이 사안에 대해 잘 몰랐던 이들에게까지 공개됐다. …… 결국 여든이 넘은 노인이 노구를 이끌고 헌팅턴의 주장에 답변할 수밖에 없게 됐다."

윌콕스는 적절한 의석배정방식을 선택하는 건 정치적 사안이라고 주장했다. 그 결정은 정치인들이 정치적 의도에 의해 내리는 것이기 때문이었다.

"의석배정방식 개정안을 둘러싼 논란의 원인은 모두에게 평등한 의석배정방식을 도출하려는 의원들의 힘겨운 논의 때문이 아니라 '의석배정방식을 바꿀 경우' 미시간주의 의석이 아칸소주로 넘어간다는 걸 다수당 수장들이 알아챘기 때문이다."

따라서 윌콕스가 보기에 현재 당면한 문제의 본질은 '두 방식 중 하나를 선택하는 것'이 아니라 '실제로는 민주당과 공화당 중 어느 쪽의 손을 들어줄 것인가'의 문제였다. 윌콕스는 이제 와서 H-H방식으로 선회한다면 판도라의 상자가 열리면서 향후 의석배정방식을 둘러싼 끊임없는 논란을 야기할 것이며, 그렇다면 매번 다수당의 입맛에 맞게 의석배정방식이 변경될 것이라고 맹렬히 비난했다.

　월콕스는 근본적인 해결책은 "정확한 의석수에 가장 근사치로 접근하는 결과를 도출하는 것"이라며, 그렇다면 "정확한 의석수에 '가장 근사치로 접근한다'는 것을 어떻게 측정할지를 고민해야 한다."라고 지적했다. 국립과학아카데미가 12년 전에 지적했던 것처럼 '가장 근사치'를 숫자를 기준으로 할 것인지, 아니면 비율을 기준으로 할 것인지에 따라 결과는 크게 달라질 수 있었다. 그런 뒤 W-W방식을 지지하던 월콕스는 이 대목에서 헌팅턴처럼 흑색선전에 의존했다. 다만 차이가 있다면 헌팅턴보다는 교묘했고 시적이었다. 월콕스는 헌팅턴의 기사를 보면 "헌팅턴이 현대판 돈키호테이며 의회라는 풍차를 향해 돌진하지만 그 풍차의 구조를 전혀 모를 뿐더러 그 풍차를 돌리는 힘에 자신이 전혀 영향을 끼치지 못한다는 걸 이해하지 못하는 것 같다."라고 적었다. 월콕스는 결론을 맺으면서 헌팅턴이 긁어 부스럼을 만들었다고 안타까워했다.

　"1929년에 벌어졌던 혼란을 다시 상기시킴으로써 헌팅턴은 의도하지는 않았겠지만 결국 의석배정방식을 정치적 수렁으로 몰아넣었다. 오히려 헌팅턴이 이 사안을 건드리면서 상황은 더욱 복잡해졌고 위험해졌다."

　결론만 말하자면 월콕스의 주장은 설득력이 부족했다. 그도 그럴 것이 루스벨트 대통령은 민주당을 외면하지 않았기 때문이다. 1941년 11월 15일, 루스벨트는 두 의석배정방식의 장단점을 심각하게 고려하지 않은 채 '동일비율방식에 의해 여러 주의 하원의석을 배정하기 위해 법안'에 서명했고, 그 결과 H-H방식이 의석배정방식으로 채택됐다. H-H방식이 승리하자 일곱 번째 의석을 얻게 된 아칸소주 의원들은 안도의 한숨을 내쉴 수 있었다. 다수당이었던 민주당 또한 덕분에 의석을 1개 더 늘릴 수 있었다.

하지만 H-H방식은 채택된 과정에서 매우 잡음이 많았다. 따라서 불만은 여전했고, 결국 1948년에 의석배정방식은 또 다시 과학적 시험대 위에 오르게 된다. 혼란에 휩싸인 의회는 이번에도 국립과학아카데미에 도움을 요청했고 어떤 의석배정방식을 채택해야 할지에 대해 재조사를 요구했다. 과학아카데미는 다시 위원회를 꾸렸다. 이번에는 모두 프린스턴대학 출신으로 위원회가 구성됐고, 이전 위원회보다 훨씬 더 명성이 높은 학자들이 위원회에 포함됐다. 의장은 프린스턴 고등학문연구소 학장이었던 존 폰 노이만John von Neumann이 맡았다. 헝가리 이민자 출신인 노이만은 20세기 가장 중요한 수학자로 여겨지는 인물이다[고등학문연구소는 노이만을 비롯해 알베르트 아인슈타인(Albert Einstein), 쿠르트 괴델(Kurt Gödel)처럼 나치독일을 피해 망명한 학자들에게 학생을 가르치거나 박사과정 학생들을 지도하는 따분한 업무 대신 오로지 인류의 지식을 더 발전시키는 데 전념할 수 있는 조용한 연구환경을 제공해준 기관이다]. 위원회에는 또 다른 고등학문연구소 출신이자 노이만의 동료인 말스통 모스Marton Morse도 참여했다. 세 번째 구성원은 20년 전에 첫 위원회에도 참가했던 프린스턴대학 교수 루터 아이젠하르트였고, 그가 위원회의 의장을 맡았다.

세 수학자는 작업에 착수했다. 하원의장에게 요청을 받은 국립과학아카데미 회장은 위원회에게 1929년 처음 내놓았던 보고서 이후 의석배정방식에 관한 새로운 수학적 진전이 있는지를 보고해달라고 요청했다. 사실 새롭게 보고할 만한 내용은 없었다. 1929년 이후 의석배정방식을 새롭게 다룬, 그리고 위원회가 검토할 만한 논문은 월터 E. 윌콕스가 국제통계기관 컨퍼런스를 위해 작성한 논문이 유일했다. 윌콕스는 논문에서 새로운 의석배정방식을 제안했는데, 바로 '현대 하원구성방식^{modern House method}'이다. 하지만 이 또한 엄연한 의미에서 새로운 방식이라고는 보기는 어려웠다. 자세히 검토해보니 현대 하원구성방식은 국립과학아카데미가 이전 보고서에서 검토했던 방식과 같았고, 다만 명칭만 최소 약수방식에서 새롭게 바뀐 것에 불과했다. 따라서 위원회는 이전 위원회가 이미 살펴봤던 것들과 거의 동일한 내용만을 검토했다.

모스, 노이만, 아이젠하르트는 이전 위원회와 마찬가지로 "소수점 이하 의석에 해당하는 부분에 대한 표결권을 부여하는 방식이 아직 도입되지 않았다."라고 안타까워하면서 다시 한 번 여러 의석배정방식을 깊게 들여다봤다. 먼저 이전 보고서에서 우월한 것으로 판명된 H-H방식을 두고 다른 방식들과 비교했다. 위원회는 이 작업을 위해 혹시 H-H방식이 아닌 다른 방식을 사용할 경우 의석 1개당 요구 주민수가 줄어드는지를 검토했다. 위원회 구성원 중 한 명 — 그의 이름은 보고서에 명시돼있지 않다 — 이 H-H방식과 다른 방식들을 대수학적으로 비교하는 일을 맡았다. 그는 그 작업을 수행했고, 예상대로 19년 전에 의회에 전달된 보고서와 동일한 결론을 내놓았다. "위에서 비교한 4개 사례에서 H-H방식[동일비율방식]이 4개 사례 모두에서 더 우월한 것으로 판명됐다."라고 보고서는 결론지었다. 사실 이 결론은 그다지 놀랍지 않다. 새로 구성된 위원회는 애초부터 이전에 내려진 결론을 뒤집을 생각이 없었다. 더구나 위원회 구성원 중에 이전 위원회에도 참가했던 아이젠하르트가 속해 있었으니 더더욱 그럴 수밖에 없었다.

다만 아직 정리해야 할 사안이 남아 있었다. 어쨌건 윌콕스가 현대 하원구성방식을 제안한 후였고, 보고서에도 "위원회가 최근에 윌콕스 교수가 작성한 논문을 검토하지 않는다면 과학아카데미의 요청에 완벽하게 부응했다고는 말할 수 없다."라고 적혀 있었다. 사실 윌콕스는 기존에 자신이 제안했던 방식을 명칭을 변경하고 새롭게 구성한 것 이외에도 현대 하원구성방식이 옳다는 근거를 더 많이 찾아냈다고 믿었다. 윌콕스는 서로 다른 의석배정방식을 비교할 때, 2개 주만을 비교하지 말고 '모든' 주를 비교해야 한다고 주장했다. 윌콕스는 의석 1개당 요구 주민수의 최대치와 최소치 간의 차이가 얼마인지를 궁금해했다. 윌콕스는 이 새로운 변수, 다시 말해 48개 주 모두를 계산해서 얻어낸 의석 1개당 요구 주민수의 최대치와 최소치의 차이를 '범위차'라고 불렀다. 그리고 이 범위차가 가장 작은 의석배정방식이 최선의 방식이었다.

윌콕스는 1940년 인구조사 결과를 토대로 여러 다른 의석배정방식의 범위차를 조사했고, 그중 가장 범위차가 작은 방식이 현대 하원구성방식이라는 걸 알아냈다. 따라서 현대 하원구성방식이 최선이라고 주장했다. 하지만 그의 분석에는 예상치 못한 맹점이 있었다. 윌콕스는 분석과정에서 모든 주를 포함시켜야 한다는 자신의 주장에 맞게 네바다를 포함시켰다. 인구수가 11만 247명에 불과했던 네바다주는 하원의원을 배출하기에는 인구수가 부족했지만, 모든 주에는 적어도 1개 의석이 배정되어야 한다는 헌법조항 덕분에 간신히 하원의원을 배출할 수 있었다. 따라서 네바다주의 경우에는 의석 1개당 요구 주민수가 예외적으로 적었다. 특히나 189만 9,804명의 인구수에 6석을 배정받은, 다시 말해 의석 1개당 요구 주민수가 31만 6,634명인

사우스캐롤라이나주와 비교하면 턱없이 작았다.

모스, 노이만, 아이젠하르트는 네바다주의 경우에는 의석을 배정함에 있어서 어떤 의석배정방식도 활용되지 않았기에 비교분석에서 네바다주를 제외해야 한다고 주장했다. 충격적인 결과는 여기서 나타났다. 의석수 계산에서 네바다주를 제외하자, 범위차는 현대 하원구성방식보다 오히려 H-H방식에서 약간 더 작았던 것이다. 만약 1940년 인구조사가 아닌 1930년 인구조사 자료를 토대로 했다면 결과는 반대였을 것이다. 따라서 특정 주를 계산에 포함시키거나 제외할 경우 결과가 완전히 뒤바뀔 수 있었다. 위원회는 이쯤에서 검토를 포기했고 "최소 범위차로 여러 의석배정방식을 비교할 경우, 그 결과는 우발적인 변수로 인해 결정되기에, 따라서 최소 범위차는 무작위 결정요소라고 할 수 있다."라고 보고서에 적었다. 결국 위원회는 이런 무작위성을 용인할 수 없었기에 H-H방식의 우월성을 고수했다.

20세기 중반까지 의석배정방식을 둘러싼 논의는 이런 식으로 진행됐다. H-H방식, 이른바 하버드 방식은 여러 장점과 단점에도 불구하고 이후 미국 하원의 의석배정방식으로 활용됐다. 모든 의석배정방식 중에서도 H-H방식은 특정 주에 지나치게 유리하지도 불리하지도 않았기에 가장 수용할 만했다. 그럼에도 불구하고, 의석배정방식을 둘러싼 논란은 여전히 계속됐는데, 이론적 부분에서 가장 적합한 의석배정방식이 무엇인지에 대한 결론은 여전히 나오지 않았기 때문이었다. 소수점 아래 의석수를 올림하거나 버림하는 방식은 수학적으로 볼 때 부정확할 뿐더러 지나치게 임의적이었다.

일부 빈정대길 좋아하는 사람들이 의석배정방식을 두고 아예 무작위 요소를 도입하자고 주장한 것도 어떤 면에서는 전혀 터무니없는 주장은 아니었다. 그들은 소수점 아래 의석수를 룰렛 판을 돌려 배정하자고 주장했다. 룰렛 판에는 각 주의 소수점 아래 의석수의 크기에 비례하는 넓이의 홈이 파여 있고, 주사위가 굴러 들어가는 홈에 해당하는 주에 남은 의석수가 배정되는 방식이었다. 사실 이 방식은 생각보다 터무니없지는 않다. 평균적으로 보면, 어느 쪽에 딱히 유리하거나 불리하지 않기 때문이다. 그리고 이 과정을 무수히 반복하다 보면, 결국 각 주는 합당한 잔여 의석수를 획득하게 된다. 하지만 의석배정은 10년마다 한 번씩 일어나기에 결국 평균적인 결과가 나오기까지는 너무나 오랜 세월이 걸린다는 단점이 있었다. 그리고 저명한 영국 경제학자 존 메이너드 케인스가 언젠가 말한 것처럼 "오랜 세월이 지나면 결국 우리 모두는 죽는다."

월터 F. 윌콕스

　사회과학자들은 윌콕스를 '미국 인구통계학의 아버지'로 여긴다. 윌콕스는 코넬대학에서 통계학을 가르쳤고, 1892년에는 철학부에서 '응용윤리학'이란 제목 아래 '중대한 윤리적 통계를 중시하는 기본 통계방식에 대한 교과과정'을 가르쳤다. 이 수업은 미국에서 처음 개설된 사회통계학 과정 중 하나였다. 윌콕스의 가장 중요한 업적은 당시 태동하던 통계학을 인구동태에 적용한 것이다. 오늘날의 기준에서 보면, 윌콕스는 매우 뛰어난 통계학자는 아니었다. 윌콕스의 제자이자 후에 프린스턴대학의 인구연구국 수장이 된 프랭크 노트스타인[Frank Notestein]의 말을 빌리자면, 윌콕스는 평균, 중간값, 최빈수의 차이를 잘 이해하지도 못했고, 고난이도 통계기법이 아니라 단순한 기법만을 활용했다. 당시에 통계학이 신생학문이었다는 점을 감안한다면 놀랄 일은 아니다. 아무튼 중요한 점은 윌콕스가 데이터를 매우 중시했고 많은 사람들로부터 뛰어난 교수라고 인정받았다는 점이다.

　오늘날 학자들은 윌콕스가 과학적 인종차별을 지지했다고 비난한다. 실제로 윌콕스는 흑인이 인종적으로 열성이라고 믿었다. 윌콕스는 흑인을 '니그로[negro]'라고 비하했고 여자들을 '여성'이 아닌 '계집'이라고 불렀다. 윌콕스는 흑인 농부들이 어려운 삶을 영위하는 이유가 그들이 태생적으로 뒤떨어지기 때문임을 설명하려 노력했다. 윌콕스는 90세까지 왕성하게 활동했고 103세에 작고했다. 여러 차례에 걸쳐 미국경제협회, 미국통계협회, 미국사회학협회 회장을 역임했다. 윌콕스는 또한 선발기준이 매우 까다로운 소수 엘리트 집단인 국제통계협회의 저명한 회원으로 활동했고, 도쿄, 바르샤바, 리오 등 장소를 가리지 않고 거의 모든 회동에 참석했는데, 심지어 히틀러가 체코슬로바키아를 침범함으로써 중단됐던 프라하 회동에도 참석했었다.

조지프 A. 힐

아무리 문외한이라 해도 통계학자의 삶이 지질학자이자 모험가인 인디애나 존스의 삶처럼 흥미진진할 것이라고 기대하진 않는다. 하지만 힐의 삶은 따분해도 너무 따분했다. 그는 하버드대학에서 공부했고 정부에서 통계학자로 일했다.

"그가 맡은 업무는 외부에 잘 알려질 만한 성질의 것이 아니었다."

미국통계협회에서 발간한 학술지에 실린 그의 부고기사 내용이다. 덧붙여 힐이 평생 동안 "고되고 상대적으로 남에게 인정받지 못하는 통계작업을 수행했다."라고 기술했다. "그가 맡은 업무는 남의 이목을 끌 만한 일이 아니었다."라며 단지 힐이 "매우 세심했고 정확했다."라고 칭찬했다. 나아가 부고기사에는 "힐이 맡았던 일은 특출한 업적을 남길 만한 일이 아니었다."고 적혀 있다. 부고기사를 작성한 기자는 딱히 힐에 대해 해줄 좋은 말이 없었던지 그저 힐이 "분명하고 정확한 제목이 달린, 아주 잘 구성된 통계학 저서"를 간행했다는 것이 힐의

"꾸준하고 창의적인, 하지만 그다지 특별하지 않은 업적" 중 가장 뛰어난 업적이라고 소개했다.

사실 힐의 저작은 매우 광범위 ─ 힐은 범죄, 출산, 광기, 이민 패턴, 미성년 노동, 결혼과 이혼 등에 대해 통계 연구를 발표했다 ─ 했지만 탁월하진 못했다. "힐이 맡은 업무에는 고차원의 수학이나 통계기법이 필요하지 않았다."라고 부고기사에는 적혀 있다. 사실 부고기사가 뛰어난 업적을 언급하지 않고 끝을 맺는 경우는 흔치않다. 그래서인지 힐의 부고기사에도 힐이 "통계 데이터에서 타당한 결론을 이끌어내는 데" 통달했다고 적혀 있다. 특히나 주목할 점은 힐이 통계자료에서 필요 이상으로 많은 정보를 빼내기 위해 굳이 애쓰지 않았다는 점이다. 힐은 숫자에서 정보를 도출했지만 늘 '숫자로 증명할 수 없는 부분이 있다'는 점을 결코 잊지 않았다. 부고기사는 특히나 힐의 원칙을 중시하는 모습을 언급하면서 힐이 "통계 데이터를 확대해석해서 자신의 이론을 입증하려 하지 않았다."라고 찬사했다. 그뿐만 아니라 힐의 저작은 늘 "오차범위를 정직하고 정확하게 밝혔다". 진정으로 힐은 진실한 사람이었다.

힐을 언급하면서 빼놓을 수 없는 게 인구조사다. 사실 후배 통계학자들의 눈에 비친 힐은 인구조사국과 떼려야 뗄 수 없는 관계였다. 힐은 미국역사협회, 미국 사회학협회, 미국 통계협회, 교회연방위원회를 상대로 인구조사에 대해 강연했고, 「유스 컴패니언Youth's Companion」, 「내셔널 리퍼블릭National Republic」, 「뉴욕 타임스New York Times」와 「먼슬리 레이버 리뷰Monthly Labor Review」에 글을 기고했다. 나아가 인구조사의 여러 측면에 대해 미공개 내부문서를 작성하기도 했다. 또한 이민자수 할당 위원회의 의장직을 역임하면서 초기 미국인들의 출신국가에 비례하게 해당 국가에 허용 이민자수를 할당하는 데 중추적인 역할을 수행했다.

비록 큰 주목은 받지 못했지만 힐이 남긴 업적을 과소평가할 수는 없다. 그는 평생을 걸쳐 공공정책 결정의 토대가 되는 자료의 질을 높이는 데 헌신했다. 힐이 의석배정방식에 대해 깊게 고민했던 것도 이 때문이다. 힐의 의석배정방식에 대한 의견은 「하원의회 다이제스트 Congressional Digest 」를 통해 발표됐다.

에드워드 V. 헌팅턴

1874년에 태어난 헌팅턴은 하버드에서 공부한 뒤 윌리엄스칼리지의 강사로 활동하다가 당시에는 독일에 속해 있던 스트라스부르에서 수학 박사학위를 받았다. 미국으로 귀국한 뒤에는 하버드에서 교직생활을 시작했고, 이후 조교수, 부교수를 거쳐 정교수로 승진했다. 당시 전 세계 수학자들과는 달리, 헌팅턴은 공대생들에게 수학을 가르치는 걸 유달리 좋아했고, 덕분에 역학교수 직함을 추가로 얻게 된다. 제1차 세계대전이 벌어지자 워싱턴 DC에서 군대를 위해 통계문제를 연구했다. 헌팅턴의 주요 연구분야는 수학의 기초이론이었고, 특히나 대수학, 기하학, 수이론의 공리계 분야에서 중요한 업적을 남겼다.

길버트 A. 블리스

시카고대학 수학교수인 블리스는 1876년에 부유한 가정에서 태어났다. 아버지는 사카고 전역에 전기를 공급하던 시카고 에디슨 회사의 사장이었다. 하지만 대공황 시대에 가세가 기울면서 청년이었던 블리스는 만돌린 연주자로 활동하며 대학 등록금을 마련해야만 했다. 블리스는 시카고대학에서 박사학위를 받은 뒤 당시 근대수학 분야에서 손꼽히는 대학이었던 독일 괴팅겐대학으로 1년간 유학했고, 그곳에서 수학의 거장인 펠릭스 클라인과 다비드 힐베르트 David Hilbert 를 만나게 된다. 제1차 세계대전 때에는 포병용 사격표를 설계하기도 했다. 블리스는 변분법을 연구한 것으로 유명하다.

어니스트 E. 브라운

브라운은 영국의 농사꾼이자 목재상인 집안에서 태어났다. 캠브리지 대학에서 교육을 받았고 스물다섯 살에 미국으로 건너왔다. 처음에는 펜실베이니아에 위치한 해버포드칼리지에서 수학을 가르쳤고,

1907년에 예일대학교수로 임명됐다. 그의 주요 관심분야는 천문학이었고 달 이론과 달의 운동에 대해 중요한 저술을 발표했다. 예를 들어, 브라운은 지구의 자전주기가 변화할 경우 달의 궤도가 변동하는 이유를 처음으로 정확하게 설명했다.

루터 P. 아이젠하르트

한때 치과의사였던 아버지 밑에서 태어난 아이젠하르트는 어린 시절부터 무척 조숙했다. 그는 게티즈버그칼리지를 다니던 시절에 학업뿐만 아니라 야구에도 매우 뛰어났다. 존스홉킨스대학에서 수학 박사 학위를 받았고, 스물네 살이었던 1900년에 강사로 시작해서 45년 후 수학과 학과장으로 퇴임할 때까지 후 평생 동안 프린스턴대학에서 학자로 활동했다. 그가 전공한 분야는 미분기하학이었고, 은퇴한 후에는 아인스타인의 일반 상대성이론을 연구했다. 아이젠하르트는 연구와 강의 이외에도 행정업무에도 매우 왕성하게 몸담았다. 미국수학학회 회장, 미국철학학회 임원, 미국대학협회 회장을 역임했고 「수학연보」와 미국수학학회에서 발간하는 학술지의 편집을 맡기도 했다. 수학 분야와 고등교육 분야의 공로를 높게 평가받아 7개의 명예학위를 받았으며 벨기에의 레오폴드 국왕 3세로부터 훈장을 받았다.

레이먼드 펄

볼티모어에 위치한 존스홉킨스대학을 나온 펄은 통계이론을 생물학에 처음 적용한 과학자 중 한 명이었다. 『더 나은 인간품종을 교배하는 법^{Breeding Better Men}』을 저술한 펄은 초기에는 우생학을 지지했고, 심지어 미국 우생학회에 회비를 납부하는 회원이기도 했다. 하지만 후에 펄은 이 사이비과학에서 발을 뺐고, 매우 영향력 있던 잡지였던 「아메리칸 머큐리」에 우생학을 비판하는 글을 실어서 유명세를 타기도 했다. 물론 그로 인해 많은 생물학자들의 반감을 산 것도 사실이다. 하지만 펄이 사이비과학이었던 우생학을 비판했다고 해서 그가 인종차별주의와 반유대주의마저 버린 건 아니었다. 펄은 유태인 문제에 대한 존스홉킨스대학의 처리방식에 자부심을 느꼈다.

"지난 수년간 존스홉킨스는 매우 조용하게, 하지만 효율적으로 유태인 학생의 비율을 최소한으로 유지하기 위한 수단을 강구해왔다."

펄은 하버드대학의 친구에게 보낸 편지에 이렇게 적었다. 그 비결은 하버드대학처럼 무작정 유태인 학생수를 제한하는 것이 아니라 실제로 차별정책을 펼치는 것이었다.

"이 세상이 유태인의 것인가, 아니면 우리의 것인가?"

펄은 반문했다.

1927년, 펄은 학계에서 벌어진 매우 유명한 분쟁사건의 중심에 서게 된다. 하버드대학으로부터 연구소장 자리를 제안받자마자 존스홉킨스대학에 사표를 던진 것이다. 사실 사직은 성급한 행동이었다. 왜

나하면 펄이 이전에 우생학을 공격했을 때 악감정을 품은 하버드대학 교수가 대학이사회에 펄에게 그 직책을 제안한 걸 재고해달라고 탄원했기 때문이다. 아주 드문 경우였지만 결국 연구소장직 제안은 철회됐고 펄은 존스홉킨스대학에 복직을 애걸해야만 처지가 됐다. 존스홉킨스대학은 결국 복직요청을 받아들였다.

윌리엄 포그 오스굿

오스굿은 1864년에 의사의 아들로 태어났고 어린 시절에는 고전을 공부하길 원했다. 하지만 하버드대학에서 2년을 공부한 뒤 스승의 설득에 의해 수학으로 전공을 바꿨다. 오스굿은 학부과정을 매우 우수한 성적으로 마쳤고, 총 286명의 졸업생 중에서 2등을 했다. 이후 1년 동안 하버드대학에서 석사과정을 마친 후, 3년간 장학생으로 선발되어 독일로 유학길에 올랐다. 처음에는 괴팅겐대학에서 공부했고, 블리스와 마찬가지로 그곳에서 수학의 거장 펠릭스 클라인$^{Felix\ Klein}$의 지도를 받다가, 후에는 에를랑겐대학으로 옮겨서 박사학위를 받게 된다. 괴팅겐대학 시절에 결혼을 했는데, 아내는 그 지역에 위치한 출판사 사장의 딸이었던 테레사 타임스 아말리에 엘리제 루프레히트$^{Theresa\ Anna\ Amalie\ Elise\ Ruprecht}$였다. 부부는 3명의 자녀를 뒀지만 이혼했다.

오스굿은 하버드대학의 강사가 됐고 이후 부교수를 거쳐 정교수에 올랐다. 그는 독일에서 유학한 3년 동안 유럽의 수학이론을 배웠고, 이 이론을 미국에 전파하는 데 매우 중요한 역할을 했다. 오스굿은 독일과 관련된 것이라면 뭐든 좋아했고, 제1차 세계대전 당시에도 독일을 지지했으며, 심지어 독일 교수들의 좋지 못한 관행마저 따라 하곤 했다. 1905년부터 1906년까지는 미국수학학회 회장을 역임했다. 후에 오스굿은 다시 결혼을 하기로 마음먹었다. 당시 68세였던 이 수학자는 49세의 여성 셀레스테 펠프스 모스^{Celeste Phelpes Morse}와 재혼하게 되는데, 그녀는 유명한 동료 교수인, 잠시 후 살펴볼 말스통 모스의 전처였다. 모스는 둘의 결혼 소식을 듣고는 충격에 빠졌다. 결국 오스굿은 이 스캔들로 인해 하버드대학 교수직에서 사임했고 2년 동안 베이징에서 수학을 가르친 후 다시 매사추세츠주로 돌아왔다. 오늘날 그는 미분방정식과 변분법 분야에 남긴 업적을 남긴 학자로 기억되고 있으며 1943년에 작고했다.

존 폰 노이만

어린 시절 얀시^{Jancsi}라고 불렸던 노이만은 1903년에 태어났고, 신동 소리를 들었다. 부다페스트의 부유한 은행가였던 아버지는 아들이 실용적인 직업을 얻길 원했고, 노이만은 아버지의 희망대로 취리히에 위치한 스위스연방기술학교에 입학해서 화학공학을 공부하게 된다. 하지만 아버지 몰래 부다페스트대학에서 수학 공부를 병행했는데, 놀랍게도 노이만은 유태인 학생수 제한을 통과했을 뿐만 아니라 수업에도 전혀 참석하지 못하면서 수학을 공부했다. 노이만은 오로지 시험 당일에만 출석해서 시험을 봤는데도 높은 성적으로 시험을 통과했다. 1926년, 노이만은 스위스연방기술학교로부터 화학공학 졸업장을 받았고 부다페스트대학으로부터는 박사학위를 받았다. 이후 당시 전 세계적으로 명성을 날리던 괴팅겐대학 수학학부에서 다비드 힐베르트와 1년간 공부했다. 노이만은 이미 당시에도 천재로 여겨졌고, 그를 만난 사람들은 하나같이 그의 뛰어난 지적능력을 눈여겨봤다. 노이만의 전기작가 윌리엄 파운드스톤$^{William\ Poundstone}$은 이렇게 썼다.

"20세 중반이 되면서 이미 노이만의 명성은 전 세계 수학자들 사이에 널리 퍼졌고, 학술 컨퍼런스에 참석하면 사람들은 노이만을 두고 젊은 천재라고 치켜세웠다."

노이만은 1930년부터 1933년까지 독일과 프린스턴대학에서 동시에 교직을 맡았고, 이후 프린스턴대학의 고등학문연구소가 설립되자 그곳에서 연구하는 6명의 수학자에 포함됐다. 1937년에는 미국 시민권을 획득했고 조니^{Johnnie}라는 애칭으로 불렸다. 노이만은 54세의 나이에 암으로 사망했다.

노이만은 현대 컴퓨터의 아버지로 여겨지기도 한다. 사실 그의 연구는 다양한 분야를 망라했다. 수학, 양자론, 경제학, 의사결정 이론, 컴퓨터 공학, 신경학을 비롯해 이 지면에는 다 소개하지 못할 정도로 광범위한 분야에 혁신적인 업적을 남겼다. 여기서는 그중 2개 분야만을 살펴보도록 하자. 노이만은 맨해튼 프로젝트의 자문역으로 활동하면서 로스알라모스에서 원자폭탄을 개발하는 데 중추적인 역할을 담당했다. 특히나 '폭발' 이론을 고안해냈는데, 이 이론은 히로시마에 투하된 '리틀보이', 그리고 나가사키에 투하된 '팻맨' 원자폭탄이 성공적으로 폭발하는 데 핵심적인 열쇠가 됐다. 노이만의 아이디어는 특정한 모양으로 폭탄을 제조할 경우에 폭탄이 플루토늄의 임계 이하 질량을 둘러싸게 된다는 것이었다. 따라서 폭탄이 폭발하는 순간, 충격파가 폭탄 내부로 유입되면서 플루토늄을 임계 이하 질량으로 우그러트리게 되는 것이다. 스탠리 큐브릭 감독이 1963년 발표한 영화 〈닥터 스트레인지러브〉의 주인공을 창조할 때에 노이만을 모델로 삼았던 이유도 노이만이 맨해튼 프로젝트에 참여했고, 이후 암에 걸려 임종 전 수개월 동안 휠체어 신세를 졌다는 사실 때문인 것으로 알려져 있다. 노이만은 수많은 상을 받았는데, 특히 두 번이나 대통령 훈장을 받았으며, 1947년에는 공로훈장을, 1956년에는 자유훈장을 받았다.

말스통 모스

모스는 하버드대학에서 수학 박사학위를 받은 후 제1차 세계대전에서 프랑스군으로 참전했고, 의무병으로 혁혁한 공로를 세운 대가로 무공십자훈장을 받았다. 전쟁이 끝난 후에는 코넬대학, 브라운대학, 하버드대학에서 학생들을 가르치다가 이후 프린스턴대학의 고등학문연구소에 합류하게 된다. 그는 '모스 이론'의 창시자로 가장 잘 알려져 있다. 모스 이론은 모양을 연구하는 위상기하학의 한 분야다. 모스는 20개의 명예학위를 받았고, 프랑스 정부로부터 레지옹 도뇌르 훈장을 받았다. 모스는 국립과학아카데미가 의석배정방식을 검토하기 위해 조직한 두 번째 위원회의 구성원이기도 했는데, 모스가 참여한 덕분에 첫 번째 위원회와 두 번째 위원회 간에 일종의 연속성이 존재했다고 해도 과언이 아닐 것이다. 그도 그럴 것이, 모스는 첫 번째 위원회에 참석했다가 사임한 윌리엄 오스굿의 두 번째 아내의 전남편이었기 때문이다.

기하평균에서 올림 또는 버림하기

이번 장에서는 기하평균에서 올림/버림하면 의석 1개당 요구 주민 수의 주별 차이를 최소화할 수 있다는 주장이 제기됐다. 여기에서 이 놀라운 주장의 증명을 소개하고자 한다.

주의 인구수를 p_1, p_2 …… p_n이라고 하고 약수는 d라고 하자. a_1, a_2 …… a_n은 기하평균에서 p_i/d 비율을 올림/버림해서 도출된 의석 수다.

이럴 경우 모든 i에 대해 다음이 성립된다.

$$\sqrt{a_i(a_i-1)} \leq p_i/d \leq \sqrt{a_i(a_i+1)}$$

이는 다음과 같다.

$$a_i(a_i-1)/p_i^2 \leq i/d^2 \leq a_i(a_i+1_i)/p_i^2$$

이는 모든 i에 대해서도 성립하기에, 따라서 모든 i와 j에 대해 다음도 성립한다.

$$a_i(a_i-1)/p_i^2 \leq a_j(a_j+1)p_j^2$$

자, 이번에는 맨 처음에 제기된 주장의 역이 모순된다는 것을 입증하기 위해, a_1, a_2 …… a_n은 주별 의석 1개당 요구 주민수의 상대적 차이를 최소화하지 않는다고 가정해보자. 이럴 경우, 어떤 주(i라고 하자)는 상대적으로 다른 주(j라고 하자)보다 의석 1개당 요구 주민수가 더 적을 수밖에 없고, 따라서 i 주의 1개 의석을 j 주로 넘겨줄 경우에는 i주와 j주 간 의석 1개당 요구 주민수의 상대적 차이도 줄어들게 된다.

이는 다음을 의미한다.

$$\{(a_j+1)/p_j\}/\{(a_i-1)/p_i\} < (a_i/p_i)/(a_j/p_j)$$

하지만 이는 바꿔 말하면 다음과도 같다.

$$a_i(a_i-1)p_i^{\,2} > a_j(a_j+1)/p_j^{\,2}$$

이는 앞에서 증명한 부등식과 모순된다. 따라서 기하평균에서 p_i/d 비율의 올림/버림한 의석수는 의석 1개당 요구 주민수의 주별 상대적 차이를 최소화한다.

※출처: Peyton H. Young, 『Equity in Theory and Practice』, Princeton University Press, 1995.
※이번 장에서 언급된 보고서의 열람을 허락해준 미국국립과학아카데미의 장서 및 기록담당자 대니얼 바비에로에게 감사드린다. 보고서는 현재 다음 폴더에 보관되어 있다. NAS-NRC Archives, Central Fiel: ADM: ORG: NAS: Committee on Mathematical Aspects of Reapportionment: 1928-29.

Chapter 11

케네스 애로의
불가능성 정리

잠시 의석배정방식에 관한 논의는 접어두고, 다시 지도자 선출 문제를 살펴보자. 콩도르세와 그의 역설을 기억하는가? 루이스 캐럴이 이 문제를 해결하기 위해 애썼던 것도 기억하는가? 지도자 선출 문제는 사라지지도, 시간이 흐르면서 퇴색되지도 않았다. 오히려 더 골머리를 썩였다. 이 대목에서 등장한 사람이 1972년 노벨경제학상 수상자이자 20세기 가장 중요한 경제학자 중 한 명인 케네스 애로다.

애로는 1940년대 말에 콜롬비아대학 대학원에 재학 중이었다. 그는 학업성적이 매우 우수했고 한창 박사논문 주제를 고민하고 있었다. 당시는 경제학 이론이 한창 만들어지던 시대였고 경제학자 지망생 애로에게는 매우 흥미로운 시기였다. 애로의 말을 빌리자면 당시 그는 "게임이론과 수리계획법이 태동하던 신나는 시기"에 빠져 있었다. 반면 박사논문은 진척이 없었다. 그는 야망이 컸으며 스승과 동료 학생들의 기대감도 대단했다. 하지만 어찌된 영문인지 박사학위 논문은 조금도 진도가 나가지 않았다. 그가 생각해낸 어떤 주제도 흥미롭거나 도전적이지 않았다. 애로는 1942년에 대학원 과정을 이미 모두 마쳤지만 6년이 지날 때까지도 박사논문 주제를 찾지 못했다. 그가 영리하다는 건 모든 사람이 아는 바였지만, 아무튼 박사논문에는 손도 대지 못한 채 시간만 계속 흘러가고 있었다.

희망은 있었다. 그보다 몇 년 전에 프린스턴대학의 고등학문연구소에서 존 폰 노이만은 나치 치하의 오스트리아에서 망명한 오스카어 모르겐슈테른^{Oskar Morgenstern}과 함께 20세기에 가장 큰 영향력을 끼치게 될 두터운 입문서인 『게임이론과 경제행동^{Theory of Games and Economic Behavior}』을 완성했다. 1944년에 발표된 이 책은 경제학과 정치과학의 발전에 지대한 영향을 끼쳤다. 이 책에 담긴 이론인 이른바 '게임이론'은 수리경제학의 시대를 열었다. 기하학에 가장 큰 기여를 한 사람이 유클리드라면, 게임이론에서는 노이만과 모르겐슈테른이 그 역할을 했다.

이 새로운 이론의 기본전제 중 하나는 게임에 참여하는 각각의 참가자들에게는 이른바 '효용함수^{utility function}'가 존재한다는 것이다. 잠시 후 살펴보겠지만 효용함수는 경제행위를 이해하는 것뿐만 아니라 콩도르세의 역설을 이해하는 근간이 되기도 한다.

경제행위를 설명하려는 시도는 200년 전, 유명한 스위스 수학자였던 다니엘 베르누이^{Daniel Bernoulli}의 연구에서 시작됐다. 1713년에 다니엘의 사촌인 니콜라우스가 다니엘에게 이런 질문을 던졌다. 동전던지기 게임이 있다고 가정해보자. 동전을 던져서 앞면이 나오면 2달러를 상금으로 받고 게임은 끝이 난다. 만약 뒷면이 나온다면 다시 던질 수 있고, 그래서 앞면이 나오면 4달러를 받고 게임은 끝이 난다. 하지만 만약 두 번이나 동전을 던졌는데도 연달아 뒷면이 나온다면, 앞면이 나올 때까지 동전을 계속 던질 수 있다. 그리고 매번 동전을 던질 때마다 상금은 2배로 늘어난다. 그렇다면 이 게임에 참가하기 위해 얼마의 참가비를 내겠는가? 대부분 사람들은 2달러에서 10달러 사이라면 참가비를 내고 게임에 참가할 것이다.

하지만 왜 사람들은 참가비를 그렇게 낮게 책정하는 걸까? 만약 동전을 열 번 던진 이후에야 비로소 앞면이 나온다면 상금은 1,024달러가 된다. 스무 번 던진 이후에 앞면이 나온다면 상금은 100만 달러가 넘고, 서른 번 이후라면 상금은 자그마치 10억 달러가 넘는다. 물론 열아홉 번, 또는 스물아홉 번 연속으로 뒷면만 나올 가능성, 다시 말해 동전을 던져서 스무 번째나 서른 번째에 처음으로 앞면이 나올 가능성은 매우 낮다. 하지만 대신 막대한 상금이 낮은 확률에 대해 충분히 보상한다. 사실 다니엘의 사촌 니콜라우스는 기대할 수 있는 상금의 액수가 무한대로 증가한다는 걸 알아냈다[기대 상금액은 확률에 따라 모든 가능한 상금액수를 곱한 후 그 숫자들을 더해서 산출한다$(1/2 \times 2) + (1/4 \times 4) + (1/8 \times 8) + \cdots = 1 + 1 + 1 + \cdots$ 가 되고, 따라서 합계는 무한수가 된다]. 따라서 여기에서도 역설이 존재한다. 만약 기대 상금액이 무한대라면 왜 1,000달러를 내서라도 게임에 참가하려는 사람이 없는 걸까?

다니엘 베르누이는 이 의문을 놓고 한참 고민하다가 놀라운 결론에 도달했다. 1달러는 늘 1달러의 가치가 있는 게 아니라는 것이었다. 언뜻 보기에 이 주장은 모순처럼 들린다. 하지만 자세히 생각해보면 결코 틀린 말이 아니다. 사실 전 재산이 1달러인 거지는 1달러를 추가로 얻을 경우 그 돈의 가치를 매우 높게 본다. 반면 백만장자라면 추가로 들어오는 1달러는 그저 1달러일 뿐이다. 따라서 돈의 '효용'은 부의 소유 정도에 따라 달라진다. 1달러가 늘어날 경우의 효용은 이미 소유하고 있는 돈의 액수가 클수록 떨어지는 것이다. 따라서 기대 상금액을 고려하기보다는 상금의 기대효용을 고려해야 한다고 다니엘 베르누이는 주장했다.

그렇다면 이제는 적절한 효용함수를 구할 차례였다. 여기서 조건은 액수는 증가 — 이 말은 적은 것보다 많은 것이 낫다는 의미로서, 아무리 부자라고 해도 더 많은 돈을 원하기 마련이다 — 하되 추가되는 액수에 따른 효용은 감소 — 첫 1달러보다 일백만 번째로 들어오는 1달러의 가치는 더 낮다 — 해야 한다는 것이었다. 따라서 효용함수를 구하는 데 있어서 2가지 조건은 첫째, 증가해야 한다는 것, 둘째, 증가는 하되 증가할 때마다 증가폭이 작아야 한다는 것이었다. 이 2가지 조건을 모두 만족시키는 것이 바로 '로그함수'다. 로그함수는 값은 증가하되 증가폭은 감소한다. 다니엘 베르누이는 로그함수가 효용함수로 적합하다고 생각했다. 실제로 그의 생각처럼 두 번째로 추가되는 1달러의 효용가치는 0.3이었던 반면, 일백만 번째로 추가되는 1달러의 기대효용은 0.0000004였다. 동전던지기 게임을 계산해보자. 이 게임의 기대효용은 4달러였다. 따라서 우리가 직감적으로 동전던지기 게임에 참가하기 위해 지불할 참가비로 적절하다고 생각한 액수는 다니엘 베르누이가 계산해낸 4달러와 거의 일치하는 셈이다.

효용함수의 정확한 공식은 정해져 있지 않고, 사람마다 부에 대한 효용도 다르게 느끼기 마련이다. 따라서 다니엘 베르누이가 로그함수를 사용한 건 어디까지나 한 예일 뿐이다. 하지만 효용함수에 대한 기본적인 원칙은 분명해졌다. 1738년, 니콜라우스가 죽은 지 12년 후에 다니엘 베르누이의 해법은 상트페테르부르크의 「제정과학아카데미 학술지」를 통해 발표됐다. 이후로 이 문제는 '상트페테르부르크 역설'로 불리게 된다[효용함수와 그 조건이 어떻게 보험산업의 근간을 이루는지에 대해 살펴보려면, 저자가 쓴 다른 책 『수의 감춰진 삶The Secret Life of Number』의 36장을 참조하길 바란다].

***

애로는 1948년부터 여름마다 산타 모니카에 있는 랜드연구소RAND Corporation에서 일했다. 랜드연구소는 최초의 비영리 다국적 정책연구기관으로서 이후 등장할 '싱크탱크think tank' 기관들의 모델이 된 단체다[노벨경제학상 수상자들 중 상당수가 랜드 출신이다. 애로를 비롯해 허버트 사이먼(Herbert Simon, 1978년 수상), 해리 마코위츠(Harry Markowitz, 1990년 수상), 존 내시(John Nash, 1994년 수상), 토머스 셸링(Thomas Schelling, 2005년 수상), 에드먼드 펠프스(Edmund S. Phelps, 2006년 수상), 레오니트 후르비츠(Leonid Hurwicz, 2007년 수상)가 랜드연구소에서 일했었다]. 게임이론과 운용분석은 당시 랜드연구소 본사에서 대단한 화제였다. 냉전은 가속화되고 있었고, 따라서 싱크탱크 기관인 랜드는 게임이론을 토대로 국제분쟁과 전략을 분석하는 과제를 진행하고 있었다.

하지만 그 과제는 생각보다 훨씬 복잡했다. 만약 냉전을 미국과 소련 간의 (아주 심각한) 게임으로 본다면, 도대체 이 두 참가자의 효용함수는 뭐란 말인가? 국가와 같은 집합체가 효용함수를 가지고 있다고 볼 수 있는가? 물론 개인은 효용함수를 지녔다. 하지만 어떻게 이 개인들의 좋고 싫음을 하나로 묶어내어 집합체에 게임이론을 적용한단 말인가? 갑작스럽게 애로는 자신의 박사논문 주제를 찾아냈다.

애로가 랜드연구소에서 우연히 논문주제를 찾아낸 때는 1948년 여름 무렵이었다. 이제 남은 건 책상머리에 붙어 앉아 논문을 쓰는 것뿐이었다. 애로는 10월에 여름 근무를 마치고 시카고로 돌아오자마자 논문 작성에 매진했고, 이후 9개월 동안 논문을 썼다. 1949년 7월, 논문이 완성됐고 1년 후 논문은 「정치경제 저널Journal of Political Economy」에 「사회복지 개념의 난점A Difficulty in the Concept of Social Welfare」이란 제목으로 발표됐다. 아무도 그 제목이 뜻하는 게 무엇인지 몰랐고, 심지어 이 논문이 경제학 분야에 속하는지도 확신하지 못했다. 하지만 애로가 마침내 박사논문을 제출하자 큰 반향이 일어났다.

2년 후에 콜스재단에 의해 「사회선택과 개인가치Social Choice and Individual Values」라는 제목으로 발간된 논문은 "경제정책과 복지경제를 중심으로 민주주의 이론 전반을 날카롭게 분석했다."라는 찬사를 받았다. 논문은 고작 90쪽 분량이었지만 역사상 최초로 사회선택이론이 소개되고 있었다. 사실 이 논문이 얼마나 대단한지는 1쪽에 실린 서문만 봐도 알 수 있다. 감사의 글에 자그마치 5명의 미래 노벨경제학상 수상자들의 이름이 적혀 있었던 것이다. 티알링 C. 코프만스Tjalling Koopmans(1975년 수상), 밀턴 프리드먼Milton Friedman(1976년 수상), 허버트 사이먼Herbert A. Simon(1978년 수상), 시어도어 W. 슐츠Theodore Schultz(1979년 수상), 프랑코 모딜리아니Franco Modigliani (1985년 수상)가 바로 그들이다.

애로는, 집단이 의사결정을 내리는 가장 간단한 방법은 한 개인이나 소수 개인들로 하여금 전체 집단을 대신해서 결정을 내리게 하거나, 종교교리처럼 이전부터 내려오는 원칙을 강제해서 선택을 하게 하는 것이라고 강조했다. 전자는 독재였고, 후자는 관습에 모든 것을 맡기는 방식이었다. 두 방식 모두 바람직하지 못했는데, 그 이유는 둘다 개인의 권리를 박탈했기 때문이다. 이와는 대조적으로 민주주의에는 개인들이 집단의사결정에 참여하는 2가지 방식이 존재했다. 정치적 사안은 투표로 결정됐고 경제적 사안은 시장 메커니즘—임금을 벌기 위한 노동, 상품과 서비스의 매매 등—으로 결정됐다.

하지만 앞에서 콩도르세 후작의 저술(제6장)에서 살펴본 바대로, 투표에는 결함이 존재했다. 다수결로 결정하면 물고 물리는 역설이 발생할 수 있다. 여기서 다시 한 번 선거의 역설을 예를 통해 살펴보자. 2000년 미국 대선에서 톰은 네이더 후보보다는 고어를, 고어보다는 부시를 선호했다. 딕은 부시보다는 네이더를, 네이더보다는 고어를 선호했다. 해리는 고어보다는 부시를, 부시보다는 네이더를 선호했다.

톰:　　　부시 > 고어 > 네이더

딕:　　　고어 > 네이더 > 부시

해리:　　네이더 > 부시 > 고어

따라서 3명 중 한 다수집단(톰과 해리)은 고어보다는 부시를 선호했고, 다른 다수집단(톰과 딕)은 네이더보다는 고어를 선호했으며, 또 다른 다수집단(해리와 딕)은 부시보다는 네이더를 선호했다. 이렇듯 톰과 딕, 해리라는 3명의 구성원으로 이뤄진 이 사회는 고어보다는 부시를, 부시보다는 네이더를, 네이더보다는 고어를, 다시 고어보다는 부시를 선호하는 물고 물리는 상황에 처하게 된다. 즉 역설적 순환이 발생하는 것이다!

물론 톰과 딕, 해리의 정치적 성향을 두고 트집을 잡을 수는 있겠지만 적어도 개인의 후보 선호도만을 두고 볼 때, 그 방식은 흠잡을 구석이 없다. 그런데도 불구하고, 다수결이란 수단을 통해 개인의 선호도를 하나로 묶어내다 보면 매우 불합리한 상황이 발생한다. 애로는 단수한 다수결 투표로는 개인의 선호도를 사회 전체의 선호도로 종합해낼 수 없다고 결론지었다. 또한 1위로 선택된 대안에 가중치를 부여하고 그런 뒤 개인의 선호도에 따라 각각의 대안에 부여된 가중치를 합산하는 것처럼 좀 더 복잡한 방식도 답이 될 수 없다는 것도 예를 통해 입증했다. 그렇다면 개인의 선호도는 어떻게 사회전체의 우선순위 목록으로 종합되어 그에 맞게 사회가 직면한 수많은 선택의 중대성을 비교하고 가늠할 수 있을까?

이 질문에 대해 짧게 답하자면 '불가능하다'이다. 하지만 여기서는 길게 답해보도록 하자. 애로는 논문의 서문 2쪽에서 논문을 작성한 의도에 대해 설명했다. 그는 "사회가 이미 알고 있는, 구성원들의 여러 선호도를 사회 전체의 의사결정을 위한 하나의 목록으로 종합해내는 방식을 만들어내는 것이 가능할지"에 대해 반문했다. 다시 말해, 만약 모든 개인이 효용함수를 가지고 있다면 이런 개인의 효용함수가 하나의 거대한 사회적 효용함수로 합쳐질 수 있는 절차가 존재할까?

이런 절차가 존재한다면 그 절차는 합리적으로 개인의 의사를 하나로 모을 수 있어야 했고, 그러려면 합리성에 부합하는 기본적인 조건을 충족해야 했다. 문제는 2명이 넘는 개인의 효용을 단순히 더하는 것은 불가능했고 심지어 비교조차 할 수 없다는 점이었다.

예를 들어 설명해보자. 드웨인과 드와이트가 술집에서 술을 주문한다. 드웨인은 와인 한 잔을 주문했고 드와이트는 맥주 한 잔을 주문했다. 드웨인은 술에 대한 선호도에 대해 질문을 받자 자신의 효용 목록에 의하면 와인의 효용은 5이고 맥주의 효용은 3이라고 답한다.

반면 드와이트가 사는 세상에서 맥주의 값어치(드와이트는 효용이 아닌 값어치라는 단위를 썼다)가 12라면 와인은 약 5쯤 된다. 이럴 경우, 드와이트는 드웨인이 맥주를 좋아하는 정도보다 4배나 더 맥주를 좋아한다고 말할 수 있을까? 또는 맥주 두 잔은 드웨인과 드와이트에게 15 정도의 효용, 또는 값어치가 있다고 할 수 있을까? 아니다. 절대 그럴 수 없다. 효용이나 값어치는 더하거나 빼거나 비교할 수 있는 것이 아니다. 즉 주류를 비롯한 다른 모든 상품에 대한 개인의 효용은 다르기에 비교될 수 없다.

그건 마치 온도를 측정하는 것과 같다. 예를 들어, 특정한 날의 온도가 파리에서는 섭씨 26도였고, 샌프란시스코에서는 화씨 78도였다고 가정해보자. 만약 샌프란시스코가 파리보다 3배 더 덥다고 말한다면 당연히 매우 틀린 말이 될 것이다. 즉 온도를 측정하는 단위가 전혀 다를 경우, 숫자만을 두고 단순비교할 수는 없는 것이다. 마찬가지로 개인마다 효용을 매기는 데 고유한 방식이 있기 마련이므로 그 단위는 다른 개인의 효용을 측정하는 단위와 다를 수밖에 없고 따라서 비교가 불가능한 것이다.

애로는 대단히 예의바르고 철저한 사람이었다. 그는 논의를 진전시키기 위해 사람들이 선택을 하는 방식에 대한 2가지 상식적인 예와 함께, 합리적인 사회 효용함수가 지녀야 할 5가지 속성을 제안했다. 사회선택이론처럼 방대한 이론을 설명하면서 고작 2가지 예와 5가지 속성만을 언급했다는 건 어떤 면에서는 인색하다고 볼 수 있다. 하지만 훌륭한 이론들이 대체로 이렇다. 즉 훌륭한 이론의 척도는 최소한의 공리公理만을 요구한다는 것이다. 사실 공리야말로 증명 없이 바른 명제, 다시 말해 무조건 전제된 명제이며, 이 명제로부터 모든 이론이 출발한다. 따라서 공리가 적은 이론일수록 더 강력한 이론인데, 그 이유는 적은 전제만으로 많은 내용을 설명하기 때문이다. 나아가 공리가 적을수록 이론의 일관성을 해하는 모순이 발생할 가능성도 낮아진다.

공리계$^{axiomatic\ system}$의 예로 유클리드 기하학을 살펴보자. 기원전 3세기, 그리스 수학자 유클리드는 평면기하학의 모든 이론이 도출될 수 있는 5가지 공리를 제시했다. 또한 이 5가지 공리가 반드시 필요한 최소한의 명제들이라고 주장했다. 그런데 수학자들 사이에서는 5가지 공리 중 하나인 평행공리$^{parallel\ axiom}$가 불필요하다는 의견이 돌았다. 평행공리는 "한 직선에 평행이고 한 점을 지나는 직선은 하나뿐이다."라는 명제다. 수학자들은 이 명제가 다른 4가지 공리로부터 충분히 도출될 수 있다고 믿었고, 따라서 평면기하학의 모든 이론도 오로지 4가지 공리만 있으면 충분히 증명될 수 있다고 믿었다. 수세기 동안 수학자들은 5가지 공리를 4가지로 줄이려 노력했다. 하지만 19세기 초에 이르러 결국 평행공리가 평면기하학에 반드시 필요하다는 걸 깨달았다. 평행공리 없이는 유클리드 기하학과 전혀 다른 내용이 도출됐기 때문이다. 예를 들어, 지구 같은 구면체에서 '평행선'은 어딘가를 교차해야만 한다. 적도의 한 지점을 통과해서 정확히 북쪽으로 향하는 선이 있다고 가정해보자. 그런 뒤 이 선에서 100킬로미터 서쪽으로 떨어진 지점에 또 다시 정확히 북쪽으로 향하는 선이 있다고 가정해보자. 이 두 선은 평행처럼 보이지만 북극과 남극을 통과한다. 따라서 유클리드의 평행공리는 구면체에서는 성립되지 않는 셈이다. 따라서 비非유클리드 기하학에서는 그렇지 않지만 유클리드 기하학에서는 평행공리를 인정해야만 하는 것이다.

유클리드 기하학에서는 5개의 공리가, 비유클리드 기하학에서는 4개의 공리가 필요하다면, 합리적인 의사결정을 설명하기 위해 오직 2개의 공리가 필요하다는 건 그다지 많다고 볼 수 없다. 분명한 건 애로가 논문에 필요 없는 내용을 하나도 넣지 않았다는 점이다. 그렇다면 사회선택이론을 도출하기에 필수불가결하고 충분한 2개의 절대명제는 무엇일까? 첫 번째 공리는 2개의 대안이 있을 경우, 의사결정자가 늘 두 대안을 비교할 수 있다는 것이다. 즉 어느 한 대안을 다른 대안보다 선호하거나 2개의 대안을 똑같다고 보는 것이다. 이럴 경우에는 사과와 오렌지는 비교될 수 있다. 적어도 개인에게 주는 효용 측면에서는 그렇다. 이 대목에서 생각나는 게 바로 '뷔리당의 당나귀 Buridan's Donky'다. 뷔리당의 당나귀는 2개의 똑같은 건초를 두고 어느 쪽을 택하지 못해 굶어죽고 말았다. 즉 당나귀는 애로의 공리를 극적으로 보여주는 예시라고 할 수 있다. 어느 한쪽의 건초를 택하는 대신 굶어죽기로 선택함으로써 2개의 대안이 효용 측면에서 전혀 차이가 없다는 걸 몸소 보여준 셈이다.

두 번째 공리는 콩도르세 후작의 저술에 대해 논의한 이후로 우리를 지속적으로 괴롭혀왔던 선호도의 역설적 순환에 관한 것이다. 누군가가 물보다는 우유를, 우유보다는 주스를 더 선호하지만, 어찌된 영문인지 주스보다는 물이 더 좋다고 느끼는 건 충분히 있을 법한 일이다. 하지만 완벽한 이론 세계에서는 이런 일은 존재할 수 없었고, 애로는 합리적인 개인의 선호도에는 이행성이 존재한다고 주장했다. 좀 더 쉽게 말하자면, 선호도 간에 순차적으로 옮아가는 성질이 있다는 말이다. 만약 물보다는 우유, 우유보다는 주스에 대한 선호도가 더 높다면, 당연히 물보다는 주스에 대한 선호도가 더 높아야 한다. 따라서 현실에서는 다수집단에 선호도의 역설적 순환이 존재한다고 하더라도, 애로의 논리체계 내에서는 그럴 수 없었다.

정리하면 애로는 의사결정자들에 대해 2가지 전제조건을 단 셈이다. 즉 의사결정자들은 늘 선택을 할 수 있고, 그들의 선택에서는 역설적 순환이 발생하지 않는다는 것이다. 이 두 공리는 매우 타당해 보이며 이보다 더 간단명료할 수는 없다(다만 첫 번째 공리에는 약간의 문제가 있다. 자세한 내용은 별첨 '선택공리'를 참조하라). 자, 지금부터는 사회효용함수에 대해 본격적으로 살펴보자. 애로는 자신이 개인의 의사결정에 적용한 전제가 집단의 의사결정에도 그대로 적용된다고 믿었다. 그렇다면 개인들의 선호도를 토대로 어떻게 무리의 집단적 선호도를 도출해야 할까? 효용은 서로 더해질 수 없는 성질의 것이었기에, 보다 정교한 방식이 필요했다. 개인들의 선호도를 종합해서 '사회후생함수social welfare function'로 이끌어내는 메커니즘은 특정조건들에 부합해야 한다. 잠시 후 살펴보겠지만 이 조건들은 또한 매우 합리적이었다. 다시 말해, 공정함과 민주적 절차에 대한 우리의 상식과 직관에 부합했다.

첫 번째 조건은 전문용어처럼 생소하게 들리는 '선호영역의 무제한성unrestricted domain'이다. 이 말은 개인의 효용함수가 종합될 때 앞서 언급한 2가지 공리만을 제외하곤 어떠한 제한도 없어야 한다는 뜻이다. 따라서 사회후생함수를 이끌어내는 메커니즘은 어떤 식으로 조합된 선호도 목록도 모두 완벽하게 반영할 수 있다. 즉 2가지 공리를 충족하는 한, 어떤 선호도 순서도 사회후생함수 도출에서 배제되지 않는다. 이 조건은 매우 당연한 것처럼 들리지만, 실제로 늘 충족되는 것은 아니다. 문화적·종교적 이유, 또는 특권을 부여하는 법으로 인해 일부 선호도 순서가 배제될 수도 있고, 그 결과 개인들의 선호도와 전혀 다른 사회후생함수가 도출될 수도 있다. 결선투표처럼 유권자들의 선택을 2명의 후보로 제한하는 것도 선호영역의 무제한성을 침해하는 경우다. 하지만 보다 심각한 문제는 선호영역의 무제한성 조건이 실제로 충족될 때 발생한다. 이럴 경우, 유권자들은 여러 대안들에 대해 자신이 원하는 대로 선호도를 매길 수 있고, 역설적 순환이 발생할 수도 있다. 역설적 순환의 예는 이 책에서 여러 차례 살펴봤다. 루이스 캐럴로 알려진 찰스 럿위지 도지슨은 역설적 순환의 고리를 끊으려면 일부 유권자들의 선호도 결과를 배제해야 한다고 주장했다(제8장 참조). 하지만 이럴 경우 애로가 제시한 첫 번째 조건인 선호영역의 무제한성을 위배하게 된다.

애로가 그다음으로 제시한 조건은 단조성^{monotonicity} 조건이다. 단조성 조건은 만약 모두가 특정대안의 선호도를 그대로 유지하고 있을 때 그중 한 개인이 특정대안의 선호도 순위를 높일 경우, 이 특정대안에 대한 사회전체의 선호도가 낮아지는 일이 결코 벌어져선 안 된다는 것이다. 예를 들어보자. 만약 사회가 오렌지주스보다 레모네이드를 더 선호한다고 가정해보자. 그런데 갑자기 단 한 명의 개인이 레모네이드보다 오렌지주스를 더 좋아한다며 선호도 순서를 바꿨다. 그렇다고 해서 갑자기 레모네이드에 대한 사회전체의 선호도가 오렌지주스보다 낮아져선 안 된다는 것이다.

애로가 제시한 세 번째 조건은 사회후생함수가 관련 없는 요인에 의해 영향을 받지 않아야 한다는 것이다. 예를 들어, B보다 A가 더

---

* 이 말은 한 개인의 선호도가 높아진 특정대안은 사회 전체의 선호도 순서에서도 순위가 높아지거나, 순위가 변동하지 않아야 한다는 뜻이다. 요약하면, 개인이 특정대안에 대한 선호도를 높임으로써 오히려 이 특정대안에 대한 사회적 선호도 순위가 낮출 수는 없어야 한다.

선호될 경우, C란 대안이 갑자기 등장했다고 해서 A와 B에 대한 개인의 선호도가 영향을 받아선 안 된다는 뜻이다. 유사한 예는 레스토랑에서 벌어지는 다음 일화에서도 살펴볼 수 있다[이 일화는 콜롬비아대학의 철학교수 시드니 모르겐베서(Sidney Morgenbesser)가 직접 겪은 일이다.].

"오늘은 디저트로 애플파이와 브라우니가 준비돼 있습니다."

웨이터의 말에 고객은 선택할 수 있는 게 고작 2개뿐이냐며 불평한 뒤 애플파이를 고른다. 몇 분 후 웨이터가 허둥지둥 고객에게 다가와 디저트로 아이스크림도 있다는 걸 깜빡했다고 말한다. 그 말에 고객은 잠시 생각하더니 이렇게 말한다.

"그런 경우라면 디저트는 브라우니로 하겠네."

웨이터는 도무지 무슨 영문인지 몰라서 당황한다. 분명한 건 고객이 어쨌건 아이스크림은 좋아하지 않는다는 것이었다. 왜냐하면 아이스크림이 있다는 말을 듣고도 아이스크림을 선택하지 않았으니까. 하지만 갑자기 아이스크림이란 또 다른 대안이 등장하자 애플파이와 브라우니에 대한 고객의 선택이 뒤바뀌었다.

언뜻 보면 이런 일은 일어나선 안 된다. 케네스 애로가 주장한 것도 바로 이것이다. 애로는 사회의 선호도 순서가 중요하지 않은 대안에 의해 영향을 받아선 안 된다며, 이 조건을 '공리'라고 표현했다. 바로 '무관한 대안으로부터의 독립성independence of irrelevant alternatives'이다. 이 공리는 합리적인 개인이나 집단이라면 선호도가 더 낮은, 따라서 관계가 없는 대안이 등장했다고 해서 기존의 선호도 순서가 바뀌어선 안 된다는 것이다.

이 공리는 듣기에는 매우 당연하지만 실제로는 매우 까다로운 조건이기에 늘 충족되는 건 아니다. 특히나 투표에서는 이 공리가 자주 위배된다. 어떻게 이런 일이 벌어지는지 살펴보자. 여기 선거에서 진보적인 후보보다는 환경을 중시하는 후보를 선호하는 유권자가 있다. 따라서 이 유권자는 만약 두 후보만이 선거에 출마했다면 당연히 환경을 중시하는 후보를 찍었을 것이다. 하지만 갑자기 보수진영의 후보가 선거에 뛰어들었고, 그러자 이 유권자는 보수후보가 당선되는 것을 막기 위해 진보후보에게 표를 던진다. 사실 미국 녹색당의 대선후보인 랠프 네이더$^{Ralph\ Nader}$가 많은 사람들의 지지를 받으면서도 막상 선거에서는 득표수가 늘 바닥인 이유도 이 때문이다. 다시 말해, 매우 합리적인 유권자들은 랠프 네이더가 당선할 가능성이 전혀 없다는 것을 안다. 따라서 네이더가 아닌 그다음으로 선호하는 후보에게 표를 던져주는 것이다(다만 2000년 미국 대선의 경우에는 합리적인 유권자들의 수가 충분하지 못했다. 이건 내 정치적인 성향과는 무관한 발언이다. 환경을 중시하는 유권자들은 네이더에 대한 지지를 끝까지 고수했고, 그 과정에서 앨 고어의 표를 갉아먹어 승리를 조지 부시에게 넘겨주는 결과를 초래했다. 네이더 지지자들에게 그 결과가 얼마나 참혹했는지는 조지 부시가 지구온난화에 기여한 업적을 보면 알 수 있다). 미국 대선에서 비중이 있는 로스 페로$^{Ross\ Perot}$ 같은 후보가 등장하면 선거판이 혼란스러워지는 이유도 마찬가지다(로스 페로는 1992년 미국 대통령 선거에서 무소속으로 출마하여 18.9%를 득표했다). 아무튼 애로는 위에서 소개한 일화의 웨이터처럼 무관한 대안으로부터의 독립성을 옹호한다.

좋은 사회후생함수를 도출하는 메커니즘의 조건으로 애로가 내세운 네 번째 조건은 '시민주권$^{citizen's\ sovereignty}$'이다. 이 말은 유권자에게 선택을 강요해서는 안 된다는 뜻이다. 다시 말해, X와 Y에 대한 개인의 선호도와 무관하게 사회가 Y보다 X를 더 선호하는 경우가 벌어져선 안 된다. 종종 비강제성 조건이라고 불리는 이 조건은 어떤 결과도 가능해야 한다. 이 조건도 현실에서는 자주 위배된다. 모든 개인들이 특정대안을 다른 대안보다 선호하는 경우라고 할지라도 일부 선호는 금기시된다. 예를 들어, 시민에게는 개인의 선호와는 상관없이 세금이 부과된다. 또한 우회전이 그다지 위험하지 않다는 운전자들의 생각과는 달리, 미국의 모든 주에서 빨간 신호등은 무조건 '정지'를 의미한다.

애로는 마지막으로, 그리고 가장 중요한 건 "사회후생함수는 비독재적이어야 한다."라고 전제했다. 애로가 이 중요한 조건을 제시한 건 사회후생함수를 도출하는 메커니즘이 민주주의의 가장 기본적인 원칙을 충족해야 한다고 주장하는 것과 다름없다. 어떤 면에서 만약 이 메커니즘이 특정 개인의 선호도와 정확히 일치한다면, 다른 개인들의 선호도가 어떠하든 사회후생함수는 독재적이라고 말할 수 있다. 이런 상황은 어느 누구도 좋아하지 않을 것이다. 왜냐하면 누군가가 우리를 대신해서 선택을 하는 건 결코 용납할 수 없기 때문이다. 또 다른 한편으론, 선출된 국가원수는 우리가 좋아하든 싫어하든 마음대로 결정을 내릴 수 있다. 하지만 민주주의에서 이런 상황이 영원히 지속될 수는 없다. 만약 대통령이나 수상의 결정이 국민의 의견을 반영하지 않는다면, 중간선거에서 재당선되지 못할 것이기 때문이다.

애로는 자신의 이론을 증명하면서 일단 일련의 개인들이 X와 Y라는 대안에 대해 '결정적'이며, 결정적 구성원들이 Y보다 X를 선호할 경우 사회 또한 Y보다 X를 선호한다고 정의했다(이 선호도는 사회의 다른 구성원들의 선호도에 의해 영향을 받지 않고, 또한 X와 Y를 제외한 다른 대안들에 대한 선호도에 의해서도 영향을 받지 않는다). 그런 뒤 애로는 사회후생함수 메커니즘이 반드시 충족해야 할 5가지 조건들을 활용해서 결정적 개인들의 5가지 결론을 도출했다. 그중 하나를 예로 들어보면, 애로는 '사회 전체는 하나의 결정적 집단'이라고 주장했다. 이는 증명하기 어렵지 않다. 만약 사회의 모든 개인들이 아마레토보다 그라파를 선호한다면 사회 전체도 아마레토보다 그라파를 선호한다. 하지만 다른 결론들은 설명하기가 복잡하다. 이 책에서 그 내용을 소개하지 않는 이유도 그 때문이다. 하지만 애로의 말을 빌리자면, 이 결론들은 사회후생함수가 반드시 충족시켜야 할 5가지 조건으로부터 직접 도출되는 결론이다.

애로는 일단 5가지 결론을 도출해낸 뒤 합리적인 메커니즘이 지켜야 할 5가지 조건을 염두에 두고 결정적 집단과 대안선택방식에 대해 고민했다. 얼마 후 애로는 한 가지 모순에 맞닥뜨렸다. 특정 조건하에서는 일련의 개인들이 결정적 집단이기도 하면서 동시에 그렇지 않을 수도 있다. 그 말은 사회후생함수 도출 메커니즘이 요구하는 5가지 조건이 동시에 충족될 수 없다는 뜻이다.

애로는 후에 수정한 논문에서 단조성과 비강제성 조건을 보다 근거가 약한 '파레토^{Pareto} 조건'으로 대체했다. 파레토라는 이름의 유래는 19세기 이탈리아 사회학자이자 경제학자였던 빌프레도 파레토$^{Vilfredo\ Pareto}$로 거슬러 올라간다. 그는 파레토 조건의 여러 형식을 정리한 인물이다. 만약 모든 사람이 특정대안을 다른 대안보다 더 높은 순위에 둔다면, 이 특정대안은 사회적 선호도 순서에서도 다른 대안보다 순위가 낮아서는 안 된다.

예를 들어보자. 만약 모든 이들이 차보다 커피를 선호한다면 사회 전체가 커피보다 차를 선호해선 안 된다. 파레토 조건의 여러 형식 중에는 이보다 더 강력한 조건도 있다. 만약 모든 사람이 커피와 차를 똑같이 선호하지만 그중 단 한 명이라도 커피보다 차를 선호한다면 사회 전체는 커피보다 차를 선호해야 한다.

단조성 조건과 마찬가지로 파레토 조건은 민주주의의 구성요소 중 하나다. 집단의 선택은 개인의 선택을 반영해야 하기 때문이다. 보다 구체적으로 말하자면, 파레토는 A라는 대안에서 B라는 대안으로 옮겨갈 경우에 다른 개인들에게 해를 입히지 않는 범위에서 단 한 명의 개인이라도 더 만족시킬 수 있다면, 사회 전체가 A보다 B를 더 선호해야 한다고 주장했다. 왜냐하면 삶이 더 나아진 이 한 명이 얻는 보상은 사회 전체에 보상이 되기 때문이다. 이처럼 파레토 조건은 다른 사람에게 손해를 끼치지 않고는 어느 누구의 상황도 개선되지 않는 경제적 상태를 의미하는 파레토 효율과도 밀접한 관련이 있다.

매우 당연한 5가지 조건을 서술했으니 이제 남은 일은 이 조건들을 충족하는 메커니즘을 고안해내는 것이다. 하지만 여기서 애로의 노력은 한계에 부딪히고 만다. 애로는 소책자의 5장에서 복잡한 수학 증명을 통해 만약 3개 이상의 대안이 존재할 경우에는 사회효용함수를 도출하는 게 불가능하다는 사실을 입증했다. 어떤 경우에든 개인의 선호도를 종합해서 사회적 선호도를 도출하려 하면 5가지 조건 중 적어도 1개 이상의 조건에 위배됐다.

청천벽력 같은 소식이었다. 플라톤과 플리니우스, 유이와 쿠사누스, 보르다와 콩도르세의 시대부터 사람들은 유권자 개개인의 선호도를 집단의 선호도로 종합해낼 수 있는 메커니즘이 언젠가는 밝혀질 것이라고 믿어왔다. 하지만 애로의 논문은 이런 기대에 찬물을 끼얹었다. 5가지 조건을 동시에 모두 충족하는 메커니즘은 존재하지 않았다.

일단 그나마 긍정적인 측면부터 살펴보자면, 애로는 민주주의에 대한 이 실망스런 결론에서 그나마 한 가지 안도할 만한 결론을 도출해냈다. 만약 선택할 수 있는 대안이 딱 2개만 존재할 경우에는 사회효용함수 도출 메커니즘의 조건을 충족시킬 수 있다는 것이었다. 애로는 비관적인 결론 중에서도 애써서 긍정적인 말투를 유지하려고 노력하면서 이 결론을 '가능성 정리possibility theorem'라고 명명했다. 즉 매우 제한적인 상황, 다시 말해 대안이 오직 2개밖에 없을 경우, 다수결은 적합한 사회선택 메커니즘이었다. 가능성 정리는 미국의 양당정치체제를 옹호하는 것처럼 보일 수도 있다. 실제로 가능성 정리는 사회선택 메커니즘의 5가지 조건 중에서 첫 번째 조건만을 제외한 모든 조건을 충족한다. 즉 대안을 딱 2개로 한정함으로써 첫 번째 조건인 선호영역의 무제한성만이 제한된다.

가능성 정리를 제시하고 난 애로는 이제 피할 수 없는 결론에 직면해야 했다. 애로는 두 번째 정리에서 박사논문의 핵심주장을 제시했다. 그리고 이 주장은 민주적 절차에 대한 일반인들의 신뢰를 완전히 무너트리게 된다.

그 내용은 이랬다. 3개 이상의 대안이 존재할 경우, 합리성에 입각한 당연한 조건들을 만족시키는 사회선택 메커니즘은 하나같이 강제적이거나 독재적이었다. 애로의 결론으로 인해 민주주의는 위기에 부딪혔고 오직 자신의 통치방식에 문제가 없다는 걸 알게 된 독재자들만이 안도했다.

애로는 여덟 쪽에 걸쳐 사회선택, 후생경제학, 정치과학 이론에 커다란 물음표를 던지는 수학적 정리를 증명했다. 애로가 '2번 정리'라고 명명한 이 내용은 '불가능성 정리impossibility theorem'라는 이름으로 더 잘 알려져 있다.

우리가 수세기에 걸쳐 쓰고 있는, 너무나 익숙한 다수결 투표도 부적절한 사회선택 메커니즘 중 하나다. 사실 이 내용은 이미 앞에서도 살펴봤다. 콩도르세는 유권자의 수가 3명 이상일 경우, 제아무리 합리적인 선호도 순위라고 할지라도 역설적 순환이 발생할 수 있다는 걸 이미 알았다. 따라서 최다득표수 획득방식은 '선호영역의 무제한성'을 위배한다. 오로지 개인의 선호도 순서 중에서 특정한 부분이 배제될 때에만 역설적 순환은 사라진다. 그런 뒤 애로는 정곡을 찔렀다. 제아무리 복잡한 비례대표제라도 투표의 역설을 제거할 수 없었다. 집단의 선호도 또한 유권자의 선호도와 일치하지 않았다.

다행히 애로는 이런 문제에서 벗어날 방법이 있다고 말한다. 다양한 유권자들이 느끼는 효용을 비교하고 조작함으로써 공동체의 선호도 순서를 기하학적으로 도출할 수 있다는 것이다. 하지만 이런 방식은 배제됐는데, 서로 다른 개인들이 느끼는 효용은 더해질 수도, 비교될 수도 없기 때문이다. 결국 애로는 뭔가를 포기해야만 했다. 즉 5가지 조건 중에서 적어도 하나를 제외해야 했다. 조건 1(선택영역의 무제한성)을 포기하면 다수결 투표는 다른 4가지 조건을 모두 충족하는 사회선택 메커니즘이 될 수 있다. 하지만 이럴 경우 역설적 순환의 가능성을 수용해야만 한다. 조건 4(비강제성)를 포기하고 소련식을 따라 사전에 정해진 법률, 규칙, 금기와 관습에 의한 사회를 통치하는 방법도 있었지만 그다지 끌리지 않는 방식이었다. 또는 조건 5(비독재성)를 포기할 수도 있었다. 하지만 이 세상에 독재를 좋아할 사람이 과연 있을까?

결국 가능한 방법은 둘만 남았다. 첫 번째 방법은 단조성 조건을 배제하는 것이었다. 하지만 단조성을 포기한다는 건 한 명 또는 그 이상의 개인이 특정대안의 선호도 순위를 높일 경우에 오히려 이 특정대안의 사회적 선호도 순위가 낮아지는 걸 허용하는 셈이었다. 이는 상식에 어긋났다(전체 하원의 의석수가 1개 늘어나자 오히려 앨라배마의 의석수는 1개 줄어들었던 앨라배마 역설과 비슷하다고도 할 수 있다). 따라서 이 또한 바람직하지 못했다. 결국 이제 남은 건 무관한 대안으로부터의 독립성뿐이다. 이 조건은 5가지 조건 중에서 가장 논란이 많았던 조건이고, 민주주의를 구하기 위해서라면 충분히 포기할 수 있는 조건이기도 했다. 사실 일부 사람들은 이 조건을 자주 위배하지 않는가? 그러나 그렇다고 해서 이 조건을 배제한다는 것이 썩 마음에 드는 건 아니었다. 이 조건을 배제할 경우, 후식을 잘못 주문하거나, 로럴을 지지하다가 구피라는 후보가 등장하자 갑자기 하디를 지지하는 비이성적인 행동양식이 나타날 수 있었기 때문이다.

다른 학자들도 이 난감한 상황을 인식했고, 나름대로 해결방법을 찾았다. 2가지 경우를 예로 들어보겠다. 스코틀랜드 경제학자 덩컨 블랙은 시민의 선호도 순서를 제한하는 방법을 고려했다.

일단 사람들이 선택할 수 있는 대안들이 수평선으로 길게 나열돼 있다고 상상해보자. 예를 들어, 정당은 가장 왼쪽부터 극좌파, 좌파, 중도, 우파, 극우파로 나열될 수 있다. 이런 경우, 블랙은 개개인의 선호도 목록에는 하나의 정점이 존재할 경우 — 예를 들어, 이 개인이 좌측이나 우측에 서 있는 정당보다 한가운데에 위치한 중도파 정당을 가장 선호한다면 — 라면, 다수결 투표는 애로가 내세운 조건을 모두 충족한다는 걸 증명했다. 다만 유권자의 숫자가 홀수여야 한다는 조건이 붙었다. 하지만 여기에도 한계가 존재했으니 블랙은 시민이 선택할 수 있는 선택 영역의 범위, 또는 시민이 대안에 순위를 부여하는 방식을 제한했다는 점이다. 따라서 유권자들은 애로가 내세운 첫 번째 조건인 선택영역의 무제한성을 위배하는 셈이었다. 나아가 만약 환경당이나 동성애지지당처럼 좌파와 우파의 범주를 벗어난 새로운 정당이 등장하게 되거나 일부 유권자들이 극좌파와 중도파를 좌파보다 더 높은, 똑같은순위에 올려놓을 경우, 다수결로 사회적 순위를 도출해내는 블랙의방식은 마찬가지로 역설적 순환에 빠질 수 있다.

그러다가 1960년대 말과 1970년대 초에 인도에서 태어난 경제학자이자 철학자이며 1998년 노벨경제학상 수상자인 아마르티아 센Amartya Sen은 이행성만을 제외하고 애로의 모든 조건을 충족하는 사회선택 도출방식이 있다는 걸 입증했다(여기서 이행성을 다시 한 번 살펴보자. 이행성은 '선택영역의 무제한성'과 연관이 있다. 예를 들어, 공공건축위원회가스케이트장보다는 미식축구 경기장을, 미식축구 경기장보다는 오페라하우스를 더선호한다면, 당연히 스케이트장보다는 오페라하우스를 더 선호해야 한다는 게 이행성이다). 아마르티아 센은 이행성 조건을 준이행성quasi-transitivity으로완화하는 방법을 연구했다(이 말은 위원회가 오페라하우스와 미식축구 경기장에 대한 선호도 간에 차이가 없고, 미식축구장과 스케이트장에 대한 선호도 간에 차이가 없더라도 여전히 스케이트장보다는 오페라하우스를 더 선호할 수도 있다는 뜻이다). 아마르티아 센은 이밖에도 이런저런 조건들을 완화해보려 애썼다. 하지만 최종분석 과정에서 적절한 사회선택 메커니즘에요구되는 조건들을 수정, 보완, 조정하려는 모든 노력은 그저 궁색한시도로 끝났다.

어떤 민주적 절차도 일관된 사회선택을 도출하지 못하며, 오직 독재만이 무해하고 건전한 사회선택 메커니즘의 조건을 충족한다는 애로의 발견은 민주주의의 입장에서 보면 매우 실망스런 결론이었다.

따라서 민주주의는 5가지 조건이라는 단단한 벽에 부딪혔다. 결국 역설적 순환이나 독재, 강제적 선택 또는 2개의 비이성적 행동 중 하나를 인정하지 않는다면 민주적 선택절차를 살릴 길은 더 이상 없었다. 즉 완벽한 민주적 선택절차는 없었던 것이다.

***

애로는 자신의 선구적인 논문을 통해 유권자의 선호도 목록을 사회 전체의 선호도 순서로 종합하는 것이 불가능하다는 것을 입증했다. 설상가상으로 문제는 이게 전부가 아니었다. 애로는 유권자들의 선호도 목록을 별 의심 없이 당연한 것으로 받아들였다. 하지만 만약 유권자들의 선호도 순서가 거짓이라면 — 만약 유권자들이 자신이 가장 지지하는 대안이나 후보가 당선될 가능성이 없다는 걸 깨닫고는 다른 대안이나 후보를 지지하되 원래부터 그랬던 것처럼 가장한다면 — 이런 식으로 차선책 또는 세 번째 대안이나 후보를 민다면? 장-샤를 보르다는 누군가가 그의 선거방식이 1위 후보를 당선되지 못하게 하려는 일부 유권자 집단에 의해 조작될 수 있다고 말하자, 태연하게 "내 방식은 오직 정직한 유권자들만을 상대로 고안됐다."라고 받아쳤다. 하지만 만약 차선책을 밀기 위해 유권자들이 비정직한 선택을 했다면?

이는 플리니우스가 1세기에 이미 고민했던, 그리고 21세기인 지금까지도 유권자들이 고심하는 문제다. 예를 들어, 2000년 미국 대선에서 랠프 네이더를 지지하던 수많은 유권자들은 조지 부시 후보가 당선되는 것을 막기 위해 자신들이 가장 좋아하던 후보가 아닌 앨 고어에게 표를 던지려 했다. 고대시대와 중세시대에 유권자들이 투표에 앞서 정직하게 투표에 임하겠다고 맹세를 해야 했던 이유도 유권자들의 신정한 표심이 잘못 반영되는 걸 막기 위함이었다. 애로는 논문에서 전략적 투표의 문제를 다루지는 않았다. 하지만 1970년대 초반에 2명의 대학원생인 철학자 앨런 기버드와 경제학자 마크 새터스웨이트는 독립적으로 이 문제를 연구해보기로 결심했다. 둘은 특히나 투표체계가 유권자들에 의해 얼마나 악용될 수 있는지를 집중적으로 살펴보기로 했다. 과연 유권자들은 자신의 진정한 의사를 표결을 통해 다르게 표현함으로써 선거결과를 조작할 수 있을까? 둘은 이를 연구하기 위해 애로와는 달리 훨씬 단순한 상황을 가정했다. 애로가 가장 높은 순위부터 가장 낮은 순위까지 모든 대안이나 후보들의 순위를 매기려 했던 반면, 기버드와 새터스웨이트는 오로지 한 명의 당선자만을 도출해내는 상황만을 고려했다. 그리고 이런 경우에도 선거조작 문제는 발생할 수 있다는 걸 알아냈다.

1969년에 케네스 애로, 아마르티아 센, 철학자 존 롤스^{John Rawls}는 하버드대학 경제학부 및 철학부와 함께 '조직 내 의사결정'이란 세미나 과정을 진행한다고 발표했다. MIT와 하버드대학의 저명한 경제학자와 철학자가 매주 참석하는 대단히 거창한 학술행사였다. 첫 세미나에는 2명의 대학원생들도 참석했고, 그중 한 명이 기버드였다. 애로는 대학원생들도 세미나 과정에서 논문을 발표해야 한다고 선언했고, 그러자 기버드와 함께 참석했던 대학원생(사실 나와 아는 사이다)은 곧장 세미나 등록사무실로 달려가 등록을 취소했다. 반면 기버드는 머물렀고 자신의 차례가 되자 박사논문인 선거조작에 대해 발표했다. 세미나를 청강하던 대학원생들을 비롯해 모든 참석자들은 기버드의 발표내용에 깊은 인상을 받았고 이로써 학자로서 입지를 다지

게 된다. 4년 후인 1973년에 기버드는 경제학 분야의 저명한 학술지인 「이코노메트리카」를 통해 기념비적인 논문 「선거조작: 종합적 고찰 Manipulation of Voting Schemes: A General Result」을 발표했다. 그 자세한 내용은 잠시 후에 살펴보도록 하자.

한편 기버드는 알지 못했지만 위스콘신대학에서 경제학 박사과정을 밟고 있던 마크 새터스웨이트도 1970년대 초부터 똑같은 주제로 박사학위 논문을 준비 중이었다. 새터스웨이트는 기버드의 논문에 대해 전혀 알지 못했다. 그도 그럴 것이 기버드의 논문은 새터스웨이트의 논문이 막 위스콘신대학의 교직원 심사를 통과하던 때인 1973년에 발표됐기 때문이다. 그리고 새터스웨이트가 수정한 논문을 「경제이론 저널」에 발표했을 때는 이미 1975년이었다. 실제로 새터스웨이트가 처음 기버드의 연구에 대해 알게 된 것도 새터스웨이트가 제출한 논문을 심사하던 「경제이론 저널」의 심사위원이 그 사실을 일러주면서였다. 아무튼 이 이론은 오늘날 기버드 - 새터스웨이트의 정리로 알려져 있다. 그럴 수밖에 없는 것이, 기버드와 새터스웨이트 모두 이 증명을 같은 시기에 고민했고 연구했기 때문이다. 차이가 있다면 둘의 증명방식이 달랐다는 것이다. 기버드는 유권자들이 정직하게 투표하지 않는 것을 선거조작이라고 칭한 반면 새터스웨이트는 전략적 투표라고 표현했다.

그렇다면 기버드 - 새터스웨이트 정리에 담긴 안타까운 내용은 무엇일까? 기버드와 새터스웨이트는 적어도 3명 이상의 후보 중에서 당선자를 도출해내기 위한 어떤 민주적 의사결정 절차든 선거조작으로부터 자유롭지 않다는 걸 증명했다. 유권자는 자신의 진정한 선호도에 따라 투표하지 않고, 실제로는 지지하지 않는 후보를 지지하는 것처럼 가장함으로써 선거결과에 영향을 끼칠 수 있었다. 다수결, 절대 과반수, 보르다 투표법, 승자진출방식을 비롯해 어떤 선거방식이 활용되든 간에 기버드-새터스웨이트 정리에 의하면, 본심과는 다르게 투표하는 유권자는 만약 모든 유권자들이 진정한 자신들의 선호도에 맞게 투표를 했더라면 당선될 가능성이 아예 없던 후보에게 오히려 도움이 될 수 있었다(물론 선거조작을 하려면 수많은 유권자 연합이 필요하다. 하지만 만약 결과가 팽팽하다면, 단 한 표의 거짓투표로도 승패가 갈릴 수 있다). 한마디로 민주적이면서 동시에 전략적 투표를 방지할 수 있는 선거방식은 존재하지 않았다!

조작에 영향을 받지 않는 딱 한 가지 선거방식이 있긴 하다. 예상했겠지만 바로 독재다. 분명한 건 전체주의에서는 유권자들이 정직하게 투표하든, 그렇지 않든 상관없었다. 왜냐하면 독재자는 어떤 식으로든 자신의 의지를 관철할 것이기 때문이다. 나아가 독재자는 선거조작을 할 필요도 없었다. 그도 그럴 것이, 독재자의 선호도는 자동적으로 법이 됐기 때문이다.

자, 이번에는 다른 질문을 해보자. 유권자가 자신의 진정한 선호도를 숨기는 것, 이를 통해 정직한 선거결과를 허위로 조작하는 게 과연 비윤리적인 행동일까? 사회에서 살아가려면 절충과 타협이 필요하다. 타협과 절충은 사실 일상생활에서 늘 일어나는 일이다. 어떤 직업을 가질 것인가? 어떤 집을 구매할 것인가? 휴가는 어디로 갈 것인가? 부부 간에 서로 양보하고 타협하지 않는다면 지금보다 훨씬 많은 부부들이 이혼했을 것이다. 여기 한 가정이 있다. 이 가정은 권투경기나 발레를 보러가지도 못할 수도, 소풍이나 좋은 레스토랑에 가지 못할 수도 있다. 대신 절충해서 영화를 보고 동네 허름한 식당에서 끼니를 때우는 걸로 만족할 수도 있다.

그렇다면 굳이 선거에서만 타협하고 절충해선 안 되는 이유가 뭐란 말인가? 사실 선거에서 가장 좋아하는 후보 대신에 그다음으로 좋아하는 후보에게 투표하는 행위도 일종의 절충과 타협이라고 할 수 있다. 그렇긴 해도, 위원회에서 자신이 지지하는 대안이나 후보를 밀기 위해 절차를 조작하거나 부정직하게 투표를 하는 건 여전히 부도덕한 행위다. 예를 들어보자. 11명의 위원들로 구성된 위원회가 양자대결방식으로 신임 사회담당 이사를 선출하려 한다. 당신과 당신의 측근까지 총 5명은 브루스보다 앨리스를 더 선호한다. 또 다른 5명의 위원들은 앨리스보다 브루스를 더 선호한다. 반면 도퍼스를 지지하는 위원은 도퍼스 부인뿐이다. 이제 당신은 2가지 계책을 꾸민다. 일단 브루스가 먼저 도퍼스와 양자대결을 펼쳐야 한다고 제안한다. 그리고 투표용지를 채워야 할 때가 되자 당신과 측근들은 자신들의 진정한 선호도를 숨기고 도퍼스에게 표를 던진다. 그 결과 도퍼스 부인의 1표와 당신 측의 5표를 더해 6 대 5로 도퍼스가 1차 양자대결에서 승리한다. 따라서 앨리스와 도퍼스가 맞붙는 2차 양자대결에서 앨리스는 식은 죽 먹기로 승리를 거두게 된다. 사실 이건 타협이나 절충이라고 볼 수 없다. 오히려 의사결정 절차에 대한 명백한 조작행위다.

기버드와 새터스웨이트는 유권자가 자신의 진정한 선호도에 따라 투표하지 않는 행위에 대해 딱히 꼬리표를 붙이지 않았다. 다만 기버드가 사용한 '조작'이란 단어에는 부정적 의미가 담겨 있는 반면, 새터스웨이트가 사용한 '전략'이라는 단어는 이 행위를 대충 얼버무리는 느낌이 있다. 늘 그렇지만 이 행위가 옳고 그른지는 결국 전후 사정에 따라 달라지는 것이다.

애로가 제일 먼저 지적했고 다음으로 기버드와 새터스웨이트가 지적한 것처럼 민주적 선거절차에 대한 시각은 진정으로 비관적이었고, 불행히도 이번 장에는 행복한 결말 같은 건 존재하지 않는다. 설상가상으로 여기에 더 나쁜 소식도 있다. 다음 장에서 우리는 의석배정방식의 문제를 다시 다룰 것이다. 그리고 과연 의석배정방식에 희망이 존재하는지 살펴볼 것이다.

케네스 조지프 애로

애로는 1921년에 뉴욕에서 태어나 어린 시절과 학창 시절을 뉴욕에서 보냈다. 애로의 가족은 꽤 안락하게 살았지만 대공황이 닥치면서 모든 재산을 잃고, 이후 10년 동안 궁핍한 삶을 살게 된다. 애로는 퀸스에 위치한 타운센드해리스고등학교 입학시험을 통과했다. 타운센드해리스고등학교는 뛰어난 학업성적으로 유명했다. 애로는 1933년부터 1936년까지 이 학교를 다녔다. 교사 중 일부는 박사학위 소지자였고 미래에 대학교수가 되길 원할 정도로 수준이 높았다. 따라서 이 학교가 자그마치 3명의 노벨상 수상자들 — 케네스 애로, 그의 동급생이었던 줄리언 슈윙거Julian Schwinger(1965년 노벨물리학상), 허버트 하우프트먼Herbert Hauptman(1933년 졸업, 1985년 노벨화학상) — 을 배출했다는 사실도 어떤 면에서는 아주 놀랄 만한 일이 아니다. 애로가 대학에 진학할 때가 됐지만 막상 부모는 학비를 감당할 수가 없었다. 다행히도 애로는 등록금을 면제받아서 뉴욕시티칼리지에서 대학교육을 받을 수 있었고, 평생 이 기회에 대해 감사했다. 실제로 애로는 30년이 지난 후에 노벨재단에 제출한 자서전에서 뉴욕시티칼리지에 대해 '매우 뛰어난 무상교육기관'이라고 언급했다. 애로는 뉴욕시티칼리지에서 수학을 전공했고, 부전공으로 역사, 경제학, 교육학을 공부했다. 그의 목표는 수학교사가 되는 것이었다. 졸업할 때 가장 우수한 성적으로 골드펠 메달까지 받았지만, 막상 뉴욕에 위치한 학교에는 수학교사 자리가 없었다.

그는 콜롬비아대학에 진학해서 수학 공부를 계속했다. 애로는 1941년에 석사학위를 받았지만, 이후 무엇을 할지에 대해선 마음을 정하지 못했다.

다행히 애로에게 엄청난 행운이 다가온다. 그는 콜롬비아대학 시절에 미국 경제부처에서 일하던 해럴드 호텔링Harold Hotelling이란 수리경제학자와 함께 수업을 들은 적이 있었다. 애로의 입장에서 호텔링을 만난 건 행운이었다. 그도 그럴 것이 그 후로 애로는 수리경제학이 자신이 평생 몸 바쳐 연구할 분야라고 결심했기 때문이다. 애로는 경제부처에서 연구원으로 일했다. 하지만 제2차 세계대전이 발발하면서 연구원 생활은 끝이 났다. 애로는 1942년에 기상 장교로 미국 공군에 입대했고, 장기 기상예측그룹에서 대위까지 승진하게 된다. 어느 날, 애로와 동료들은 그동안 교육했던 내용들을 통계학적 측면에서 검증하기로 했다. 그들은 기상예측그룹이 목표 — 한 달 전에 비가 내릴 일수를 사전예측하는 것이었다 —를 달성했는지를 검토했지만 결론은 '아니다'였다. 그들은 공군 장성에게 서신을 보내 장기 기상예측그룹의 해체를 권유했다. 답신은 반년 후에 당도했다.

"장군은 귀관들의 기상예측이 아무 소용없다는 걸 이미 알고 있다. 하지만 기상예측은 계획수립 때문에라도 여전히 필요하다."

따라서 기상예측그룹은 제비뽑기를 하는 것과 정확성이 비슷한 기법을 사용해서 갠 날과 궂은 날을 예측하는 활동을 계속해야 했다. 애로는 1946년에 공군에서 예편했다. 애로의 저서 중 하나는 군복무 중에 만들어졌다. 그의 첫 과학논문 「항공계획을 위한 최적의 바람 활용방법On the Optimal Use of Winds for Flight Planning」이 1949년에 「기상학 저널」을 통해 발표된 것이다.

제2차 세계대전이 끝나자, 애로는 콜롬비아대학에서 대학원 과정을 이어갔다. 대공황 시절에 가족들이 겪어야만 했던 고난을 기억하면서 탄탄하고 실용적인 직업을 물색했다. 한동안 애로는 생명보험 계리사가 될 생각을 했고 실제로 일련의 계리사 시험을 통과하기도 했다. 애로가 열심히 보험 계리사 일자리를 찾고 있을 때 연장자인 동료 학생이 애로를 설득했고, 결국 애로는 마음을 바꿔 연구원의 길을 가기로 결정했다. 1947년에 애로는 시카고대학의 콜스경제연구재단^{Cowles} Foundation에 합류했다. 애로의 말을 빌리자면, 애로는 그곳에서 '뛰어난 지적 분위기를 느꼈고, 열정적인 젊은 계량경제학자들과 수리경제학자들'을 만났다. 그가 젊은 대학원생이자 미래의 배우자가 될 셀마 슈바이처를 만난 것도 콜스재단에서 근무하면서였다. 셀마는 사회과학 분야에서 정량적 연구를 수행하는 여성을 위한 콜스재단의 장학제도 수혜자였는데, 원래 이 장학제도는 '성공회 여성신도'에게 우선순위를 부여하려했지만 나중에는 종교적 우대조항이 없어졌고 그 덕분에 애로처럼 유태인이었던 셀마가 장학생으로 뽑힐 수 있었다.

애로는 박사학위를 획득한 후 1949년에 스탠포드대학 경제통계학과에 채용됐다. 이후 차근차근 계단을 밟아 올라가면서 결국 경제학 및 운용분석 교수가 됐다. 애로는 11년 동안 하버드대학에 몸담았고, 캠브리지·옥스퍼드·시에나·비엔나대학에서 방문교수로 활동한 시기를 제외하곤 스탠포드대학에서 1991년 은퇴할 때까지 근무했다. 애로는 수많은 상을 받았다. 1957년에는 매년 40세 이하의 뛰어난 경제학자에게 수여되는 존 베이츠 클라크 메달^{John Bates Clark Medal}을 받았고, 1972년에는 노벨상도 수상했다. 미국국립과학아카데미와 미국철학회에 선출됐으며, 20개가 넘는 명예학위를 받았다. 심지어 교황청 또한 교황청이 설립한 사회과학 아카데미에 그를 임명함으로써 애로의 업적을 인정했다. 애로는 학자로서 왕성하게 활동하면서 한편으론 미국 경제자문위원회의 일원이자 계량경제학 학회의 회장으로 일했고, 그 밖에 수많은 학술단체에서 활동했다. 애로는 은퇴 후에도 명예교수로서 의욕적인 활동을 계속했다. 예를 들어, 여러 차례 여름방학 동안 예루살렘에 위치한 히브리대학에서 경제이론 고등과정을 주관했다.

1986년에 미국 경영과학 및 운용분석 연구학회는 애로에게 존 폰노이만 이론상을 수여하면서 "애로의 섬광과 같은 정신, 바다처럼 깊은 지식, 폭넓은 관심사, 우아한 글과 언어구사 능력, 그리고 그의 위대한 인간성은 수많은 학생들, 동료학자들, 연구자들에게 영감이 됐다."라고 칭송했다.

앨런 기버드

기버드는 1942년 로드아일랜드주의 프로비던스에서 태어나 웨스트버지니아주에서 자랐고 스와스모어대학에서 수학을 공부해서 학사학위를 받았다. 부전공으로 물리학과 철학을 공부했고, 그런 뒤에는 아프리카로 평화봉사단 활동을 떠났다. 아프리카에서는 2년 동안 가나의 아크라에 위치한 일류 고등학교인 아치모타상급학교에서 수학과 물리학을 가르쳤다. 미국으로 돌아온 뒤에는 대학시절 부전공이었던 철학을 공부했고, 1971년에 하버드대학에서 박사학위를 받았다.

기버드는 처음엔 시카고대학에서, 이후에는 피츠버그대학과 미시간대학에서 철학교수로 근무하면서 도덕적 판단의 본질을 규명하고, 도덕 명제의 의미를 정의하려 했고, 윤리학, 형이상항, 언어철학과 정체성 이론 분야에 크게 기여했다.

철학자들은 지나치게 높은 수준의 담화에 집착하는 경향이 있고, 질문에 대해 답변하기보다는 오히려 질문을 던지는 경향이 있으며, 핵심과 현실에서 필요한 의사결정은 잘 다루려하지 않는다. 기버드도 어느 정도 이런 경향이 있었다. 언뜻 보기에 그의 저서인 『현명한 선택과 적절한 감정^{Wise Choices, Apt Feelings, 1990}』과 『삶의 방식에 대한 고찰^{Thinking How to Live, 2003}』은 실용적인 방법론에 관한 책처럼 보이지만 실제로는 전혀 그렇지 않다. 게다가 「죄와 도덕관념 규범^{Norms for Guilt and Moral Concepts}」, 「선호도와 선호^{Preference and Preferability}」, 「진실과 바른 신념^{Truth and Correct Belief}」과 같은 논문을 보면, 기버드가 선거조작과 같은 현실적인 주제를 다뤘으리라고 예상하긴 힘들다. 하지만 실제로 기버드는 이 주제를 다뤘고 그 과정에서 학부시절에 배웠던 수학은 크게 도움이 됐다.

마크 새터스웨이트

새터스웨이트는 캘리포니아공과대학에서 경제학 학사학위를 받았고, 위스콘신대학에서 석사와 박사과정을 마쳤다. 1973년에 제출한 논문의 제목은 「전략적 투표로부터 안전한 선거절차의 존재 여부^{The} Existence of Strategy-Proof Voting Procedures」였다. 새터스웨이트는 박사학위를 딴 후 노스웨스턴대학 켈로그경영대학원에 채용됐다. 이후 한 학기 동안 캘리포니아공과대학에서 방문교수로 지낸 때를 제외하곤 계속 해서 그곳에서 근무했다. 새터스웨이트는 박사학위를 받기 전부터 부 교수로 임용됐고, 이후 병원 및 의료경영 학과장의 자리까지 올랐다. 그의 관심분야는 여전히 미시경제, 산업조직 경제, 의료경제다.

선택공리

수리 논리학에는 '선택공리[Axiom of choice]'라고 불리는 아주 유명하면서도 논란이 분분한 전제가 존재한다. 선택공리는 애로의 첫 번째 공리와도 연관이 있다. 1904년에 독일 수학자 에른스트 체르멜로[Ernst Zermelo]가 정리한 선택공리는 만약 일련의 원소들이 포함된 임의의 집합들이 존재할 경우, 각각의 집합을 대표하는 원소들은 늘 추려질 수 있다고 말한다. 예를 들어, 만약 무한한 수의 장갑이 존재할 경우라도 "각각의 장갑에서 왼손 장갑만 선택하라."라는 식의 규칙이 존재한다.

하지만 장갑이 아닌 양말의 경우라면 문제가 발생한다. 왜냐하면 양말은 왼발과 오른발을 구별할 수 없기 때문이다. 따라서 양말의 경우에는 선택규칙이 존재하지 않기에 뷔리당의 당나귀처럼 어느 한쪽도 선택하지 상황에 처하게 되는 것이다. 선택공리는 이런 문제에서 빠져나갈 수 있는 방법이다. 즉 선택공리는 선택을 위한 절차나 규칙을 제시하지 않고 그저 각각의 집합에서 원소를 선택하는 게 가능하다고 단정한다.

수학적 증명에서는 종종 증거를 제시하지 않은 채 집합에 속한 구성요소 중에서 하나가 선택될 수 있다는 사실이 당연시되며, 독자들도 이를 무심코 넘어가는 경우가 많다. 한정된 숫자의 집합이라면, 각각의 집합에서 하나의 구성요소를 물리적으로 선택할 수 있다. 하지만 무한한 집합들이 존재할 경우에는 "각각의 학급에서 가장 키가 큰 학생을 선택하라." 또는 "각각의 술집에서 가장 칼로리가 낮은 음료를 선택하라."와 같은 선택규칙이 필요하다. 하지만 "각각의 성냥갑에서 성냥 한 개비를 선택하라."라는 규칙은 이런 선택이 늘 가능하다는 전제를 은연중에 내포하고 있기에 미심쩍은 것도 사실이다. 따라서 선택공리가 필요한 것이다.

애로의 첫 번째 공리를 살펴보면, 의사결정자는 2가지 대안에 직면했을 때, 늘 이 2개 대안을 상호비교할 수 있다. 즉 애로의 공리에서는 양말 한 켤레처럼 두 대안이 똑같은 경우에도 어느 한쪽에 대한 선호가 존재한다. 따라서 애로의 공리와 선택공리 모두 양말과 장갑을 똑같이 취급한다. 하지만 차이점도 있다. 애로의 공리는 어느 한쪽에 대한 선호도도 인정하면서, 동시에 선호도가 똑같은 경우도 인정한다. 2가지 대안에 대해 선호도가 똑같은 경우도 발생할 수 있으니 의사결정자는 둘 중 하나를 선택하지 못해 뷔리당의 당나귀처럼 굶어죽을 필요가 없다.

괴델과 불가능성 정리

애로의 불가능성 정리가 민주주의를 위기로 빠트렸다는 점은 그보다 20년 전에 벌어졌던 유사한 사건을 연상시킨다. 오스트리아 비엔나에 살던 한 젊은 청년이 수학계에 던진 충격은 애로가 사회과학과 정치이론에 불러일으킨 반향과 유사했다. 1931년에 논리학자 쿠르트 괴델은 독일 학술지에 한 편의 논문을 발표했다. 논문 제목은 「수학원리와 관련 체계에 대한 결정 불가능 정리」였다. 괴델은 이 논문에서 수학적 체계에서는 참이지만, 공리 내에서는 증명될 수 없는 명제가 존재한다는 걸 증명했다[괴델의 논문은 앨프리드 노스 화이트헤드(Alfred North Whitehead)와 버트런드 러셀의 기념비적인 저서 『수학원리(Principia Mathematica)』를 인용했다]. 이후 '불완전성 정리'로 알려진 이 정리는 특정한 상황에서는 공리체계는 완전하게 유지되면서 동시에 완전하지 못한 경우도 있다는 걸 입증했고, 수학을 공리체계 내에서 입증하려는 시도가 반드시 옳지는 않다는 걸 보여주었다. 애로가 불가능성 정리로 사회선택이론에 크게 기여했다면, 괴델은 불완전성 정리를 통해 수학에 크게 기여했다. 애로에 의하면, 몇 가지 공리를 충족하면서 동시에 민주적 절차의 요건을 만족시키는 사회선택 도출 메커니즘은 존재하지 않았다(베르너 하이젠베르크도 그보다 4년 전인 1927년에 불확실성 원리로 물리학에서 똑같은 파장을 불러일으켰다고 말할 수도 있겠다).

이 저명한 논리학자에 대한 유명한 일화가 있다. 이 일화는 우리가 이번 장에서 논의했던 내용과 어느 정도 연관이 있다. 괴델은 제2차 세계대전 때 오스트리아를 떠나 프린스턴고등학문연구소에 몸담게 됐다. 1948년에 괴델은 더 이상 조국으로 돌아가지 않겠다고 결심했고 미국 시민권을 신청했다. 그의 동료학자이자 미국에 귀화한 알베르트 아인슈타인과 오스카어 모르겐슈테른은 세상 물정에 어두운 괴델을 데리고 시민권 면접을 위해 이민국 사무소로 향했다. 아인슈타인과 모르겐슈테른은 이민국으로 향하면서 괴델에게 면접에서 물어볼 미국헌법에 대해 조언을 해줬다. 괴델은 전날 밤에 헌법을 살펴봤고, 미국헌법에 맹점이 있다면서 독재자가 등장할 가능성을 열어뒀다고 말했다.

아인슈타인과 모르겐슈테른은 면접에서 그렇게 말한다면 이민국 담당자가 그다지 좋아하지 않을 거라는 생각에 괴델에게 절대로 면접에서 그런 말을 해선 안 된다고 조언했다. 다행히도 괴델은 동료학자들의 조언을 받아들였고, 미국 시민권을 받았다. 괴델은 미국헌법이 문제가 아니라고 생각했다. 오히려 괴델은 미국인들이 너무나 소중하게 여기는 1인 1표의 민주적 다수결 절차가 선거의 역설적 순환을 야기할 수 있고, 결국 예상치 못한 독재자가 당선될지도 모른다고 생각했던 게 아닐까?

Chapter 12

끝나지 않은
의석할당방식 논란

– 이상적인 의석배정방식은 존재하지 않는다

이제 다시 골치 아픈 의석배정방식으로 돌아가 보자. 합리적인 전제를 충족하는 — 예를 들어, 역설적 순환을 발생시키지 않는 — 선거방식은 강제성을 띄거나 독재뿐이라는 사실을 케네스 애로가 증명했다는 건 이전 장에서 이미 살펴봤다. 나아가 앨런 기버드와 마크 새터스웨이트는 모든 민주적 선거절차가 선거조작에 취약하다는 사실을 증명했다. 불행히도 독자들은 이번 장에서도 암울한 소식을 접하게 될 것이다. 의석수를 공정하게 배정하는 방식 또한 수학적으로 불가능하다는 사실을 전하려 하기 때문이다.

1912년에 하원의석수가 435석으로 고정되면서 앨라배마 역설이 발생할 위험은 사라졌다. 나아가 1959년에 알래스카와 하와이의 연방가입 이후로 더 이상 새롭게 가입할 주도 없었으므로 새로운 주의 역설이 불거질 일도 없을 것이다. 그러나 인구는 계속 늘고 있었다. 즉 인구 역설의 문제는 여전히 존재했다. 따라서 당연히 소수점 아래 의석수를 올림하거나 버림할 경우에 발생하는 불공정도 사라지지 않았다.

의회는 의석배정 문제를 해결하기 위해 최대한 노력했지만 문제는 사라지지 않았다. 1950년 인구조사에 의하면, 웹스터–윌콕스방식(W–W방식 또는 코넬방식)이 활용될 경우 캔자스주는 1석을 캘리포니아주에게 빼앗겨야 했다. 1960년의 경우에는 노스다코타주가 2개 의석 중 1개를 매사추세츠주에 빼앗겨야만 했고, 10년 후인 1970년에는 켄터키주와 콜로라도주가 1석씩을 추가로 얻는 대신에 사우스다코타주와 몬태나주는 1석씩을 잃어야 한다. 이따금씩 의석배정방식에 대한 문제제기도 있었다. 실제로 1980년 인구조사 후에 W–W방식에 의해 열한 번째 의석을 추가로 획득할 수 있는 인디애나주는 한바탕 야단법석을 떨었다. 미국 하원 또한 의석배정방식을 바꾸는 것을 고려 — 이럴 경우 뉴멕시코주가 손해를 봐야 했다 — 했지만 결국 무산됐다.

그러다가 1990년 인구조사 후에 의석배정방식을 둘러싼 불만이 끝내 폭발하고 만다. 이번에는 헌팅턴–힐방식(H–H방식 또는 하버드방식)이 문제였다. H–H방식을 활용할 경우 몬태나주가 2개 의석 중 1개 의석을 손해 봐야만 했던 것이다. 당연히 몬태나주는 이를 받아들이지 않았고, 대신 미국 정부, 특히 의석배정방식을 관리하는 미국상무부를 고소했다. 불행인 점은 H–H방식이 아닌 W–W방식을 활용한다고 할지라도 몬태나주는 여전히 의석 1개를 잃게 된다는 점이다. 따라서 몬태나주는 두 번째 의석의 당위성을 주장하기 위해 의석배정방식을 깊게 파헤쳐야만 했다. 몬태나주를 변호하는 변호사들은 다행히도 한 가지 방법을 찾아냈다. 바로 딘방식(제10장 참조)이었다. 딘방식은 그때까지 단 한 번도 활용되거나 심각하게 고려된 적이 없었지만, 몬태나주에게는 유리했다. 딘방식을 활용할 경우, 몬태나주는 추가로 1개 의석을 더 얻을 수 있었다(물론 그로 인해 워싱턴주의 의석수는 9석에서 8석으로 줄어들어야만 했다).

법률가들은 딘방식을 토대로 변호를 준비했고, 1991년에 몬태나주 지방법원에서 재판이 시작됐다. 놀랍게도 몬태나주가 재판에서 승리했다. 3명의 판사 중 동의하지 않은 한 명을 제외한 2명의 판사들이 H-H방식이 주장하는 동일비율방식이 주민수에 비례하는 의석수라는 헌법조항에 위배된다고 판결한 것이다. 하지만 이번에는 연방정부가 판결에 불복했고 대법원에 항소했다. 그리고 워싱턴 DC의 대법관들은 만장일치로 몬태나주 지방법원의 판결을 뒤집었다. 대법관 존 폴 스티븐스^{John Paul Stevens}는 다음과 같이 판결문의 말미를 장식했다.

> 동일비율방식을 채택하기로 한 의회의 결정은 헌법이 요구하는 내용에 대해 수십 년의 경험, 실험, 논쟁을 거쳐 내려진 것이다. 학계 또한 매번 인구조사 후에 동일한 의석배정방식을 활용해야 한다는 주장이며, 여러 방식 중에서도 동일비율방식을 지지한다. 반세기 동안 동일비율방식은 주와 국가 차원에서 수용돼왔다. 따라서 대법원은 이런 역사적 사실을 토대로 1941년에 법으로 제정된 동일비율방식을 1990년 이후의 인구조사 결과에 따른 의석배정방식에 하원이 활용할 수 있는 충분한 근거가 있다고 판결한다.

의석을 빼앗길 위기에 처했던 워싱턴주는 가슴을 쓸어내렸고, 이렇게 H-H방식은 다시 한 번 정당성을 입증받았다.

2000년 인구조사 이후에는 놀라운 상황이 펼쳐졌다. 아무도 의석배정방식에 대해 불평하지 않은 것이다. 그렇다면 모든 주들이 H-H

방식의 장점을 갑자기 깨닫기라도 한 걸까? 당연히 그럴 리는 없다. W-W방식을 활용했을 때 50개 주 모두의 의석수가 H-H방식과 동일했기 때문에 반발이 없었을 뿐이다. 따라서 어느 누구도 불평을 할 수 없었고 의석배정방식 때문에 의석을 잃었다고 주장할 근거가 없었다.

다양한 의석배정방식을 둘러싼 논란은 잠시 소강상태에 돌입하긴 했지만 완전히 가라앉은 것은 아니다. 대부분 의원들은 H-H방식을 암묵적으로 수용하긴 했지만 의석배정방식에 이론적 근거가 부족하다는 점에서 여전히 논란의 여지가 있었다. 법의 판결이나 정치적 편의성에 의존하기보다는 이론적 측면에서 더 우월한 의석배정방식이 있다면 더 좋지 않겠는가? 결국 의석배정방식의 이론적 맹점을 채워줄 수 있는 건 학계였기에, 또 다시 공은 학계로 넘어갔고, 그 공을 받은 사람은 다름 아닌 수학자 미첼 L. 밸린스키와 H. 페이튼 영이었다.

뉴욕시립대의 수학교수 밸린스키는 대학원 부교수를 채용하기 위해 영에게 면접을 보러오라고 초대했다. 밸린스키와 영은 처음부터 죽이 잘 맞았다. 영이 면접을 위해 밸린스키의 집으로 찾아갔을 때, 밸린스키는 막 프랑스 TV와 인터뷰를 마친 참이었다. 영은 그 모습을 보며 밸린스키가 수학을 활용해 정책에 영향을 끼친다는 점에 깊은 인상을 받았다. 영은 뉴욕시립대 대학원에 신임 부교수로 합류했고 밸린스키와 공동연구를 하기로 결심했다. 둘 다 수학으로 박사학위를 땄지만 교습, 강의, 컨설팅 업무는 여러 분야를 망라했다. 이런 폭넓은 경험은 그들이 막 착수하게 될 연구에 큰 도움이 되었다.

밸린스키의 전문분야 중 하나는 운용분석의 한 분야인 정수계획법integer programming이었다. 운용분석은 제2차 세계대전 이전부터 시작되어 제2차 세계대전을 거치면서 본격적으로 발전한 학문으로서, 원래는 수송과 물품보관, 일정관리, 최적화를 매우 중시하는 군대에서 최초로 연구됐다. 하지만 얼마 지나지 않아 공학, 경제학, 경영학 같은 분야에서 중대성을 인정받았다. 거의 같은 시기에 고안된 게임이론이 이론적 내용이 주를 이룬 반면, 운용분석은 즉각 실생활에서의 문제해결에 활용됐다. 자원이 제한된 상태에서 뭔가를 최대화하거나 최소화할 필요가 있을 경우, 운용분석은 그에 필요한 수단을 제공했다.

사실 최적화 문제는 일상에서 늘 일어난다. 예를 들어, 기업, 가정, 학교, 공학, 교통 분야는 늘 뭔가를 최대화해야 하는 분야다. 매출과 이익, 학업성적, 강도와 속도, 만족감 등 일상에서 최대화가 필요한 부분은 많다. 반면 최소화가 필요한 변수도 있다. 지출, 노력, 도보 거리 등이 그 예다. 운용분석에서 활용되는 기법 중 하나가 선형계획법^{linear} ^{programming}이다. 제약 내에서 뭔가를 최적화해야 할 경우, 예를 들어 한정된 예산으로 최대의 투자수익을 거둬야 할 경우 선형계획법이 활용된다.

선형계획법을 적용하는 문제의 해답은, 예를 들어 최대강도를 지닌 합금을 만드는 데 필요한 서로 다른 혼합물의 양처럼 실수로 구성된다. 하지만 불행히도 변수는 정수여야만 한다는 조건이 붙는데, 이 때문에 많은 복잡한 문제들이 발생한다. 어렵기로 유명한 디오판토스의 방정식을 예로 들어보자. 디오판토스는 오로지 정수로 된 해답만을 허용한다. 만약 실수를 변수로 허용한다면 $x^3+y^3=z^3$라는 방정식에는 수많은 해답이 존재한다. 하지만 x, y, z가 0이 아닌 정수여야만 한다면 피에르 페르마$^{Pierre\ de\ Fermat}$가 시도했고 앤드류 와일즈$^{Andrew\ Wiles}$가 간신히 증명한 것처럼 이 방정식을 풀기란 불가능하다.

의사결정 변수가 정수일 경우에도 비슷한 문제가 발생한다. 예를 들어, 항공사가 얼마나 많은 비행기를 구매하고 얼마나 많은 구간을 비행하며 얼마나 많은 승무원을 항공일정에 포함시킬지를 고민한다고 가정해보자. 이럴 경우 해답은 정수여야만 한다. 17.6대의 비행기를 구매하고, 멤피스-댈러스 구간을 하루 2.4회 운항하고 0.8명의 승무원을 대기시킬 수는 없는 노릇 아닌가? 이처럼 선형계획법 문제에서 해답을 찾기란 어렵지 않고 실제로 조지 단치히^{George Dantzig}는 1947년에 심플렉스 알고리즘을 통해 선형계획법 문제를 쉽게 해결하는 방법을 찾아냈다. 하지만 해답이 정수여야만 할 경우에는 선형계획법 문제를 풀기란 훨씬 어렵고 복잡해진다. 그렇다고 해서 오로지 정수로 된 해답만 요구하는 선형계획법 문제를 푸는 기법이 아예 없는 건 아니다. 정수계획법이라는 방식이 있다. 밸린스키는 정수계획법 분야에서 세계적인 전문가였다. 밸린스키의 전문성은 다양하고 폭넓은 시각과 결합되어 의석배정방식을 연구하는 데 큰 도움이 됐다.

영과 처음 만났을 때 밸린스키는 매우 힘든 상황이었다. 정수계획법에 대한 교재를 쓰고 있었는데 사무실에 불이 나서 책과 연구노트가 깡그리 불타버렸기 때문이었다. 자신의 노력이 물거품이 돼버리자 밸린스키는 상심했다. 이미 한번 끝낸 일을 새롭게 처음부터 다시 반복해야 한다는 건 극심한 스트레스였다. 그래서 밸린스키는 다른 일로 시선을 돌리려 했다.

뉴욕시립대 대학원의 수학과 학과장이 200명의 신입 학부생들에게 한 학기 동안 수학을 가르칠 교수를 모집한다고 하자, 밸린스키는 기꺼이 나서서 그 일을 맡기로 했다. 새로 개설될 과정은 대학원의 입장에서는 학부생들을 상대로 한 일종의 실험이었다. 신입 학부생들은 과학이나 수학 전공자들이 아니었으니 어쩌면 대학 시절에 유일하게 들는 수학 과목은 이 수업이 유일할 수도 있었다. 따라서 새롭게 개설된 과정은 신입 학부생들에게 수학의 중요성을 맛보게 하는 정도의 목적만 가지고 있었다. 어떤 교수도 이런 일을 맡으려 하지 않았지만 저술 중이던 정수계획법 교재를 통째로 날려버려 속이 상해 있던 밸린스키에게는 이 과정이 잠시 관심을 다른 곳으로 돌릴 수 있는 계기였다.

새로 개설된 과정은 학생들에게 자세한 수학기법을 익혀야 하는 부담을 주지 않으면서 수학의 실용성을 깨닫게 할 수 있는 기회였다. 그러려면 밸린스키는 학생들이 실생활에서 중대하다고 느낄 만한 수학문제를 고안해내야 했다. 한동안 고민하던 밸린스키에게 딱 맞는 주제가 떠올랐다. 바로 의석배정방식이었다. 의석배정방식은 2가지 측면에서 이상적인 주제였다. 첫째, 의석배정방식은 헌법과 연관이 있기에 학생들이 이 문제의 중대성을 즉각 인식할 수 있었다. 둘째, 오랜시간이 흐른 후에 밸린스키는 "거의 모든 학생들은 의석배정방식에 대해 자신만의 해결책이 있었다."라고 회상했다.

"물론 종종 학생들이 내놓은 해결책은 적절하지 못했고 그에 따라 논쟁과 반박이 벌어졌는데 이 또한 대학교 수업에서는 바람직한 현상이었다."

밸린스키는 수업준비에 착수했다. 의석배정방식에 대한 과거 이론을 살펴보고 나자 당시에도 여전히 활용되던 H-H방식은 국립과학아카데미의 인정에도 불구하고 여전히 문제가 있다는 걸 분명히 알 수 있었다. 밸린스키는 수학자답게 공리체계에 입각한 접근만이 가장 공평한 의석배정방식을 도출해낼 수 있다고 결론지었다. 그런 후 페이튼 영에게 이 주제를 함께 연구해보자고 제안했다.

밸린스키와 영의 공동연구는 각계의 찬사를 받은 「공정대표제:

1인 1표의 이상적 구현^{Fair Representation: Meeting the Ideal of One Man, One Vote}」이
라는 논문으로 결실을 맺었다. 1982년에 예일대학교 출판사가 발간
한 이 논문은 미국 건국의 아버지들이 독립선언문에 서명한 후 처음
으로 의석배정방식을 과학적으로 자세하게 다룬 책이다(국립과학아카
데미의 보고서 2편이 먼저 발표되긴 했지만 자세한 과학적 분석이라고는 볼 수 없
다). 주목할 점은 이 논문이 페이지 번호까지 똑같은 형태로 2001년
에 재출간됐다는 것이다. 과학논문이 출간된 지 20년이 지난 후에 오
자 수정을 제외한 동일한 형태로 재출간되는 건 매우 드문 경우다. 또
한 미국대법원 판결에서 여러 쪽에 걸쳐 인용된 수학논문도 아마 이
논문이 유일할 것이다.

두 저자는 논문의 저작의도가 공공정책에 수학적 논리를 적용하
는 데 있다면서 그 적용방식이 "수학에서 특정한 일반원칙의 논리적
결론을 도출하기 위해 사용되는 공리적 접근방식과 유사하다."라고
밝혔다. 이 논문은 언뜻 보기에는 쉬워 보였다. 역사적 일화와 숫자로
된 예시가 많기 때문이다. 하지만 이런 단순함 밑에 중대한 메시지가
숨어 있었다. 두 저자의 논리를 따라가려면 단순한 기하학 지식만으
로 충분하지만, 여전히 이 논문이 다루는 문제는 매우 어렵고 그 주
장 또한 매우 고차원적이다. 하지만 만약 이 논문에서 어떤 의석배정
방식이 최상인지에 대한 대답을 기대한다면 그건 오산이다. 그런 방
식은 애당초 존재하지 않기 때문이다.

케네스 애로가 사회선택이론에서 그랬던 것처럼, 밸린스키와 영도
최상의 의석배정방식을 찾기 전에 먼저 충족시켜야 할 전제조건을 명
시했다. 첫 번째 조건은 비례의 원칙이었다. 즉 인구수가 3배 많은 주
는 의석수도 3배 많아야 한다는 것이다. 같은 의미에서, 만약 다른 주

에 비해 인구수가 더 빠르게 증가하는 주라면, 이 또한 의석수의 증가라는 형태로 반영되어야 한다. 비례의 원칙이 위배될 경우, 골치 아픈 인구 역설이 발생했다. 인구 역설은 앨라배마 역설과 새로운 주의 역설이 이미 사라진 상황에서 유일하게 남은 문제이기도 했다.

일부 의석배정방식은 비례의 원칙에 위배됐다. 제9장에서 살펴봤듯, 소수점 아래 숫자의 크기에 따라 의석을 배정하는 해밀턴방식은 역설적 결과를 초래한다. 버지니아주의 인구수가 메인주보다 절대적으로 더 늘어났건만 오히려 버지니아주는 1석을 빼앗기고 메인주는 1석을 추가로 확보하는 상황이 발생했다.

요약하면, 소수점 아래 숫자 — 0부터 1 사이의 숫자 — 는 주의 상대적 크기를 반영하지 못한다. 따라서 추가의석을 소수점 아래 숫자의 크기에 따라 부여하는 건 적절하지 못한 방식이다. 이처럼 어떤 식으로든 소수점 아래 숫자에 의해 의석을 배정하는 방식은 인구 역설이 발생한다. 따라서 해밀턴방식은 제외되어야 했다.

소수점 아래 숫자방식이 부적절하다면 과연 어떤 방식이 적절할까? 일단 결론부터 말하고 설명은 나중에 하겠다. 약수방식이라면 어떤 것이든 괜찮았다. 잠시 약수방식을 다시 살펴보면, 이 방식은 먼저 적정한 숫자 — 약수 — 를 먼저 정하고 이 숫자로 각 주의 인구수를 나눈 다음 소수점 아래 부분을 올림하거나 버림해서 전체 의석수를 배정한다. 만약 전체 의석수가 너무 크거나 작게 산출될 경우에는 약수를 늘리거나 줄여서 사전에 정한 전체 의석수가 산출되도록 이 과정을 반복한다. 이런 식으로 주의 인구수를 약수로 나눠서 산출되는 숫자가 '주별 할당량'state's quota'이다.

제9장에서 살펴봤듯 약수방식에는 여러 가지가 존재한다. 그 방식

표 12-1 이정표

	주별 할당량이 올림되거나 버림되는 지점					
	2개 의석이 되는 경우	3개 의석이 되는 경우	4개 의석이 되는 경우	5개 의석이 되는 경우	6개 의석이 되는 경우	올림/ 버림 방식
애덤스	1,000	2,000	3,000	4,000	5,000	늘 올림
딘	1,333	2,400	3,429	4,444	5,454	조화평균
힐	1,414	2,449	3,464	4,472	5,477	기하평균
웹스터	1,500	2,500	3,500	4,500	5,500	산술평균
제퍼슨	2,000	3,000	4,000	5,000	6,000	늘 버림

들이 다른 점은 올림이나 버림을 어느 지점에서 할 것인가. 그리고 여기에서도 어떤 지점을 선택하든 상관이 없다. 약수방식에는 5가지가 있다. 애덤스방식은 늘 소수점 아래를 올림했다. 제퍼슨방식은 늘 버림했다. 웹스터방식은 중간지점(예를 들어, 1.5나 2.5 등)에서 올림하거나 버림했다. 힐방식은 기하평균(예를 들어, $\sqrt{1\times2}$ = 1.414, $\sqrt{2\times3}$ =2.449 등)에서 올림하거나 버림했다. 마지막으로 딘방식은 두 숫자를 곱한 후 다시 그 평균으로 나누는 조화평균(예를 들어, 1×2/0.5(1+2)=1.333, 2×3/0.5(2+3)=2.4 등)에서 올림하거나 버림했다. 밸린스키와 영은 올림이나 버림이 일어나는 소수점 아래 숫자를 '이정표signpost'라고 불렀다. 모든 약수방식에는 이정표 지점이 존재했다. 주별 할당량이 추가의석을 획득하는 데 필요한 다음 이정표 지점을 넘어설 경우, 주별 할당량은 자동적으로 올림되어 추가로 의석을 배정받았다.

IO, HJ, MU, NK의 4개 주의 의석배정 경우를 가상해보자. 4개 주의 인구수를 약수 5만으로 나눌 경우에, 각각의 약수방식에 따라 올림 또는 버림하면 다음과 같이 의석수가 배정된다.

표 12−2 올림/버림 방식

가상의 주	인구수	주별 할당량	애덤스	딘	힐	웹스터	제퍼슨
IO	361,250	7,225	8	7	7	7	7
HJ	222,750	4,455	5	5	4	4	4
MU	324,100	6,482	7	7	7	6	6
NK	836,250	16,725	17	17	17	17	16

그렇다면 약수방식에서는 왜 인구 역설이 일어나지 않는 걸까? 예를 들어, 여기에 인구수가 증가하는 주가 있다고 가정해보자. 인구수가 증가하면서 이 주는 이정표를 넘어섰고, 덕분에 의석을 추가로 1개 더 획득했다. 반면 또 다른 주는 인구가 더 빨리 증가한다. 당연히 추가의석 확보에 근접하고 있지만 인구수가 추가의석 확보에 필요한 이정표 지점을 넘어설 만큼 빠르게 늘어나진 않아서 추가의석을 확보하지는 못했다. 그렇다고 해서 인구수가 늘어났기에 의석을 잃는 데 필요한 이전 이정표 지점 밑으로 내려가는 경우가 발생하지는 않는다. 이 부분이 소수점 아래 방식과는 아주 극명한 차이점이다. 왜냐하면 소수점 아래 방식은 소수점 아래 숫자의 크기에 따라 추가의석을 확보할 수도, 오히려 의석을 잃을 수도 있었다. 반면 약수방식에서는 인구증가속도가 느린 주가 추가의석을 확보할 경우에 이보다 인구증가속도가 더 빠른 주가 의석을 잃는 상황은 절대 발생하지 않았다. 결론적으로 약수방식에서는 인구 역설이 존재하지 않았다.

두 수학자 밸린스키와 영은 이 논거를 들어 약수방식에서는 어떤 경우에도 인구 역설이 발생하지 않는다는 점을 입증했다. 이보다 더 놀라운 사실은 약수방식 — 모든 방식을 다 포함한다 — 에서는 앨라배마 역설이나 새로운 주의 역설 또한 일어나지 않는다는 점이다. 이 또한 이정표 지점을 근거로 증명될 수 있다. 결국 밸린스키와 영은 인구 역설을 피할 수 있는 방법을 찾는 과정에서 덤으로 2가지 다른 역설까지 피할 수 있는 방식을 찾아낸 것이다.

하지만 둘은 약수방식이 여러 역설을 회피할 수 있다는 점 이외에 또 다른 사실도 찾아냈다. 약수방식이 인구 역설을 피할 수 있는 '유일한' 방식이라는 점을 증명해낸 것이다. 약수방식을 제외한 어떤 의석배정방식에서도 하나같이 인구 역설이 발생했다. 그 증명을 여기에서 설명하지는 않겠다. 저자들이 그 증명을 별첨으로 다루면서 언급한 것처럼 그저 "이 부분은 수학의 영역이다."라고 정리하는 것으로 충분할 듯하다.

약수방식이 고려할 만한 유일한 의석배정방식이라는 결론이 도출되자, 그다음에 다뤄야 할 질문은 애덤스·딘·힐·웹스터·제퍼슨방식 간의 차이가 무엇인가였다. 인구 역설이 발생하지 않는다는 점에서는 5가지 방식 모두 만족스러웠다. 하지만 역설이 발생하지 않는다고 해서 무조건 최적의 방식은 아니다. 오히려 적절한 의석배정방식이라면 다른 조건들도 충족시켜야 했다. 그리고 적절한 의석배정방식의 다음 조건은 특정 주에 편향되지 않아야 한다는 것이었다.

여기서 '편향'이란 의미는 인구가 많은 주나 적은 주 어느 한쪽에 일관되게 유리해선 안 된다는 뜻이다. 여기서 중요한 건 '일관되게'란 표현이다. 왜냐하면 특정 년도에 의석배정방식이 어느 한쪽에 유리하거나 불리한 상황이 발생하는 건 사실 피할 수 없는 문제였기 때문이다. 제9장에서 살펴봤듯이, 제퍼슨방식은 일관되게 인구가 많은 주에 유리했기에 폐지됐다. 따라서 편향되지 않은 방식이란 "의석배정방식이 인구가 많은 주나 인구가 적은 주에게 유리할 확률이 동일한 경우"를 의미한다고 두 저자는 정의했다. 결국 편향되지 않은 방식은 장기적으로 유리할 때도 있고, 불리할 때도 있어서 평균적으로 유리하지도 불리하지도 않다고 말할 수 있는 방식이어야 했다.

그렇다면 애덤스·딘·힐·웹스터·제퍼슨방식 중에서 어떤 방식이 편향되지 않을까? 밸린스키와 영은 이 질문을 역사적 고찰과 이론적 고찰의 2가지 측면에서 접근했다. 둘은 일단 1790년부터 2000년까지 5가지 방식에 따른 종합적 편향지수를 산출했다. 그 결과 애덤스방식은 편향지수 15로 작은 주들에게 유리했고, 제퍼슨방식은 편향지수 15로 큰 주에게 유리했다. 딘방식과 힐방식은 편향지수 3에서 4 정도로 작은 주에게 유리했다. 반면 역사적 고찰의 측면에서 승자는 웹스터방식이었다. 웹스터방식은 작은 주들에게 유리하긴 했지만 편향지수는 고작 0.5에 불과했다.

사실 이건 놀랄 만한 일은 아니다. 웹스터방식은 1.5, 1.5, 3.5처럼 정확히 중간 지점에서 올림하거나 버림하므로 의석수가 올림되거나 버림될 확률도 딱 절반이기 때문이다. 그리고 시간이 지나면서 편향된 정도는 유리하지도 불리하지도 않은 평균치를 나타내게 된다. 대조적으로 애덤스·딘·힐방식에서는 올림하거나 버림하는 지점(《표 12-2》 참조)이 늘 0.5보다 낮아서 작은 주에게 더 유리하다. 여기에는 몇 가지 이유가 있다. 첫째, 2.4에서 3.0으로 올림되는 것과 32.4에서 33.0으로 올림되는 것은 수치적으로는 0.6이 증가하는 것이지만 증가되는 비율은 다르다. 둘째, 인구가 많은 주일수록 이정표 지점 또한 0.5에 접근하면서 높아지게 된다. 마지막으로 제9장에서 살펴봤듯이, 올림을 할 경우 약수가 증가하는 결과가 초래됐고, 결국 인구가 많은 주일수록 더 불리할 수밖에 없었다. 반면 제퍼슨방식은 무조건 소수점 아래 숫자를 버림하므로 앞에 언급한 이유가 반대로 작용하면서 작은 주에게 불리한 결과가 나왔다.

따라서 약수를 사용하는 모든 방식 중에서 오로지 웹스터방식(후에 코넬대학 교수 월터 F. 윌콕스가 이 방식을 연구하면서 웹스터-윌콕스방식으로 불리게 된다)만이 편향되지 않았다. 이 사실은 경험에 의거한 역사적 측면에서도 증명됐고, 이론적으로도 입증됐다. 밸린스키와 영은 그때까지 아무도 이 사실을 발견하지 못했다는 사실에 놀라움을 감출 수가 없었다. 더욱 놀라운 건 모든 관련기관들이 힐방식(후에 하버드대학 교수 에드워드 V. 헌팅턴이 이 방식을 연구하면서 헌팅턴-힐방식으로 불리게 된다)을 공식적으로 인정했다는 점이었다.

"따라서 1941년에 힐방식이 선정됐고, 반면 웹스터방식이 제외됐다는 건 매우 놀랍다. 결국 그 결정은 학계의 알력, 과학적 오류, 정치적 의도가 결합되면서 기인한 것으로 보인다."

결국 웹스터는 의석배정방식에 대해 올바른 시각을 지니고 있었지만 윌콕스는 이를 증명할 수 있는 수학적 지식이 부족했던 것이다. 물론 윌콕스가 통계학자 겸 사회과학 교수이긴 했지만 수학자였고 실제로 수학자답게 행동한 헌팅턴의 주장에 반박할 만한 수학적 지식을 지니고 있진 못했다고 할 수 있다.

앞에서 국립과학아카데미가 헌팅턴-힐방식을 지지하면서 그 이유로 헌팅턴-힐방식이 중립적이라고 했던 것을 기억하는가? 밸린스키와 영은 이 점에 대해 언급하면서 근거가 부족한 주장이라고 적었다.

"결국 헌팅턴의 주장은 '중립적'이라기보다는 중구난방이고 과학에 기댄 변명에 불과하며 하원이 헌팅턴방식에 표를 던진 이유도 공화당과 민주당의 대립 때문이라고 할 수 있다."

어떤 면에서는 미국 대법원 또한 눈속임을 했다고 할 수 있다. 왜냐하면 미국 대법원은 몬태나주가 미국상무부를 고소한 사건의 판결문에서 밸린스키와 영의 논문을 광범위하게 언급하면서도 막상 그 결론은 쏙 빼놓았기 때문이다.

지금까지 우리는 적절한 의석배정방식은 편향되지 않고, 동시에 여러 역설에서도 자유로워야 한다는 점을 살펴봤다. 웹스터방식은 이 두 조건을 모두 충족했다. 그럼 이제 그만 안심을 해도 되는 게 아닐까? 천만의 말씀. 밸린스키가 내세운 조건에는 한 가지 항목이 더 있었다. 바로 각 주에 공정한 몫의 의석이 정확하게 배정되어야 한다는 조건이었다. 매우 당연한 말처럼 들리지만 여기서 둘이 말한 '공정한 몫'이라는 건 과연 무엇을 말하는 걸까? 일단 주별 '실제 의석수'부터 살펴보자. 실제 의석수는 주의 인구수를 의석 1개당 요구 주민수에 따라 나눠서 산출된, 소수점 아래 자리까지 모두 포함하는 의석수를 뜻한다. 따라서 이 숫자는 의원수가 반드시 정수가 아니어도 된다면, 모든 주들이 합당하게 배정받아야 할 의석수라고 할 수 있다. 따라서 적정범위라고도 불리는 공정한 몫이란 실제 의석수에서 2분의 1이 넘게 반올림되거나 버림되지 않는 의석수*를 의미했다.

[그건 그렇고, 왜 의석수를 소수점 아래 숫자로 배정해선 안 되는 이유가 있을까? 사실 이런 가능성은 국립과학아카데미의 첫 번째 보고서에서도 제기됐던 주장이다(제10장 참조). 게다가 미국헌법에도 이를 금지하는 조항은 없다. 따라서 실제 의석수가 15.368인 주가 워싱턴 DC로 16명의 의원을 보내는 상황을 가정해볼 수

---

* 실제 의석수의 소수점 아래 숫자가 0.5를 기준으로 그 이상이면 올림하고, 그 미만이면 버림해야 한다는 의미이다. 다시 말해, 0.5 이상인데 버림되거나, 0.5 미만인데 올림되는 경우는 없어야 한다는 말이다.

있다. 안건에 대한 의결권과 관련해서는, 파견된 의원 중 15명은 1표씩을 행사하되, 열여섯 번째 의원은 오직 0.368에 해당하는 표를 행사한다. 모든 주들의 의석수를 합하면 정확히 435석이 되기에, 의석배정방식과 관련된 문제는 모두 사라진다. 또한 소수점 아래 숫자에 해당되는 의원의 의회발언 시간은 소수점 의석에 비례하게 책정되며 의원 예산 또한 마찬가지로 배정된다. 따라서 평균적으로 의회는 단지 25명의 추가 의원에 대한 예산과 공간을 확보하면 그만인 것이다.]

언뜻 보기에 공정한 몫을 요구하는 건 너무나 당연하기에 불필요한 조건이라고 생각할 수도 있다. 왜냐하면 올림과 버림에서 2분의 1이 넘게 올림하거나 버림하는 건 상식적으로 어긋나기 때문이다. 하지만 의석배정방식에서는 때로는 상식 밖의 일이 일어나기도 한다. 앞에서 우리는 만약 모든 주의 실제 의석수를 올림하거나 버림한 뒤 모든 주의 의석을 합한 숫자가 사전에 정해둔 전체 의석수에 부족하거나 넘칠 경우, 약수(의석 1개당 요구 주민수)를 늘리거나 줄여서 다시 의석배정 계산을 한다는 걸 살펴봤다. 하지만 모든 주의 의석수를 더한 숫자가 사전에 정해둔 전체 의석수에 정확하게 부합될 경우, 일부 주의 소수점 이하 의석수는 2분의 1이 넘는 규모로 올림되거나 버림되는 경우가 발생한다. 따라서 이런 주들은 당연히 받아야 할 공정한 몫보다 더 많은, 또는 더 적은 의석을 배정받게 되는 것이고, 결론적으로 '적정범위를 벗어나게' 된다 이런 상황이 어떻게 발생하는지는 〈표 12-3〉을 보라.

그렇다면 공정한 몫의 조건을 충족하는 의석배정방식은 무엇이었을까? 이 조건을 확실하게 충족시키는 방식은 해밀턴방식이었다. 해밀턴방식은 실제 의석수에서 소수점 아래를 버린 후에 잔여 의석수를 소수점 아래 숫자가 가장 큰 주부터 우선적으로 배정했다. 이럴 경우, 모든 주들은 적정범위를 벗어나지 않았고, 이 점이 해밀턴방식

표 12-3 공정한 몫

36개 의석이 4개 주에 배정되는 경우

주	인구수	'실제' 의석수*	올림/버림된 후 의석수	나눗수가 46,000일 경우	올림/버림된 후 의석수
AA	70,000	1.58	2	1.52	2
BB	112,000	2.52	3	2.57	3
CC	208,000	4.68	5	4.61	5
DD	1,200,000	27.23	27	26.30	26
합계	1,600,000	36	37		36

* (주 인구수/전체 인구수)×36=주 인구수 / 44,444
* 주민수를 약수 44,444로 나눠서 실제 의석수를 산출한 뒤 모든 주의 의석수를 더하자 전체 의석수는 36개가 아닌 37개가 산출됐다. 따라서 이번에는 더 큰 약수(46,000)로 실제 의석수를 산출했고, 올림/버림하자 모든 주의 의석수를 더한 숫자는 원래 의도했던 36개와 일치하게 된다. 하지만 DD주는 26개 의석을 배정받게 되고, 그 결과 '적정범위에서 벗어나게' 된다(이 경우 올바른 적정범위, 또는 '공정한 몫'은 27석이나 28석이다).

의 장점이라는 건 제9장 말미에서 언급했다. 하지만 우리는 해밀턴방식이 인구 역설에서 자유롭지 못하다는 것도 이미 알고 있다(사실 해밀턴방식에서는 앨라배마 역설과 새로운 주의 역설도 발생한다. 하지만 이 2가지 역설은 이미 해결되었기에 여기에서는 무관하다). 인구 역설은 어떤 경우에도 피해야만 했기에, 밸린스키와 영은 오로지 약수방식만으로 대상을 한정지어 그중 어떤 방식이 공정한 몫의 조건을 충족하는지를 고려해야만 했다. 그렇다면 애덤스·딘·힐·웹스터·제퍼슨방식의 5가지 약수방식 중에서 어떤 방식이 적정범위 조건을 충족할까?

그 답은 짧고 동시에 매우 비관적이다. '그런 방식은 없다' 실제로 적정할당량 조건을 충족하는 약수방식은 단 하나도 없다. 밸린스키와 영은 이 슬픈 사실을 수학적 정리로 입증했다. 만약 4개 이상의 주가 있고, 배정될 전체 의석수가 전체 주의 숫자보다 적어도 3개 이상 많을 경우, "인구 역설의 조건을 충족하면서 동시에 적정범위를 벗어나지 않는 의석배정방식은 존재하지 않는다."

자, 어떤가? 애로가 불가능성 정리를 발표한 지 30년 만에 민주주의는 다시 곤경에 처했다. 우리는 적절한 의석배정방식의 조건으로 단 3가지, 즉 편향되지 않고, 역설이 발생하지 않으며 적정범위를 충족해야 한다는 조건만을 걸었다. 그렇다면 이 3가지 조건이 너무 많았던 것일까? 그랬다. 사소한 편향은 피할 수 없다고 양보한다고 할지라도, 이전까지 고안된 모든 의석배정방식은 하나같이 지극히 당연한, 남은 2개의 조건을 모두 충족하지 못한다는 걸 밸린스키와 영이 증명해낸 것이다. 즉 모든 의석배정방식은 인구 역설이 발생하거나 적정범위 조건을 위배했다(잠깐 다른 이야기를 하자면, 밸린스키와 영의 저술을 살펴보다 보면 과학자들이 종종 자신의 시각을 확확 뒤집을 정도로 열린 생각을 지니고 있다는 흥미로운 사실을 알 수 있다. 밸린스키와 영은 처음에는 적정범위방식을 맹렬하게 지지했다. 그러다가 약수방식으로 마음을 바꿨고, 얼마 뒤에는 적정범위방식에 대한 지지를 완전히 철회하고 웹스터방식을 지지했다).

밸린스키와 영은 자신들이 알아낸 사실에 대해 애써 절제된 표현을 써가며 그저 '충격적인 발견'이라고 적었다. 충격적이긴 했다. 하지만 막상 그 원인을 파고들다 보면, 충격은 사라지고 오히려 당연한 수긍만 남는다. 사실 적정범위조건은 보기와는 달리 매우 충족시키기 어려운 조건이다. 따라서 그만큼이나 위배되기 쉽다. 그 이유를 살펴보자. 실제 의석수를 올림하거나 버림할 때, 인구가 적은 주는 인구가 많은 주보다 올림되거나 버림되는 비율이 훨씬 크다. 예를 들어, 실제 의석수가 1.5인 주는 66% 범위 내에서 올림되거나 버림된다(1.5에서 2

로 올림할 경우에 33%, 1.5에서 1로 버림할 경우에 33%, 도합 66%가 된다). 반면 실제 의석수가 41.5인 주의 올림되거나 버림되는 범위는 2.5%에 불과하다. 따라서 큰 주는 작은 주보다 적정범위 내에서 머무는 것이 훨씬 어렵기에, 의석수가 인구수에 정확히 비례하게 배정되어야 한다는 조건을 충족하기도 그만큼 힘들다. 앞에서도 말했지만 약수방식은 사전에 정한 의석수에 모든 주의 의석수 합계를 맞추기 위해 필요하다면 약수를 늘리거나 줄인다. 그리고 이런 방식은 결국 일부 주의 의석이 적정범위를 넘어서서 올림되거나 버림되는 경우를 야기한다.

모든 조건을 충족시키기란 불가능했기에 3가지 조건 중에서 뭔가를 양보해야만 했다. 〈표 12 – 4〉처럼, 인구 역설 조건을 포기하든지, 적정범위 조건을 배제하든지 해야 했다. 밸린스키와 영은 후자를 선택했다.

"인구수의 상대적 변화를 정확하게 반영하는 것이 적정범위 내에서 머무는 것보다 더욱 중요한 것으로 보인다."

사실 적정범위 조건을 어긴다고 해서 큰 문제가 있는 건 아니었다. 왜냐하면 적정범위 조건을 위배하는 경우는 자주 발생하지 않았기 때문이다. 밸린스키와 영은 5가지 의석배정방식을 검토한 후 애덤스와 제퍼슨방식은 거의 매번 적정범위 조건을 어긴다고 결론지었다. 적정범위 조건을 위배할 경우가 발생할 확률은 딘방식에서는 1.5%였고, 힐의 H-H방식에서는 0.3% 미만이었다. 하지만 이번에도 승자는 확률이 고작 0.06%에 불과한 웹스터방식이었다. 다시 말해, 의석배정 방식의 변경은 10년에 한 번씩 돌아왔기에, 웹스터의 W-W방식은 평균적으로 1만 6,000년에 한 번꼴로 적정범위를 위해하는 경우가 발생했다(사실 H-H방식도 그다지 나쁘다고는 할 수 없는데 적정범위 위배가 3,500년에 한 번꼴로 발생하기 때문이다).

표 12-4

방식	해밀턴	애덤스	딘	힐	웹스터	제퍼슨
적정범위 조건 위배	없음	있음	있음	있음	있음	있음
앨라배마 역설	있음	없음	없음	없음	없음	없음
인구 역설	있음	없음	없음	없음	없음	없음
새로운 주의 역설	있음	없음	없음	없음	없음	없음

만약 의석배정방식이 적정범위 조건을 충족한다면, 대신 역설의 문제가 발생했다. 반면 역설의 문제로부터 자유로운 의석배정방식은 대신 적정범위 조건을 위배했다. 결국 안타까운 결론은 밸린스키와 영이 검토한 의사배정방식 중에는 모든 조건을 충족하는 방식이 없었다는 것이다. 하지만 이 암울한 상황에서도 그나마 한 가지 희소식이 있었으니, 완벽하지 못해도 그나마 이상에 가까운 의석배정방식이 존재한다는 것이었다. 바로 W-W방식이다.

"모든 방식 중에서 가장 단순하고 가장 직관적인 웹스터방식이 최고다. …… 웹스터방식은 역설로부터 자유로울 뿐만 아니라 편향되지 않으며 실질적으로 적정범위 조건도 충족한다고 볼 수 있다."

그렇다면 왜 웹스터방식이 활용되지 않는 걸까? 밸린스키와 영의 논문은 1982년에 발표됐지만 이후 온갖 비난에도 불구하고 여전히 H-H방식이 활용됐다. 이번 장 앞에서 지적했듯이 몬태나주는 1990년 인구조사 이후에 H-H방식에 대해 반론을 제기했었다. 하지만 당시 몬태나주정부는 고소를 하면서 이미 한물간 제임스 딘방식을 주장했었다. 왜냐하면 W-W방식이나 H-H방식 모두에서 공히 1석을 잃을 처지였었기 때문이다. 그리고 2000년 인구조사 이후에는 어떤 주도 불평할 상황이 발생하지 않았었다.

사실 문제가 있는 것으로 알려진 H-H방식이 지금까지도 통용된다는 사실은 이해하기 힘들다. 이제 남은 거라곤 2011년과 2021년에 어떤 의석배정방식이 채택될지 숨죽이고 지켜보는 것밖에 없다.

미첼 밸린스키

밸린스키는 스위스에서 태어났다. 그의 가족은 폴란드 출신이었고 국제적으로 활동을 했다. 할아버지인 루드비크 라이크만^{Ludwik Rajchman}은 의사이자 유명한 사회주의 지식인이었고, 평생을 걸쳐 국제구호에 헌신했다. 제2차 세계대전 후에는 유니세프의 설립자이자 세계건강기구^{WHO}의 정신적 지주가 됐다. 밸린스키의 가족은 스위스에서 프랑스로 이주했지만 유태인이자 유명한 나치 저항운동가였던 라이크만은 결국 미국으로 망명해야 했고, 그 과정에서 어린 밸린스키를 데리고 미국으로 건너왔다. 미국에 온 밸린스키의 가족은 시민권을 받았고 밸린스키는 철저하게 미국식 교육을 받았다. 1954년에 윌리엄스칼리지에서 수학 학사학위를, 2년 후에는 MIT에서 경제학 석사학위를, 1959년에는 프린스턴대학에서 다시 한 번 수학으로 박사학위를 받았다.

밸린스키는 학업을 마친 후에 컨설턴트이자 교수로 다양한 경험을 쌓았다. 미국의 여러 대학에서 수학, 경제학, 통계학, 경영학, 의사결정분석, 운용분석을 가르쳤다. 한동안 뉴욕 시장의 자문위원으로 활동하다가, 1980년에 프랑스로 돌아가서 에콜폴리테크니크의 계량경제학 연구실장으로 근무했다. 밸린스키는 학술지 「수리계획법」의 창간 편집위원이었고, 계량최적화 및 운용분석 분야의 저명한 권위자다. 밸린스키는 1986년부터 1989년까지 수리경제학회의 회장을 역임하기도 했다.

H. 페이튼 영

　영은 1966년에 하버드대학에서 학사과정을 마친 후 미시간대학에서 수학 박사학위를 받았다. 박사과정을 마친 영은 '현실'과는 동떨어진 학계의 고리타분한 분위기에 질렸고, 학계에 진출하기보다는 1971년에 워싱턴 DC에서 연구조사단에 합류하게 된다. 하지만 워싱턴 DC에서 1년을 보내고 나자, 이번에는 현실 세계에 환멸을 느꼈다 (당시 미국은 워터게이트 사건이 뒤흔들던 시기였다). 영은 다시 학계로 돌아가기로 결심했고, 이를 계기로 밸린스키와 엮이게 된다.

　이후 영은 존스홉킨스대학과 메릴랜드대학, 시카고대학에서 경제학, 공공정책, 의사결정 분석, 경영을 가르쳤다. 유럽에서도 교수직을 역임했는데, 이탈리아의 시에나대학에서는 방문교수로 활동했고, 옥스퍼드의 너필드칼리지에서는 연구교수로, 오스트리아의 응용시스템분석 기관에서는 시스템 및 의사결정 분석학부에서 부학과장으로 근무했다. 영은 현재 워싱턴 DC에 위치한 브루킹스연구소의 선임연구원이다. 2005년에는 게임이론학회의 회장으로 선출됐으며, 1년 후에는 옥스퍼드대학의 임용교수가 됐다. 영은 진정으로 여러 학문을 넘나드는 학자라고 할 수 있다. 그가 발표한 수많은 저작들은 응용수학, 경제학, 게임이론, 정치이론에 이르기까지 다양한 주제를 다룬다. 영은 최근에는 규범, 관습과 기타 사회제도의 진화를 연구하고 있다.

Chapter 13

포스트모던주의자들

– 스위스, 이스라엘, 프랑스의 사례

이번 장에서는 불가능성 정리를 고민하면서 실제로 어떤 식으로 의석배정과 선거가 이뤄지는지를 3개 국가의 예를 들어 살펴보겠다. 사실 모든 대의민주주의 국가는 입법기관에 보낼 의원들을 선발해야 한다. 그리고 입법기관을 구성하는 의원들의 수는 정수整數여야 한다. 의원들은 지역을 대표하거나 정당을 대표한다. 고유한 의사배정방식을 고안해낸 국가들도 있고, 이상적이진 못하지만 적당한 방식에 만족하는 국가들도 있다. 나는 이번 장에서 두 개 국가를 예로 들 것이다. 1291년에 건국된, 가장 전통 깊은 민주주의 국가 중 하나인 스위스, 그리고 1948년에 건국된, 최신 민주주의 국가 중 하나인 이스라엘이다. 그리고 마지막으로 19세기 말의 혁명 이후에 민주주의 전통이 자리매김한 프랑스의 대통령 선거절차에 대한 새로운 제안도 소개하겠다.

***

스위스는 전 세계에서 가장 오래된 민주주의 국가 중 하나로 알려져 있다. 스위스 연방은 26개 주로 구성돼 있고, 모든 주는 국정운영에 대한 결정권을 원하고, 결정권이 주어진다(사실 19세기에 미국이 13개 주의 정부 형태를 고민할 때, 미국 건국의 아버지들이 모델로 삼은 국가가 바로 스위스였다). 각 주의 주민들은 10년마다 연방의회에 보낼 의원들을 선출한다. 스위스 연방헌법 149조에는, (a) 연방의회는 주에서 선출한 200명의 의원들로 구성되며, (b) 의석은 각 주의 인구수에 비례하게 배정된다고 명시돼 있다.

물론 소수점 아래 숫자에 해당되는 의석을 배정하는 것이 불가능하기에, 당연히 헌법이 명시한 조항도 따를 수 없다는 건 이미 앞에서 살펴봤다. 또한 소수점 아래 숫자에 해당되는 의석을 배정하는 데에는 수많은 문제가 뒤따른다는 것도 이미 알고 있다. 스위스의 경우를 살펴보면, 앨라배마 역설은 이전까지 매번 바뀌었던 전체 의석수가 1963년에 200석으로 고정되면서 사라졌다. 새로운 주의 역설도 문젯거리가 될 수 없었다. 왜냐하면 1815년에 제네바, 뇌샤텔, 발레의 합류를 마지막으로 스위스 연방에 새롭게 합류한 주는 없었기 때문이다. 그러다가 1979년에 베른주에 속해 있던 쥐라 지역이 오랜 저항 끝에 독립해서 주가 됐다. 하지만 이건 어디까지나 예외적인 현상이었고, 향후에도 스위스 연방에 새로운 주가 합류하는 경우는 일어날 가능성이 매우 낮다. 따라서 새로운 주의 역설도 문제가 되지 않는다.

연방의회 의석수가 200으로 확정되어 앨라배마 역설이 발생할 가능성도 사라졌기에, 스위스는 해밀턴방식을 활용해서 26개 주에 의석을 배정할 수 있었다[독일어권 유럽에서는 해밀턴방식이라고 부르지 않고,

영국 변호사 토머스 헤어(Thomas Hare)와 독일 수학자 호르스트 니마이어(Horst Niemeyer)의 이름을 따서 헤어-니마이어방식이라고 부른다]. 반면 비록 아직까지는 문제가 된 적이 없었지만, 인구 역설이 발생할 가능성은 여전히 남아 있다. 다만 "망가지지 않았으면 굳이 고치려 들지 말라"는 말처럼, 이 문제에 대한 해결은 아직까지 미뤄진 것이다. 현재로서는 소수점 아래 의석을 버림하고 그런 뒤 남은 의석수를 소수점 아래 의석수가 큰 주부터 우선적으로 배정하는 방식이 활용되고 있다.

하지만 200개의 의석이 배정된 후에도 여전히 골치 아픈 부분이 남아 있었다. 각 주에 배석된 의석이 이번에는 각 정당에 배정되어야 하는 것이다. 스위스 연방헌법 40조와 41조에는 그 방법이 명시돼 있다. 정당별 의석배정방식의 골자는 빅토르 돈트$^{\text{Victor D'Hondt}}$가 제안한 내용에 의거한다. 돈트(1841~1901년)는 벨기에의 변호사이자 세금전문가, 그리고 겐트대학의 민법 및 세법 교수였다. 소수자들의 권리를 매우 중시했던 돈트는 비례대표제를 옹호했고, 소수자들도 국정에 발언권을 가질 수 있는 비례대표제방식을 고안해냈다.

1878년에 제안된 돈트방식은 개별 의석마다 최대한 많은 유권자들의 지지가 몰리게 하는 방식이다. 설명하면 다음과 같다. 매 의석마다 정당득표수를 이미 해당 정당에 배정된 의석수에 1을 더한 숫자로 나눈다. 그런 뒤 '가장 숫자가 높은' 정당에 의석을 배정한다. 이런 식으로 모든 의석이 정당에 배정될 때까지 이 과정은 반복된다(〈표 13-1〉을 보면 쉽게 이해될 것이다).

스위스는 돈트방식을 채택하고 난 후 얼마 지나지 않아 쓸데없는 짓을 했다는 걸 깨달았다. 알고 보니 돈트방식은 100년 전에 토머스 제퍼슨이 미국 하원의석 배정에 사용하기 위해 고안해낸 방식과 산

표 13-1 제퍼슨-돈트방식
총 10개 의석이 배정되어야 할 경우

	정당 A	정당 B	정당 C
정당득표수	6,570	2,370	1,060
첫 번째 의석	6,570*	2,370	1,060
두 번째 의석	3,285*	2,370	1,060
세 번째 의석	2,190	2,370*	1,060
네 번째 의석	2,190*	1,185	1,060
다섯 번째 의석	1,642*	1,185	1,060
여섯 번째 의석	1,314*	1,185	1,060
일곱 번째 의석	1,095	1,185*	1,060
여덟 번째 의석	1,095*	790	1,060
아홉 번째 의석	938	790	1,060*
열 번째 의석	938*	790	530
합계	7	2	1

개별 목록에 해당되는 득표수는 이미 배정된 의석수에 1을 더한 숫자로 나눠진다. 그런 뒤 가장 숫자가 높은 정당(*로 표시했다)에 의석이 배정되고, 모든 의석의 배정이 완료될 때까지 이 과정은 반복된다. 예를 들어, 세 번째 의석을 배정하는 경우를 살펴보면 이렇다. 정당 A에는 이미 2개의 의석이 배정됐다. 따라서 정당 A의 득표수인 6,570을 배정된 의석수인 2에 1을 더한 3으로 나누면 그 값은 2,190이 된다. 정당 B와 C는 아직 의석이 배정되지 않았다. 따라서 이 두 정당의 득표수는 1로 나눠지기에 값은 각각 2,370과 1,060이 된다. 이 중 2,370이 가장 높은 값이기에 정당 B에 세 번째 의석이 배정되는 것이다. 일곱 번째 의석을 배정하는 경우를 살펴보면, 정당 A는 이미 5석의 의석을 배정받았기에 이번에는 정당 득표수를 6으로 나눈다. B와 C의 정당득표수는 각각 2와 1로 나눈다. 이럴 경우 가장 결과값이 높은 정당은 B이다(만약 약수를 900으로 해서 정당득표수를 나눈 다음 소수점 아래 이하를 버린다면, 정당별 의석수는 동일한 결과가 산출된다).

술적으로 동일한 결과를 도출했던 것이다(적절한 약수를 찾아서 정당득표수를 그 약수로 나눈 다음 소수점 아래를 버림하면, 정당별로 배정될 의석수는 돈트방식과 동일한 결과가 나온다). 스위스는 이 방식에 벨기에의 돈트나 미국의 제퍼슨이란 이름을 붙이길 꺼려했고, 대신 바젤대학의 수학 및 물리학 교수이자 스위스인인 하겐바흐 비쇼프^{Eduard Hagenbach-Bischoff}의
이름을 따왔다. 하겐바흐 비쇼프는 평생 빙하의 구성요소, 파이프를
통과하는 점액의 속도, 형광물질, 전선을 통한 전기의 전달 등을 연구
했지만, 한편으론 정치에도 관심을 두고 바젤주 의회에서 수년간 봉
사하기도 했다. 그러던 중 돈트방식을 접하게 되어 채택을 맹렬하게
주장했다. 1905년 바젤주가 돈트방식을 채택한 후로는 이 방식을 '하
겐바흐 비쇼프'라고 불리는 것을 두고 강하게 반대하면서 자신 이전
에 돈트가 먼저 이 방식을 고안해냈다고 지적했다. 하지만 그의 주장
에도 불구하고, 스위스에서 돈트방식은 하겐바흐 비쇼프란 이름으로
알려지게 된다.

스위스 의회는 제퍼슨-돈트-하겐바흐 비쇼프 방식이 규모가 큰
정당들에게 약간 더 유리하다는 점을 심각하게 여기지 않았다. 그럴
만한 이유가 있었다. 비례대표제에 대한 논의가 처음 대두됐을 때, 비
례대표제를 지지하던 이들은 과거의 다득표 방식에 의한 '승자독식'
에 맞서 싸워야 했다. 따라서 약간의 편향―비록 웹스터방식과 비교하면
편향도가 심하긴 했지만―은 당시로선 그다지 큰 문제가 아니었던 것이
다. 단지 이 방식을 중복적으로 사용할 경우, 예를 들어 정당별 의석
배정 후에 다시 의회 내 여러 위원회의 자리를 또 다시 돈트방식으로
배정할 경우에만 이런 편향이 생겨날 것이라고 생각했다.

하지만 모두가 이 생각에 동의한 건 아니었다. 군소정당들, 예를 들
어 환경당이나 다른 특수정당들은 소외감을 느꼈다. 특히나 연방의
회에 오직 몇 개의 의석만을 배출하는 주들은 전혀 정당 비례대표를
배출하지 못할 수도 있었다. 예를 들어, 2000년 인구조사를 토대로
10개 주가 4개 이하의 의석을 배정받았다. 따라서 어느 정도 규모가

되는 정당들도 정당지지자들이 스위스 전역에 퍼져 있다는 이유만으로 비례대표를 배정받지 못해서 의회에서 발언권을 전혀 얻지 못했던 것이다. 당연히 유권자들은 기만당했다고 생각했다. 만약 2개 의석을 배정받은 주가 있다면, 해당 주의 유권자들이 던진 표의 3분의 1은 지지한 정당이 비례대표를 배출하지 못하면서 죽은 표가 될 수 있었다. 따라서 수많은 유권자들이 참정권을 제한 당한 셈이었고, 또는 자신들의 표가 죽은 표가 될 수 있다는 생각에 지지하는 당이 아닌 규모가 큰 당에 표를 던질 가능성이 있었다.

이 문제는 지방선거에서도 대두됐다. 취리히주는 크고 작은 18개의 구로 구성돼 있고, 수많은 정당들이 180개의 주의회 의석을 두고 서로 경쟁한다. 일부 구의 경우에는 작게는 4개 의석을 두고 수십 개 정당이 경쟁하기도 한다. 결국 주의회 의석수 배정방식을 둘러싼 문제는 대법원까지 올라갔고, 대법원은 피고의 손을 들어주며 기존의 의석배정방식을 재검토하라고 명령했다. 그러자 취리히주정부는 내부 부서의 한 관리에게 새로운 의석배정방식을 준비하라는 임무를 맡겼다. 새롭게 채택될 의석배정방식은 구와 정당 모두에게 공정해야 했고, 유권자들이 던진 모든 표가 결과에 반영될 수 있어야 했다.

이 일을 맡은 관리는 요즘 우리가 유사한 임무를 맡을 경우에 하는 것과 같은 방식으로 조사에 착수했다. 바로 인터넷을 뒤져보는 것이었다. 관리는 웹서핑을 하다가 독일 수학교수 프리드리히 푸켈셰임의 웹사이트에 우연히 방문했다. 앞에서 살펴봤지만, 푸켈셰임 교수는 라몬 유이의 저술을 웹에 공개한 인물이다(제3장 참조). 관리는 푸켈셰임 교수의 웹사이트에서 자신이 원하던 것을 찾았다. 바로 인구에 비례하게 구별 의석수를 배정하면서 동시에 모든 구들에 걸쳐 정당득표수에 따라 정당별 의석수를 결정할 수 있는 방식에 대한 논문이었다. 실제로 관리가 찾아낸 그 논문은 미첼 밸린스키가 프랑스판 「사이언티픽 아메리칸」이라고 할 수 있는 「푸흐 라 시아스$^{Pour\ la\ Science}$」에 작성한 논문을 푸켈셰임이 독일 자매지인 「스펙트룸 데아 비슨샤프트$^{Specktrum\ der\ Wissenschaft}$」에 싣기 위해 독일어로 번역해둔 것이었다. 푸켈셰임 교수는 한발 더 나아가 밸린스키 방식을 적용하는 데 필요한 컴퓨터 소프트웨어도 개발했다. 푸켈셰임은 논문이 발표된 후에 학술지의 허락을 받아 그 내용을 자신의 웹사이트에 게재했고, 덕분에 스위스 관리가 그 내용을 찾을 수 있었다. 무엇보다 논문은 취리히주가 당면한 문제를 정확하게 다루고 있었다.

밸린스키는 동료학자들과 함께 소위 '양자비례의 문제^{biproportional} ^{problem}'에 대한 해결책을 알아냈다. 양자비례방식은 의석배정방식과 관련된 모든 요구조건을 충족시키는 매우 기발한 방식이었다(이 방식에 대해서는 간단하게만 설명하겠다. 특히 설명의 편의성을 위해 정당의 규모에 따라 가중치를 부과하는 건 생략하겠다).

이 방식에서는 가장 먼저 인구수에 따라 웹스터방식에 의해 주마다 배정될 의석수의 총합을 구해야 했다. 그런 뒤에는 주 전체의 선거결과에 웹스터방식을 적용해서 정당별 의석수를 결정했다(사실 반드시 웹스터방식을 사용할 필요는 없었다. 실제로 밸린스키는 정당별 의석배정 때에는 제퍼슨방식을 활용하라고 제안했는데, 그 이유는 제퍼슨방식이 규모가 큰 정당에 더 유리했기 때문이다. 즉 상대적으로 규모가 작은 정당의 불만은 훨씬 쉽게 무마할 수 있었기 때문이다). 따라서 이제 남은 질문은 어느 구의 의석을 어느 정당에 배정할 것인지였다. 그리고 이 질문에 답하려면, 선거결과에 대한 더 자세한 분석이 필요했다.

표 13-2 양자비례방식

(A) 득표수 표

	정당 AA	정당 BB	정당 CC	합계(인구수)
1구	1,800	1,200	1,500	4,500
2구	3,600	1,350	2,250	7,200
3구	4,500	6,000	1,800	12,300
합계(득표수)	9,900	8,550	5,550	24,000

총 9개 의석이 배정되어야 할 경우. 인구수를 토대로 웹스터방식을 활용해서 약수를 2,850으로 할 경우에 1구는 2개 의석, 2구는 3개 의석, 3구는 4개 의석을 배정받게 된다. 다시 득표결과를 토대로 웹스터방식을 활용해서 약수를 2,700으로 할 경우에 정당 AA는 4석, 정당 BB는 3석, 정당 CC는 2석을 배정받게 된다(인구수에 포함된 모든 주민이 한 명도 빠짐없이 투표에 참여하는 경우를 가정했다).

(B) 의석수 표

	의석수 합계	정당 AA	정당 BB	정당 CC	구별 약수
		4	3	2	
1구	2	0		1	1.01
2구	3	1	1	1	1.10
3구	4	2	2	0	1.30
정당별 약수		2,250	2,400	2,775	

득표수 표의 해당 칸마다 정당별 약수와 구별 약수를 적용한 뒤 반올림/버림을 하면 의석수 표가 도출된다(예를 들어, 정당 AA의 3구 의석수를 계산하려면, 4500/2250/1.30=1.54석을 도출한 후 이를 다시 반올림한다. 따라서 정당 AA의 3구 의석수는 2석이 된다).

이를 설명하려면 표가 필요하다. 표의 세로축에는 구를, 가로축에는 정당을 배치한다. 그리고 해당되는 칸에는 각 정당이 각 주에서 받은 득표수를 입력한다. 이 득표수 표를 활용해서 또 다른 표를 만들어낼 수 있는데, 바로 의석수 표다. 의석수 표는 구마다 어떤 정당에 얼마나 많은 의석수가 배정되는지를 보여준다. 일단 의석수 표에서 세로, 가로축 합계는 이미 결정돼 있다. 즉 세로축은 각 구별 의석수 합계이며, 가로축은 각 정당별 의석수의 합계가 된다. 의석수 표의 칸들을 채움으로써 구별로 정당 의석수가 결정된다.

의석수 표를 채워나가는 건 스도쿠 퍼즐을 푸는 것과 비슷하다. 다만 스도쿠보다는 약간 더 복잡하다. 취리히주의 의석수 표는 18개의 가로줄과 12개의 세로줄 ─ 18개 구와 12개 정당 ─ 로 이뤄져 있다. 모든 세로줄의 합계와 모든 가로줄의 합계는 이미 도출돼 있고, 따라서 칸마다 숫자를 구하면 된다.

여기서 전제조건은 세로줄의 합계와 가로줄의 합계가 정확히 전체 의석수와 맞아 떨어져야 한다는 것이다(모든 정당의 의석수 합계는 모든 구의 의석수 합계와 같고, 그 숫자는 전체 주의회 의석수인 180과 일치해야 한다). 바로 이 부분이 스도쿠를 푸는 과정과 비슷하다. 또 다른 전제조건은 의석배정 결과가 어떤 식으로든 구별로 정당의 상대적 지지도를 반영해야 한다는 것이다. 이 부분은 스도쿠보다 복잡하다.

푸켈셰임은 정당과 구별 의석배정에 공히 웹스터방식을 활용함으로써 위에서 언급한 2가지 조건을 모두 충족할 수 있으며, 나아가 2가지 조건을 모두 충족하는 건 웹스터방식을 활용한 의석수 표뿐이라는 것을 입증했다. 다만 이 과정에서 약수를 쉽게 구하지 못하고 반복적인 계산을 통해 구해내야 한다는 어려움이 있었다. 하지만 푸켈셰임은 컴퓨터 알고리즘을 사용해서 이런 어려움을 해소했다. 양자비례방식의 최대강점은 정당별, 구별 의석수가 선거결과에 비례하게 산출되고, 나아가 모든 유권자들의 표가 의석배정에 반영된다는 데 있다. 심지어 규모가 작은 구의 군소정당에 던진 표라고 할지라도, 비록 그

구에서 지지한 정당의 의석으로 반영되지는 못한다고 할지라도, 어떤 식으로든 해당 정당의 표로 돌아갔고, 따라서 다른 구에서 지지한 정당의 의석으로 반영될 수 있었다.

양자비례방식은 2006년 2월에 취리히주에서 처음으로 활용됐고, 모든 이들이 그 결과에 만족했다. 그렇다면 과연 양자비례방식은 공정하다고 볼 수 있을까? 사실 양자비례방식에서는 특정 구에서 특정 정당이 동일한 구에서 규모가 더 큰 정당보다 더 많은 의석을 배정받는 경우가 생길 수 있다. 왜냐하면 초과된 투표수가 다른 구로 '고스란히 넘어가기' 때문이다. 그리고 이 점은 언뜻 보면 불공정한 것처럼 보인다. 하지만 전체를 두고 보면, 모든 정당은 합당한 의석을 배정받는다. 특히나 군소정당은 새롭게 도입된 양자비례방식에서 2배로 혜택을 입었다. 첫째, 작은 구에서 나온 지지표가 죽은 표가 되지 않았고, 둘째 이전에는 의석을 배출하지 못할 것이기에 막상 지지는 하면서도 표는 주지 않았던 유권자들이 이제는 아무리 작은 군소정당이라고 할지라도 자신의 한 표를 정확하게 행사할 수 있었기 때문이다. 나아가 규모가 큰 정당들은 상대적으로 양자비례방식에서 불이익을 받는다고 할지라도, 이런 주장을 하기가 쉽지 않았는데, 왜냐하면 큰 정당이 자기 밥그릇만 챙긴다는 비난이 두려웠기 때문이다.

***

자, 이제는 훨씬 어린 민주주의 국가인 이스라엘을 살펴보자. 제2차 세계대전 이후 건국된 유태인들의 조국 이스라엘은 늘 주변 아랍 국가들의 위협을 받아왔다. 하지만 내부로부터의 위협도 존재했으니,

바로 전 세계에서 몰려드는 유태인 이민자들이었다. 바그다드와 바르샤바에서 온 정통파 유대교도가 있었던 반면, 파리와 런던에서 온, 유태인이지만 유대교를 믿지 않는 이들도 있었고, 독일에서 온 교육 수준이 높고 자유로운 생각을 지닌 유태인들이 있었던 반면, 예멘과 모로코에서 몰려온 신앙심은 깊지만 교육수준은 낮은 유태인들도 있었다. 여기에 이슬람교도, 기독교인, 베두인족들도 더해졌다. 보다 최근에는 에티오피아에서 온 수많은 이민자들과 구소련에서 온 100만 명의 이민자들이 성지 이스라엘에 정착했다. 따라서 이스라엘은 다양한 문화와 종교, 언어와 관습이 뒤섞여 있다. 그리고 당연히 모든 사람들은 국회에서 자신들의 목소리와 이해관계가 대변되길 원한다.

이런 상황 때문에 이스라엘의 민주주의는 매우 역동적이다. 선거철이 오면, 적어도 20개가 넘는 정당들이 이스라엘 국회의 120개 의석을 둘러싸고 서로 경쟁한다. 인구가 다양한 부류로 구성돼 있다는 점 때문에, 이스라엘 국회는 최소 2%의 유효득표수(최근까지는 1.5%였다)만 기록하면 국회 입성을 허용한다. 선거 때에는 국가 전체가 하나의 선거구로 간주되고, 대체로 십여 개의 정당들이 선거를 통해 국회에 입성한다. 그리고 그중 몇몇 정당은 고작해야 2명에서 3명 정도의 의원을 배출한다. 국회가 여러 정당으로 분할돼 있다는 점은 국정운영의 어려움으로 이어지며, 결국 선출된 정권이 임기 끝까지 버티지 못하는 경우도 많다. 그 결과 선거가 2년, 또는 3년에 한 번씩 치러져야 하는 것이다.

수많은 군소정당들이 의원들을 배출하기에 소수점 아래 의석의 소실도 자주 일어난다. 1970년대 중반, 우파의 요하난 베이더^{Yohanan Bader} 의원과 좌파의 아브라함 오퍼^{Avraham Ofer} 의원은 이를 해결하기 위해 나섰다. 사실 특정 정당이 2개 의석을 얻기에 충분한 득표수를 얻고 서도 소수점 아래 의석이 버림된다면, 결국 유권자들이 이 정당에 던 진 4표 중 1표는 죽은 표가 되는 것과 다름없었다. 베이더와 오퍼는 이런 경우가 발생할 때 지지자들의 표가 죽은 표가 되기보다는 적어 도 정치적 성향이 유사한 다른 정당에 도움이 되어야 한다고 믿었다 (다만 국회 입성에 필요한 득표수를 획득하지 못한 정당에 던진 표는 여전히 죽은 표나 다름없었다).

베이더와 오퍼가 제안한 방식은 2개 정당이 정치적 성향이 매우 유 사한 2개 정당의 초과득표수를 서로 더할 수 있게 허용하는 것이었다. 이럴 경우 적어도 한 정당은 추가의석을 확보할 가능성이 있었다. 따 라서 베이더와 오퍼는 이스라엘만의 고유한 제퍼슨—돈트—하겐바흐 비 쇼프 방식을 활용하자고 제안한 셈이다. 즉 의석배정이 진행되기 전에 유사한 정당들은 초과득표수를 더해서 추가의석을 확보할 수 있었다.

1975년 4월 4일, 장장 17시간의 논의 후에 이스라엘 국회는 베이 더-오퍼 법안을 통과시켰고, 이후로 제퍼슨-돈트-하겐바흐 비쇼프- 베이더-오퍼 방식이 의석배정방식으로 채택됐다. 이렇게 되자 선거 전마다 정치성향이 유사한 정당들은 '초과득표수' 합의서에 서명할 수 있었다. 그리고 일단 정수 부분에 해당되는 의석이 배정된 후에는 두 정당의 초과득표수가 합해져서 추가의석이 배정될 수 있었다. 지 금까지 이 방식은 30년이 넘게 큰 문제없이 활용됐다. 어쩌면 아무도 불평하지 않았던 이유는 의석배정과 관련된 모든 계산이 컴퓨터로 자동으로 이뤄지기에 초과득표수를 합산해서 추가의석이 배정될 경 우, 결국 의석을 잃어야 하는 또 다른 정당이 어느 정당인지 불분명 했기 때문일 수도 있다.

　한편 프랑스에서는 밸린스키가 여전히 활발하게 연구를 계속하고 있었다. 밸린스키는 페이튼 영과 함께 의석배정방식에 완전한 해결책은 없다는 결론을 도출하고 난 후, 프랑스 국회의 의석배정방식을 놔두고 이번에는 프랑스 대통령 선거절차에 대한 연구에 착수했다. 애로의 불가능성 정리에도 불구하고, 대통령 선거에서 역설을 피할 수 있는 방법은 존재할까? 밸린스키는 에콜폴리테크니크의 젊은 학자인 리다 라라키$^{Rida\ Laraki}$와 함께 새로운 방식을 제안했다. 새로 제안된 방식은 콩도르세의 역설이나 보르다 투표법의 문제를 비롯해 애로의 불가능성 정리까지 모두 피할 수 있었다.

　두 수학자는 개선된 선거절차를 제안했다. 유권자들은 더 이상 이전처럼 자신이 지지하는 후보자의 이름을 투표용지에 적어 투표함에 넣을 필요가 없었다. 대신 모든 후보자들의 자질을 평가한 후 '평가양식'에 각 후보마다 '매우 좋음'부터 '좋음', '괜찮음' 그리고 맨 아래 '거부'까지 등급을 부여했다. 그런 후 매 후보마다 등급별 비중을 기록해뒀다. 그런 다음에는 각 후보의 이른바 중간값을 계산했다. 즉 '매우 좋음'에 해당되는 비율부터 시작해서 전체 유권자수의 과반에 이르는 부분까지 등급별 비율이 위부터 아래로 더해졌다. 그런 뒤 중간값이 가장 높은 후보가 당선자가 됐다. 만약 2명 이상의 후보가 중간값이 같을 경우에는 중간값에 해당되는 등급의 비율이 높은 후보가 당선자가 됐다.

　2007년 초여름, 프랑스 대선에서 이 방식을 시험할 기회가 생겼다. 프랑스 대선에서는 당선자가 무조건 과반이 넘는 표를 얻어야 한다. 대체로 3명 이상의 후보들이 출마하기에 과반수 득표가 나오기란 결코 쉽지 않다. 첫 번째 경선에서 가장 많은 표를 받은 두 후보를 상대로 2주 후에 결선투표를 치르는 이유도 이 때문이다.

2007년 대선에서는 10여 명의 후보들이 출마했고, 그중 가장 유력한 후보는 우파 성향의 니콜라 사르코지^{Nicolas Sarkozy}와 좌파 성향의 사회당 후보 세골렌 루아얄^{Ségolène Royal}이었다. 4월 22일에 열린 첫 경선에서 사르코지는 전체 득표수의 31%를 획득했고, 루아얄은 26%를 획득했다. 프랑스 민주운동당 후보인 프랑수아 바이루^{François Bayrou}는 19%의 득표수를 획득해서 3위를 차지했다. 어떤 후보도 1차 경선에서 과반수 득표를 얻지 못했기에 1위와 2위 후보인 사르코지와 루아얄이 2차 결선투표에 진출했다. 바이루와 다른 9명의 후보들은 탈락했다. 5월 6일에 열린 결선투표에서 사르코지는 전체 투표수의 53%를 차지함으로써 루아얄 후보를 손쉽게 따돌렸고, 그와 함께 5년 임기의 프랑스 대통령으로 당선됐다. 하지만 과연 사르코지는 프랑스 국민들이 가장 선호하는 후보라고 할 수 있을까?

밸린스키와 라라키는 3곳의 투표소에서 표를 행사한 유권자들을 상대로 평가양식을 작성해달라고 요청했다. 결과는 매우 뜻밖이었다. 유권자들로부터 가장 좋은 평가를 받은 후보가 결선투표에 진출한 두 후보가 아니었던 것이다. 오히려 가장 좋은 평가를 받은 후보는 3등으로 탈락한 프랑수아 바이루였다. 결국 밸린스키와 라라키가 제안한 선거절차에서 당선자는 프랑수아 바이루였던 셈이다. 유권자의 69%는 바이루에게 '괜찮음'이나 그보다 높은 등급을 부여했다. 반면 루아얄에게 같은 등급을 부여한 유권자는 58%였고, 사르코지의 경우에는 53%였다. 마찬가지로 바이루는 오직 7% 유권자들로부터 '거부' 등급을 받았다. 반면 루아얄은 14%의 유권자들이, 사르코지는 자그마치 28%의 유권자들이 '거부' 등급을 부여했다. 그리고 기존의 투표 절차를 활용한 첫 번째 경선에서 4위를 차지한 극우파 후보 장-마리 르펜Jean-Marie Le Pen은 밸린스키와 라라키방식에서는 아예 꼴찌를 기록했다. 르펜은 경선에서는 10%의 표를 얻었지만, 밸린스키와 라라키의 평가용지방식에서는 75%의 유권자들이 그를 거부했다.

두 수학자들은 자신들의 방식이 모든 후보자들에 대한 유권자들의 의견이 결과에 반영되기에 기존의 투표방식과 전혀 다른 결과를 보여줄 수 있다고 주장했다. 따라서 과반수 유권자들의 지지를 얻는 것만으로는 부족했다. 오히려 후보자들은 모든 유권자들로부터 가장 좋은 등급을 받기 위해 노력하는 게 옳았다. 표면적으로는 밸린스키와 라라키의 평가용지방식은 선거절차에서 발생할 수 있는 모든 함정을 피할 수 있었다. 일단 등급부여가 후보자들의 순위를 토대로 매겨지지 않았기에 콩도르세의 역설은 피할 수 있었다. 보르다 투표법의 문제 또한 후보자가 추가되거나 사퇴할 경우 평가등급에는 영향을 미치지 않았기에 발생하지 않았다. 나아가 평가용지방식은 애로의 우울한 결론으로부터도 자유로웠는데, 왜냐하면 후보들에 대해 유권자들이 느끼는 효용을 합산할 필요도 없었기 때문이다. 오히려 유권자들은 매우 일상적인 표현으로 후보에 대한 선호도를 표명할 수 있었다.

물론 평가용지에 적힌 등급에 대한 유권자들의 해석이 동일한지는 여전히 의문이다. 다시 말해, 모든 유권자들이 '좋음'이나 '괜찮음'을 하나같이 똑같은 정도로 받아들일 것인가? 밸린스키는 현실에서 일상적 언어의 존재를 인정해야 한다고 주장했다. 예를 들어, 피겨 스케이팅 선수의 기술이나 와인의 품질을 판단할 때처럼 평가에 활용되는 공통적인 언어가 존재한다고 주장했다. 하지만 올림픽이나 운동 경기에서 반복적으로 판정시비가 일어나는 것을 보면 밸린스키의 주장이 반드시 옳다고는 할 수 없다. 게다가 또 다른 의문도 있다. 왜 당선기준이 중간값이 되어야 한단 말인가? 당선기준을 4분의 3으로 해선 안 될 이유가 있을까? 게다가 당선기준을 바꾼다면 당선자도 바뀔 텐데 이때는 어떻게 할 것인가?

* * *

이 책에서 소개한 방식들 이외에도 국회 의석의 배정, 대통령이나 회장, 심지어 마피아 대부의 선출에 이르기까지, 의석배정과 지도자 선출에 관한 방식은 꽤나 많다. 특히 그중에서 2개를 소개하겠다. 바로 단기이양식 투표제와 승인투표방식이다.

단기이양식 투표제는 19세기 덴마크에서 처음 활용됐고, 현재는 아일랜드와 몰타의 의석배정, 그리고 호주, 스코틀랜드, 뉴질랜드의 지방선거에서 활용되고 있다. 단기이양식 투표제에서는 유권자들이 1차 경선에서 후보자들의 순위를 매긴다. 만약 과반수 유권자들로부터 1위로 선정된 후보가 있다면, 그가 당선자가 된다. 그렇지 않을 경우에는 유권자들로부터 가장 적게 1위를 받은 후보가 탈락하고, 탈락한 후보를 1위로 선정한 유권자들의 표는 해당 유권자들이 2위로 선정한 후보에게 이양된다. 그런 후에도 과반수 당선자가 존재하지 않으면, 다시 한 번 가장 1위를 적게 받은 후보가 탈락되고 표는 이양된다. 이 과정은 과반수 득표자가 나와 당선자가 될 때까지 반복된다. 단기이양식 투표제에 대한 비판은 전략적 투표가 가능하고, 중도 후보가 초기에 탈락할 가능성이 높으며, 애로가 내세운 전제조건을 일부 위배한다는 것이다. 나아가 이 방식을 지도자 선출이 아닌 의석 배정에 활용할 경우, 앨라배마 역설이 발생한다는 문제도 있다.

승인투표방식에서는 모든 유권자들이 투표용지에 적합하다고 생각되는 후보들의 이름을 복수로 기재할 수 있다. 따라서 유권자들은 자신이 가장 선호하는 후보자 이외에 그다음으로 선호하는 후보에게만 표식을 하는 것이 아니라, 그 자리에 적합한 후보자라고 생각되는 모든 후보의 이름 옆에 표식을 할 수 있다. 표식 1개는 1표로 간주된다. 그리고 가장 많은 표식을 얻은 후보가 당선된다. 따라서 승인투표방식에서는 유권자들로부터 가장 폭넓은 지지를 얻은 후보가 당선자가 된다.

승인투표방식의 장점은 유연하다는 것이다. 유권자는 자신이 가장 선호하는 후보가 당선될 가능성이 매우 낮다고 해도 여전히 그 후보에게 표를 던질 수 있고, 나아가 당선될 가능성이 높은 후보에게도 동시에 표를 행사할 수 있다. 따라서 죽은 표가 발생할 일이 없다. 예를 들어, 2000년 미국 대선이 승인투표방식으로 실시됐다면, 랠프 네이더 지지자들은 적합한 대통령감으로 또한 앨 고어 후보에게 표를 던질 수 있었을 것이다. 그렇다면 조지 W. 부시가 아닌 앨 고어가 대통령에 당선됐을 것이고, 그 결과는 미국 국민들의 의사를 보다 정확히 반영했다고 볼 수 있다(사실을 말하자면, 앨 고어는 미국 시민의 과반수 지지를 얻었다. 다만 선거인단제도 때문에 대통령 당선자가 되지 못한 것이다). 나아가 승인투표방식에서는 개인의 진정한 선호를 의도적으로 숨긴다 하더라도, 다시 말해 전략적 투표를 하더라도 아무런 이득이 없다.

승인투표방식은 이 방식의 장점을 이해할 수 있는 다양한 전문가학회, 예를 들어 미국수학협회나 미국수학학회, 미국통계학회, 국제전기전자기술자협회나 계량경제학회 등에서 활용했거나, 현재 활용하고 있다. 이보다 더 잘 알려진 경우는 유엔사무총장 선출이다. 유엔은 유엔안전보장이사회 회원국들을 대상으로 차기 사무총장 후보에 대한 비공식 의견조사를 한다. 각 회원국 대표들은 사무총장 후보들 중에서 누가 적합하고 누가 적합하지 않은지를 표시한다(유엔은 이 절차가 지나치게 가혹하게 비추지 않게 하기 위해, 후보 이름 옆에 '추천', '비추천'이라는 칸을 만들었다). 의견조사 결과가 나오면, 현 사무총장이 회원국들과 비공식적인 협의를 진행하고, 이런 식으로 모든 회원국들이 적합하다고 생각하는 차기 사무총장 후보가 한 명으로 좁혀질 때까지 이 과정은 반복된다. 후보에 대한 합의가 끝나면, 차기 사무총장 선임건은 유엔총회에 안건으로 상정되고 표결에 부쳐진다. 물론 표결은 어디까지나 그저 형식적인 절차일 뿐이다. 승인투표방식에 대한 비난 중 하나는 최종 당선자가 어떤 면에서는 가장 적은 유권자들이 반대하는 후보일 수도 있다는 점이다.

✳✳✳

책을 마무리하면서 우리는 민주주의에 대한 복잡한 수학적 문제는 결코 해결되지 않을 거라는 안타까운 결론에 다다르게 된다. 모든 선거절차와 의석배정방식은 각각의 결점들이 존재한다. 완벽한 민주적 절차를 방해하는 역설과 이상현상, 의문점, 난제는 앞으로도 영원히 사라지지 않을 것이다. 마지막으로 독자들도 차기 선거와 차기 의석배정을 주의 깊게 들여다보길 바란다.

요하난 베이더

　　1905년에 폴란드 크라코프에서 태어난 베이더는 유태인 사회당에서 활동했다. 20세가 되자 정치적 성향을 바꿔서 민족주의 성향이 강한 조직인 이른바 시오니스트 혁신운동에 몸담았다. 베이더는 법학을 전공한 뒤 1939년에 당시 소련 치하였던 동부 폴란드로 이주했다. 1940년에는 체포되어 강제노역 형을 받았다가 1941년에 석방되자 소련을 떠났다. 1932년에는 폴란드 해방군에 합류했고, 1943년 말에 팔레스타인에 도착했다. 팔레스타인에서는 영국의 통치에 맞서 게릴라 전술을 사용해서 대항하는 극우 지하조직인 에첼에 가입했다. 베이더는 1945년에 영국 정부에 체포됐고, 3년간 옥살이를 하다가 1948년에 이스라엘이 건국되자 극우집단인 헤루트 정당의 설립에 관여했다. 헤루트 정당은 후에 리쿠드 정당과 합쳐졌다가 다시 분리했다. 베이더는 1949년 1월에 초대 국회의원으로 선출됐고, 1977년까지 야당의원으로 활동했다. 베이더는 1994년에 사망했다.

아브라함 오퍼

베이더의 정치적 동지였던 오퍼는 이스라엘 정계에서 베이더의 반대편인 노동당에 몸담았다. 오퍼는 1922년에 베이더와 마찬가지로 폴란드에서 태어났다. 오퍼의 가족은 오퍼가 어린 시절에 팔레스타인으로 이주했고, 오퍼는 팔레스타인에서 지하 군사조직인 하가나에 가입했고, 요르단 계곡에 위치한 키부츠 하마니아를 설립했다(하가나는 후에 이스라엘의 공식 방위군이 됐다. 베이더가 몸담았던 에첼은 이스라엘 건국 전까지 하가나의 강력한 경쟁조직이었다). 오퍼는 독립전쟁 동안 이스라엘 해군에서 중령으로 복무했고, 에일랏 해군기지의 초대 사령관을 역임했다. 이스라엘 건국 초기 시절에는 사업가로 활동했다. 하지만 1944년 마파이 정당에 가입하면서부터 지속적으로 정치에 몸담게 된다. 마파이 정당은 후에 이스라엘 노동당과 합치게 된다. 오퍼는 1969년에 국회의원으로 선출됐고, 1974년에는 수상 이츠하크 라빈에 의해 주택장관에 임명됐다. 불행히도 오퍼는 소속정당은 물론 국가의 근간까지 흔들어놓은 뇌물 사건에 휘말렸고, 1977년 1월, 아무 것도 증명되지 않고 어느 누구도 기소되지 않은 상황에서 자살하고 만다.

찾아보기

민주주의를 애태운 수학의 '정치적' 패러독스!

대통령을 위한 수학

펴낸날	초판 1쇄 2012년 12월 7일
	초판 2쇄 2013년 1월 11일

지은이	조지 슈피로
옮긴이	차백만
펴낸이	심만수
펴낸곳	(주)살림출판사
출판등록	1989년 11월 1일 제9-210호

경기도 파주시 문발동 522-1
전화 031)955-1350   팩스 031)955-1355
기획·편집 031)955-4666
http://www.sallimbooks.com
book@sallimbooks.com

ISBN 978-89-522-2247-3   03400

책임편집 이남경, 이수정